Badgerlands Patrick Barkham

アナグマ国へ

パトリック・バーカム

倉光星燈 訳

Shinchosha

目次　アナグマ国へ

1　ブラック アンド ホワイト　005
2　*Meles meles*　015
3　外敵　043
4　アナグマ氏　071
5　Brock　097
6　ボジャー　113
7　害獣　137
8　ハッカ飴　171
9　ディンティー、大将、そしてエレイン　179
10　餌食　213
11　患者　241
12　ピーナッツ食らい　265
13　昼食　289
14　ベラ　313
15　ベシーとバズ　339
16「うちのアナグマ」ではない　383

訳者あとがき　398
解説　梨木香歩　400

Originally published in English by Granta Publications under the title
BADGERLANDS : The Twilight World of Britain's Most Enigmatic Animal

First Japanese edition published in 2021 by Shinchosha Company.
Japanese translation rights arranged with Granta Publications
through The English Agency (Japan) Ltd.

Illustration by danny
Design by Shinchosha Book Design Division

アナグマ国へ

1　ブラック　アンド　ホワイト

九時四十五分、農場の家を出たときには、車の窓に薄く氷が張っていた。頭上には満天の星空が広がり、東から吹き荒ぶ風は、むき出しの枝々を揺すっていた。丘の斜面はくすんだ黒に沈み、それを囲う生垣の黒はさらに濃く、まるで鉛筆で描かれた線画のようだった。丘の頂上には、そびえ立つ送信機の赤い光が四つ点滅していた。メンディップで一番高い場所だ。下ったところの、盛り上がりのある勾配には木々が生い茂り、曲がりくねった小道が丘を一周していた。一台の車が、寒々しく冷え切った生垣の間をヘッドライトで照らしながらやってきて、地平線の向こうへと消えていった。

三月の肌寒いある夜、私はアナグマを探しに出かけた。アナグマは妖術を使うと信じられており、地下に住む習性がある。故にウーキーホールは、探索を開始するにはうってつけの場所ではないかと思われたのだ。村には有名な洞窟があり、そこにはウーキーホールの魔女と呼ばれる、人間のような形をした石筍《せきじゅん》がある。しかし私がアナグマを探していた場所はそこではなく、サマセットの村の外れにある小さな農場だ。その農場を所有しているのはニック・リーという男で、にこやかで背が低く、農夫らしくごつごつした手をしていた。目の周りにはしわが深く刻み込まれている。ニックは数年前、所有していた乳牛たちを売り払っていた。アナグマがウシ型結核菌を蔓延させた感染源として忌み嫌われていることと、何か関係があるのかもしれない。現在、ニックとその妻のスーは、肉牛の生産やベッド&ブレックファースト、キャンプなど色々な仕事に少しずつ手を出しながらなんとか家計をやりくりしている。二人は自分たちの土地に巣を作るアナグマのつがいの存在を黙認しており、どこに行けばそれが見られるかも教えてくれた。

ウーキー谷よりも上の方に、あまり知られていない洞窟がある。アナグマの巣穴だ。アナグマ（badger）という名前と、アナグマの古い呼び名（brock、pate、grey、bawson、billy、black-and-white）はイギリスの歴史ある地名に刻みこまれている。シュロップシャーのバジャー（Badger）、レイクディストリクトにあるブロックルバンク（Brocklebank）、サリーにあるグレイズウッド（Grayswood）、ケントのバジャーズマウント（Badgers Mount）、ハートフォードシャーのブロックスボーン（Broxbourne）。少なくとも百四十のアングロサクソン系の地名がアナグマを意味する*broc*から来ている。キツネ（fox）に関わりのある地名もかなりあるが、ラッタリー（Rattery）（ネズミ小屋の意）というおかしな小村や、ピジョンレーン（Pigeon Lane）（ハト小路の意）――同名の場所がいくつかある――と呼ばれる二種類の土地を除けば、人間の住む土地でこんなにも存在感のある名前を持つ動物はあまりいないだろう。このことは、アナグマに対する敬意の表れのようにも思われるが、一方で我々は何世紀にもわたってアナグマに対し暴虐の限りを尽くしてきた。「to badger」（困らせる）という言葉の語源にもそれが表れている。

イギリスでは多くの土地がアナグマにちなんで名づけられたが、彼らは土地そのものの形状にまで影響をもたらしてきた。地中におけるアナグマの壮大な「芸術作品」によって生垣のラインが変わり、牧草地は森になり、農場主に土地を放棄させるか、少なくとも土地の耕し方を変えさせることとなった。イギリスにおけるアナグマの生息密度は、ほかのどの国よりも高い。アナグマは現存する我が国最大の肉食獣ではあるが、私たち人間と同じく雑食性であり、むしろ草食を主とするアナグマの方が大多数だ。この何世紀かの間に、私たちはより恐ろしい肉食獣たち——クマやオオカミ、オオヤマネコ——を絶滅に追いやってきた。だが、アナグマだけは生き延びた。森に住むアナグマは、あまりにも多く私たちの周りにいたからだろう。

アナグマは周囲に溶け込むでもなく、とても目立つ姿をしているというのに、これはどういうことだろうか。アナグマはスパニエル犬ぐらいの大きさで、非常に強力な爪とボディービルダーのように太い首を持ち、白地に二本の黒い線が引かれた恐ろしげな顔をしている。アナグマの毛は本当は白い。表面の上毛の先端だけが黒いのだ。そのため灰色っぽく見えるが、キツネやシカなどは見つけることすらできないような夜の闇の中でも、顔だけははっきりと見える。にもかかわらず、私たちがアナグマを見かけることは滅多になく、アナグマの生態や歴史に関してわかっていることが少ないというのは驚くべきことである。

これまでの人生で、私はブロックリー（Brockley）やパトリーブリッジ（Pately Bridge）といったアナグマに纏わる場所をいくつも訪れた。子ども時代には『たのしい川べ』に出てくるアナグマ氏の冒険譚を読み、大人になってからは西ロンドンにあるFat Badger（太ったアナグマ亭）というパブでビールを飲んだ。残念ながら今はピザ屋に変わっているが。私は自然保護区を意味するアナグマの顔が描かれた茶色い標識を辿り、ネットオークションで黄ばんだアナグマの剝製を買い取り、アナグマの巣穴の前をこそこそと通り過ぎてきた。だが、大多数の人々がそうだとは思うが、私も野生のアナグマを見たことなどほとんどない。もちろん、アナグマの死体なら見てきた。それもたくさん。脇にどかされて側溝に押し込まれたやつ、走ってくる車に敢然と立ち向かい、敗北してあらぬ方向に折れ曲がった足。だが、私が故郷の田舎にいたころ、普通の世界から奇妙な夜の世界へと迷い込んでしまったときに、アナグマのようなものを見たこともあった。そここそが、アナグマ国である。

　アナグマの住まう世界を探し出そうと決意したとき、実はまだ、私はアナグマを三度しか見たことがなかったのだった。一度目は、グラストンベリー・フェスティバルの喧騒から逃れるため、タクシーを呼んだときだった。ポールデンヒルズを抜けていく最中、道路を何か小さなものが横切るのを目撃した。視界ははっきりとしてはいなかったが、それが二十九歳にして初めてのアナグマとの遭遇であった。二度目は、交通事故でM1（高速道路）が封鎖されたので適当な出口で降りて彷徨い、ノーサンプトンシャーのB道路（一般道）で道に迷っていたときのことだった。夜の巡回を行っていたアナグマが車のライトの前に飛び出してきたのだ。三度目の遭遇は、昼間に父と共にダートムーアの危険な沼を歩いていたときだった。目の前の枯れたシダの藪が急に動きだし、中にいたアナグマが驚くべき速度で逃げ出した。午後の日の光を浴びながら休んでいた所だったのだろう。

　私が人生の半ばに至るまでアナグマをあまり見たことがないと知れば、祖母はがっかりするだろう。私の母方の祖母、ジェーン・ラトクリフはアナグマが大好きだった。食器棚にはアナグマの頭蓋骨があり、森と庭を隔てる石積みの壁にはアナグマ用の小さな出入り口があった。

祖母は白髪で大きな眼鏡をかけていたので、まるでフクロウのように見えた。しかも、夕方長い時間、森の木の大枝の上から自分の領土でのんびり過ごしているアナグマを眺めていたのだからなおさらだ。祖母はそのエネルギーの大半を野生動物のリハビリに費やしていた。傷ついたアナグマを保護しては手当てを施し、回復したアナグマはガレージから人工的に作られた庭へと徐々に移され、最終的には森に戻されていった。アナグマに対する情熱が高じて、祖母は本を一冊書き上げた。それは、『*Through the Badger Gate*』（アナグマドアを抜けて）という本で、祖母の最初のアナグマ、ボジャーに対する恋文のような内容だった。私が生まれたときは、アナグマたちは既に野生に帰るか死ぬかして一匹も残っておらず、代わりに庭のケージは怪我をしたモリフクロウやメンフクロウでいっぱいだった。幼かった私には、祖母がイギリスにおける人間とアナグマとの関係を変える上で——おそらくは決定的に——重要な役割を果たしていたことがわかっていなかった。

アナグマが架空の存在でしかなかった私の子ども時代とは異なり、ウーキーホールの住民にとっては毎晩が「アナグマの夜」だった。ニックとスーの娘、ジェスは、彼女らがまだ少女だった頃、死んだアナグマの頭に花火を詰め、それが爆発する様子を仲間たちと共に離れたところから眺めたことがあったと語った。これはこの地域の若者たちにとって、娯楽の一つであったという。

「みんなアナグマを轢くのが嫌なのよ」

ジェスはそう言った。私は共感してうなずいた。うっかり轢き殺されたアナグマのことを思うと、胸が痛くなった。ジェスは続けた。

「車が汚れるじゃない」

アナグマ国に入国して最初の衝撃だった。野生のアナグマを観察することが、このユニークな動物を理解し、人間との複雑に対立した関係を把握する第一歩になれば良いと思っていた。だが近年、アナグマがいる土地は戦場と化している。都市と地方の分断、農業の危機、動物の権利、そして田舎でその土地の動物たちと共に過ごしていく方法についての争いが絶えない。この時はまだ、私はこの野生の動物が持つ魅力に気づいていなかったが、いくつものアナグマ国を渡り歩くうちにそれを見出すこととなった。また、あまり知られていないアナグマ国に住む人たちの情熱を受け入れる準備が、私にはできていなかった。彼らはアナグマに対して古代から続く憎しみと、現代における同情心の両方を持ち合わせていた。

　私はアナグマと人間との奇妙な関係の歴史をたどり、なぜこんなにももどかしいものになったのかを知りたいと思っていた。なぜアナグマを餌付けすることに生涯をささげる人もいれば、刑務所に入ってでもアナグマを捕らえて痛めつけたいと思う人もいるのか。そしてなぜ、乳牛に感染するウシ型結核菌に関する激論がアナグマの駆除につながり、文化間戦争と呼ばれる地方と都市の戦争を引き起こしたのか。

　イギリスに住む大抵の野生動物は害獣か保護動物かの二種類に分けられるが、キツネのように両方に分類される動物もわずかながら存在する。人間とキツネとの関係はわかりやすい。私たちはキツネに蔑みと尊敬の両方の感情を抱いているが、その理由はどちらも同じだ。キツネは狡猾で適応力がある捕食動物だからだ。だがアナグマとの関係性は非常にわかりづらく、謎に満ちている。ケネス・グレアムがアナグマを他の動物たちにとって父親のように頼りがいのある存在にしてからというもの、アナグマに惜しみない愛情を注ぐ人も現れた。しかし、アナグマは見つけ次第殺すものというそれまでの慣習も根強く残っている。要塞のような自分の巣を、何としてでも守り抜く習性から、アナグマは気高く、イギリスらしい動物だとも思われている。しかもキツネがされてきたよりもひどい迫害を何世紀にもわたり耐え抜いてきた。だがキツネとは違い、私たちはアナグマをどう考えていいのかわかっていない。愚かなのか賢いのか、捕食者なのか捕食対象なのか、人になつきやすいのかなつかないのか、恐ろしいのは見た目だけなのかそうでないのか、善い動物なのか悪い動物なのか。

私は農家の温かい団欒から離れ、平野を忍び足で歩いていた。アナグマウォッチングのルールその一、アナグマの巣の風下に立つこと。しかし、夜間活動のための私の装備は悲惨なほどに貧弱だった。借りてきた懐中電灯が、ロウソクのような黄色がかった光をちかちかさせている、侘しいものだった、というだけではない。夜中の暗闇の中に一人でいるのはこれが初めてだったのだ。もう何年も前から田舎の方でしか見られなくなった、闇本来の暗さ。当時の私は知識も経験もろくになかった。普通の大人たちのように、私は闇を避けてきた。何かを恐れているかのように、いつも明かりをつけていた。感覚は磨かれることがなければ鈍っていく。満足に視界が得られなかったため、普段は活用していない耳や鼻が稼働していた。長い冬の終わりの冷気の中、何の匂いもしなかった。では聞こえるのは？　風の音だけだ。

精いっぱいに音を殺して歩きながら、苦労の末ようやくアナグマの巣にたどり着いた。それは牧草地と雑木林の境目の、小川の上流にあった。小川に水は既になく、木枯らしが木の枝をかき乱していた。私は年老いたオークの木のそばで足を止めた。枝を二本踏み折ってしまい、その音が銃声のように鳴り響いた。暗闇の中でも、アナグマがかき分けた粘土の山の焦げ茶色がはっきりと見えた。それは巨大でいびつな形をしていた。アナグマの「芸術作品」は、荒廃した中世の砦のミニチュアに似ていた。そこら中に浅いくぼみがあり、それらはきっちりとピラミッド状に積み上げられたアナグマのフンで埋まっていた。

静かに立っていると、風が私の目から涙を飛ばした。涙は頬を伝い落ち、懐中電灯の明かりは消えた。私はただ、漆黒だけを見つめていた。誰かが懐中電灯の光を当ててみたとしたら、私は悲しみに暮れる幼児のように見えていたかもしれない。小さいころから田舎で夜に外を出歩いたことなどなかったのに、突如として子ども時代の感覚が沸き起こってきた。少年だったころはアナグマを見る機会を逃していたが、大人になってからも、不本意ながらロンドンで働いていたため、田舎で過ごす機会がなかった。アナグマを探すのもそうだが、アナグマの住む世界を探すこともまた、ロンドン郊外の束縛から逃れ、吹きすさぶ風と揺れ動く木々と土の香りの中で、自分の存在を、もう一度見つけ出すための、一風変わった試みであった。

南東へと続く丘の上にある、分厚くて丸い形をした雑木林は、私が思い描いていた『ダニーは世界チャンピオン』に出てくる密猟者がキジを狩りに行く森そのものだった。私は感覚が封じられたことによる警戒心からくる純粋な恐怖で体が震えていたが、もう闇を恐れてはいなかった。これはちょっとした革新であった。子どもの頃にロアルド・ダールの本を読んで以来の成長、または幻滅が起こっていた。アナグマを思い浮かべながら、私は自らをダニーではなく、森番（猟場の番人）に重ね合わせた。大木の幹の陰でじっと動かずに佇む人影に。監視される側ではなく、監視する側に。

枯れ枝がまるで手のように私の肩をなで、思わず飛び上がってしまった。むき出しの枝を風が直撃し、波のごとくうなった。二十秒の間、それ以外は何も聞こえなかった。その後一分ほど風は収まったが、再び吹き荒れた。遠くでモリフクロウが、低い声で鳴いた。もう一羽が、高い声で応えた。牧草地の向こうにある一番近い高台では、木々が枝をこすり合わせ、古いラジオのチューンを合わせようとつまみを急に回した時のようなキリキリとした音を立てていた。そして、それは熱帯地方の鳥がわめいているかのように魅力的で華やかな音へと変わっていった。風が止んで静寂が訪れ、私は満ち足りた気持ちになった。突然、私の周りにあるもの全ての音が聞こえるようになった。すべてが露わにさらけ出されたような気持ちだった。私のジャケットは擦れ合ってカサカサと音を立て、胃袋はグルグルと鳴り、右膝の関節はギシギシときしんでいた。ご機嫌ななめの羊が、自力で羊毛を膨らませようとしているかのようにいななき、夜の脅威に立ち向かうため、体勢を整えていた。小川の流れがステレオサウンドで鳴り響いていた。遠くの方で車がA39道路を走ってバースへと向かい、1マイル彼方で犬が吠えていた。

この不協和音の中、地面からは何も聞こえてはこなかった。白黒の顔がこちらを見つめることもなければ、動くものの影もない。くんくんと匂いを嗅ぐ音、吠え声もうなり声もしない。アナグマはいなかった。私のドシドシとうるさい靴音と人間の匂いがアナグマを怖がらせてしまったのだろうか。それとも、外があまり寒いので、自分の温かいお腹のふわっとした毛で、子ども達をくるんでいたかったのだろうか。

夜中に一人、牧草地の真ん中で立ち尽くしていたことで、目標は達成していないながらも、なぜか気力が湧いてきていた。私は近くの丘の頂上まで歩いた。木が数本生えている。近くで光るものがあり、何か青白いものが目の前を通り過ぎた。フクロウであった。東のコテージの監視用ライトがモールス信号のようについたり消えたりしている。その後、通り過ぎた一陣の影によりライトは消えてしまった。私は狼狽した。少しの間、私は真っ暗な牧草地を走っている人間を見た。そして、それが谷を転げ落ちる霧であり、亡霊のごとく何らかの目的があって動いているとわかった。私の想像力は夜の闇に羽ばたいた。

　アナグマの夜の巡回に出くわすことを何となく期待しつつ、私は生垣の陰に寄り添っていた。何にも出会うことはなかった。草は濡れ、土は冷たく、骨身に染みる冷たさとはどのようなものなのか思い知った。私は一匹の蛾のごとく農家の家の明かりを求めた。暖かい室内に入ると、凍えた指が次第にチクチクと感覚を取り戻すのが心地よかった。まるで快傑ゾロ猫（快傑ゾロの仮面をかぶったような模様の猫）が、暖かい薪ストーヴのそばで、気持ちよさそうに手足を伸ばし、完璧なコンマ（，）を描くように。アナグマ国の住人を探すのは、思っていたよりも骨が折れそうだ。

2

Meles meles

鬱蒼とした木々が、広い丘を覆っていた。ワイサムの森は、まるでテムズ川の氾濫原の上空にこんもりとした濃い緑のUFOが浮かんでいるかのようだった。トネリコやカエデやハシバミが生い茂るこの1000エーカー（約4km^2）の森は、アナグマ国の中心だ。オックスフォードから西に4マイル行ったところにあるこの場所は、他のどこよりもアナグマの生息密度が高い。アナグマにとっては申し分ない土地のように思えるが、私がある初夏の夕暮れにここを訪れたとき、人間の方はあまり歓迎されていないように感じられた。ワイサムの所有者は、押し寄せるアナグママニア達を極力制限することに決めた。案内標識のないその森は、「私有地につき通り抜け禁止」と書かれた看板のある道から入ることができる。門には他にも指示が書いてあった。関係者のみ立ち入りが可能であるが、必ず許可が必要、と。「管理委員」から立ち入りの許可を得たら、歩道から離れないことと、日が暮れる前に森から出ること、その他にも数多くの規則を守らなければならない。森から何かを採集したり持ち帰ったりすることは厳禁。犬や馬を連れて入ることも禁止。バイクや火器、金属探知機の他にも、「ラジオやテープレコーダー、その他の音楽機器類の持ち込みを禁ずる」とあった。中でも一番重要なのが、実験装置に触ってはならないというものだった。

規則がこれほど厳格なのは、ワイサムで熱心な学術的調査が行われ続けているからであった。第二次世界大戦中オックスフォード大学にこの森の所有権が譲渡されて以来、ここはイギリスにおける野生の実験場と呼ばれるようになった。生態学という概念が生まれた土地の一つであり、大規模な科学的調査がいくつも行われてきた場所である。特に、一九四七年に始まったシジュウカラの研究は有名で、現在に至るまで粘り強く続けられ、世界一長期にわたる野生動物の生息密度に関する研究といわれている。この4マイル四方の空間は、少なくとも二百二十匹に及ぶ、世界で最も調べ尽くされたアナグマたちのホームでもある。この五十年間ずっと、ワイサムでは好奇心旺盛な研究者たちによってアナグマが捕獲され、身長や体重、その他もろもろのデータが計測されてきた。特に一九七〇年代、ハンス・クルークにより始まった研究は、それ以降、今日までの二十五年間、デイビッド・マクドナルド教授や、そのプロジェクトマネージャーであるクリス・ニューマン博士やクリスティーナ・ブエスチング博士の監督の下、続けられている。

アナグマ国の中心街を一人で探検することを禁じられた私は、ワイサム村の「白鹿亭」という名のパブでクリス博士とクリスティーナ博士を待った。アナグマについての生態学的な知見——アナグマがどんなところに生息しているのか、どんな巣を作るのか、どんな社会性を持ち、仲間との意思疎通を図るのか、どのように生き、死んでいくのかといった——がいかにして得られたのか。その現場を垣間見るため、二人に門の向こうへ連れて行ってもらうのだ。パブから夏のバーベキューの煙が漂う頃、クリスとクリスティーナは大学から支給されたガタガタと揺れる古いランドローバーに乗ってやってきた。二人はアナグマを研究していた学生時代、このワイサムで出会った。クリスとクリスティーナは、カナダのノバスコシア州からオックスフォードシャーに通う国際的に活躍する自信に満ちあふれた有識者であり、対アナグマ用に鍛え上げられた頭脳を持っていた。

アナグマの通称には、私たちが彼らを一目見たときに抱く印象――黒と白のカラーリングと、穴掘りに対する情熱――が反映されている。アナグマ（badger）という名前は、単純に記章、つまりバッジ（badge）から来ており、それは、白黒の縞模様の顔のことを指している。もしかすると、フランス語でアナグマを指す *bêcheur* から来ているのかもしれない。それは「穴を掘るもの」を意味する言葉であり、ノルマン人によってイギリスにもたらされたものだ。ノルマン人はアナグマを狩るために、ドーバー海峡を越えて新しい犬種を持ち込みもした。現代のフランス語でアナグマを意味する *blaireau* という言葉は、古フランス語の *bler* から来ている。意味は、「白い縞模様」だ。*blaireau* にはまた、穀物を蓄えるものという意味もある。イギリスではデンマーク語とゲール語が結びついた語源を持つ「brock」もよく使われており、また北部ではかつて「pate」という単語も頻繁に使われていた。アナグマは他にも「grey」や「bawson」と呼ばれている。これらもスカンジナビア発祥の言葉で、白の縞模様を意味する。

アナグマの生物学上の分類はイタチ科だが、見た目にはわかりづらい。肉食動物の仲間であるイタチ科は、水棲、樹上棲、陸棲とかなり枝分かれしている。柔軟に曲がる長い身体を持ち、肉食であることが多い。イタチやテン、マツテン、カワウソなどがそうだ。一見したところ、アナグマはそれらに混じるとはみ出し者のように思える。サセックス大学名誉教授であり、『*Badger*』（アナグマ）の著者であるティム・ローパーは、その著書の中で*Meles meles*（ヨーロッパアナグマの学名）として知られている動物について、詳細かつ読みやすい文章で解説している。動物がこれまで生き延びてこられた理由は、機敏で素早かったか、または頑強で力強かったかのどちらかだという。動物は狙撃手か戦車に分けられる。それで言うと、アナグマは戦車にあたる。危機に陥ると、アナグマは頭を下げた姿勢を取る。縞模様を見せつけ、警告するのだ。

「それが威嚇のつもりだとしたら、効果はてきめんだ」

ティムはそう記している。ほかのイタチ科の動物と同じように、体をくねらせて他者の目を欺き、長い牙と鋭い前足の爪を持っている。

　全ての肉食動物は肛門に臭腺を備えているが、アナグマのそれは特別に大きい。尻尾の下にある肛門腺だ。アナグマ研究の先駆者たちは、アナグマの匂い付け、いわゆるマーキングを見て困惑した。

「アナグマがそれをしゃぶったりなめたりしているのは疑いようもない事実だ。元気づけのためか、清涼剤のようなものなのか、刺激物として楽しんでいるのか、他の理由があるのか、何とも言えない」

一八九八年、アルフレッド・ピーズ氏はそう書き記した。学者が発見したところによると、アナグマが夜ごとの巡回で思索にふけるかのようにうずくまるのは、栄養ドリンクを飲んでいるというよりは、アイデンティティーと縄張りを盛大に表現しているらしい。アナグマはその独特の匂いを、互いを認識したり、まだ子どもなのかもう大人なのか、つまり生殖可能かどうかを示したりするのに使っているようだ。そして、自分がどの群れ（一族のようなもの）に属していて、仲間なのか余所者なのかを伝えるためにも。

二千万年前、*Meles meles*、すなわちヨーロッパアナグマはテンに近い先祖から進化し、敏捷に動く脚と長い尾、そして肉食動物の性質を獲得した。広がりゆく草原やサバンナで生き残るため、獲物となる動物たちは、有蹄類のように速く走れるようになるか、または齧歯類のように穴を掘って潜れるようになった。それを追う捕食動物たちは犬のように追跡できるようになるか、地下にいる獲物を捕える罠を張れるようになる必要があった。つまりイタチのように穴の中に潜っていくか、クマやアナグマのように恐ろしい爪で耕運機のごとく土を掘り、獲物にありつくか、といったことである。アナグマの場合は、穴に入ることによって自分より大きな天敵から逃れることもできる。三百万年ほど前、アナグマの祖先はヨーロッパへと北上した。トラール（古代ヨーロッパアナグマ）というアナグマ最古の化石が残されている。学名を*Meles thorali*といい、これが現代のアナグマにつながる動物であることは明らかだ。この化石は二百万年ほど前のもので、リヨンの近くのサン＝ヴァリエで発見された。ウェストサセックスのボックスグローヴで発見されたアナグマの骨は更新世（七十五万年から五十万年前）のもので、人類の祖先の骨と一緒にみつかった。これは、イギリスにおけるアナグマと人類との関係が太古から続いていたことを示す証拠だ。最終氷期（十一万年から一万二千年前）には、アナグマたちは北ヨーロッパから避難することを余儀なくされた。氷が溶けてイギリスにクマやオオカミやホッキョクギツネ、トナカイ、それに人間の一団が移住できるようになるまで。

イギリスのアナグマがどのようにして人間の作り出した環境に適応していったかを見ていく

うえで、ワイサムは最適な環境であった。氷がなくなってアナグマが再び進出した頃は、オックスフォードシャーは居住には適さない北方のツンドラであった。気候が温かくなるにつれ、カバやマツの森が栄え、それに伴い落葉性のオークやニレ、シナノキやハシバミが深い森となって現れた。テムズバレーは沼地に似た氾濫原であり、ビーバーが住むのには適しているがアナグマには水気が多すぎる。一方、ワイサムの森は標高が高く、乾燥している。コッツウォルズの崖の外れにある丘の頂上は石灰岩でできており、麓は豊富な砂質土の層で構成され、重粘土でできたテムズ川の川底と繋がっている。新石器時代の人々は適度な規模の開拓地を開墾し、アナグマはワイサムの丘の中腹の砂を難なく掘って巣を作った。アナグマの頭上にある石灰岩の頂上は屋根としては理想的で、アナグマの進出を食い止める役割も果たしていた。イギリスにおける今日のアナグマの分布には地政学的な影響も残っている。アナグマは重粘土の土を掘ることができない。崩落したり水が入ってきたりするからだ。だから谷底や氾濫原、平野が幾重にも連なるイーストアングリアのような土地にはアナグマはほとんどいない。

今なお環境が保たれているイギリスの田舎には必ずそれなりの理由がある。ワイサムの森が環境破壊を免れてきたのも、同じく気まぐれな地形のおかげであり、石灰岩の頂上はアナグマにとって理想的だ。ローマ時代には、オックスフォードシャー中に広がっていた森の半分が消え失せ、十四世紀には7%を残すのみとなった。どの土地でもそうだが、古代、ワイサムの木々は、薪として使われていた。オックスフォード大学も環境破壊に加担してきた。一六三二年、八本のオークの木が11ポンド程度で購入され、オックスフォード大学にあるボドリアン図書館の中庭に繋がる荘厳な門に使用された。丘の上にある森はシンギング・ウェイと呼ばれる有料道路で分断された。中世の巡礼僧がサイレンセスターからカンタベリーに向かう途中、初めてオックスフォードを高地から見下ろした時にいきなり歌いだしたのが道の名前の由来だ。それでもなお、森は生き延びた。

中世の時代、ワイサムでの農業には十分の一税が課せられる予定だった。だが農民たちが土壌を調べると、地中にある石灰岩で鋤が壊れてしまうことがわかった。ヘンリー八世は、修道院を解散させていく過程でアビントン大修道院からワイサムの所有権を奪取した。そして、狩りを楽しむための木を植え、森を作っていた貪欲な貴族たちに、ワイサムの森を売り飛ばした。囲い込み条例のおかげで、アビントン伯爵五世は共有の土地の一部を自らのものとしてより大きな土地を手に入れ、そこにブナやオーク、プラタナス、ニレをふんだんに植えた。しかし、そんな栄華も長くは続かなかった。一九二〇年、窮乏した伯爵七世は、所有する3000エーカーの土地をレイモンド・フェンネルという成り上がりの鉱山主に売り渡した。彼はドイツ人の父とイギリス人の母を持つロンドン生まれで、旧名をレイモンド・シューマッハという。ハーロー校で学生時代を過ごし、ヨハネスブルクの金鉱で財を成した。一九一五年にイギリスに戻ると、そこに渦巻く反独感情から逃れるために母親の旧姓を名乗り、ワイサムの土地を森ごと買い上げた。当初、フェンネルとフェンネルの妻、そして娘のヘイゼルは、テントが立ち並ぶ、丘の上の「キャンプ場」と呼ばれていた場所にロンドンからよく泊まりに来ていた。それぞれのテントの中は快適に設えられ、絨毯が敷かれていた。それからフェンネルは森の中にスイスのシャレー風の狩猟小屋を建て、週末には完璧なイギリス紳士を気取って友人たちを狩猟に招いていた。

第二次大戦が始まった年、たった一人の子どもであるヘイゼルが原因不明の病で亡くなったことでフェンネルの心は壊れた。ヘイゼルは病気がちで一人でいることを好み、ワイサムの自然を満喫しながら、その美しさを日記に書き留めていた。フェンネルには他に後継ぎもおらず、博愛主義に傾倒していたので、ロンドンに戻った時にヨハネスブルクの家を病気の子どもたちに寄付し、持っていた土地のすべてをオックスフォード大学に寄贈した。フェンネルは「ヘイゼルの森」という名でその森を知らしめたかった。科学と教育の発展のために寄贈された森は、大学にとって中世以来の素晴らしい贈り物だと『ザ・タイムズ』紙でももてはやされた。財力のある地主はあこぎに違いないという偏見のため、大学は当初、フェンネルの要望を無視してヘイゼルの森を材木業者に譲渡するという林業委員会の契約書にサインしていた。だがありがたいことに、大学には生態学を専門とする特別研究員が増えてきており、森の商業的な価値よりも自然保護的な価値が見出され、古木の伐採は一九六〇年代に禁止された。ワイサム――結局ヘイゼルの森という名前は定着しなかったが――はフェンネルの望み通り科学の発展に寄与することとなった。

ワイサムにおけるアナグマの生息密度がこれほどまでに高まった理由として、森の地形と豊富な食糧が挙げられる。テムズバレーの肥沃な平原に囲まれた森はまるで島のようになっていて、これにより巣作りには適さないが餌場としては理想的な環境が森の外にできあがった。暗くなってから、アナグマは小高い森の中にある巣から出て、餌を求めて下っていく。

「アナグマはよく眠る。そしてよく肥えている」ジョージ・ターバーヴィルはそう記している。狩猟に情熱を注ぎ、十六世紀に最初にアナグマの自然史を書いた人間の一人だ。アナグマはかなりの健啖家だ。私たち人間が好むようなものはなんでも食べる。人間が食べられないものも食べる。一九七三年、ある日曜紙がウェールズのパブをよく訪れるアナグマの写真を公開した。写真に写っていたアナグマは、酒を少し与えられていた。不愉快な実験の一環として、アナグマが不味いと思うものを調べるため、クリスとクリスティーナは非常に辛いカレーを森に置いてみた。そこら中に転がされた毒々しいウコン色のウンコのようなものをアナグマたちは嬉しそうに食べていた。我々人間と同じように、アナグマはキノコや小麦、トウモロコシ、オート麦にトリュフ、そして甘いものを好む性質もある。プラムなどの木に生る果物やブドウ園のブドウを食べたり、くまのプーさんのようなハチミツに対する執着を見せたりすることもある。児童文学作家の、BBというペンネームで有名なデニス・ワトキンス＝ピッチフォードはナチュラリストでもあり、アナグマの口の端からハチミツがヨーヨーのように垂れ下がっているのを見たことがあるという。人間とは違い、アナグマはナメクジやカエル、カブトムシや木の根、球根、ネズミ、野ネズミ、モグラ、鳥の卵、子ウサギやドブネズミ、ハリネズミも食し、さらには子ギツネを襲う場合もあるという。

だがその中でも、アナグマはとりわけ *Lumbricus terrestris* を好む。地上性ぜん虫ことドバミミズ、つまるところミミズである。普通のアナグマが一晩に必要なエネルギー量を賄うためには、10gのミミズ百七十五匹を平らげる必要がある。祖母はメスのアナグマが夜半前に二百五十四匹のミミズを食べたのを見たことがあるという。

「あのアナグマはミミズが見つかるまでふんふんやり続けていました。濡れた草の上で伏せながら、尻尾だけ下ろして。それから、体をピーンと伸ばしながら地中にいたミミズを引きずり出して、スパゲッティのようにすすり上げてしまったの」
祖母はそう記していた。このやり方だと、ミミズが土から引っ張り出されるときにちぎれなくて済むのだ。ミミズが半分にちぎれてしまうととてももったいない。秋になると、アナグマは食べて食べて食べまくる。やがて来る長い冬を越すために脂肪を蓄えるのだ。

地形と豊富な食糧の他にもう一つ、ワイサムをアナグマの天国たらしめている要素がある。森林が保護され、科学的研究のためにのみ使われているという点だ。イギリスでは長きにわたり、アナグマが迫害され続けてきた。しかし、昨今のワイサムの森は、何世紀にもわたって続いてきた人間のアナグマに対する蛮行とは無縁だ。実際、ワイサムのアナグマはせいぜい罵声を浴びせられる程度で済んでいる。

クリスとクリスティーナの二人がノバスコシアに拠点を移すまでは、一年の大半を、象牙の塔と呼んでいた丸太小屋の中で、気候変動が野ネズミやネズミに与える影響の研究に費やしていた。そこはフェンネルが建てた奇妙なスイスのシャレー風の小屋だった。小屋は複数の階層から構成されており、今にも崩れそうなウェディングケーキのようであった。薄暗い森の片隅にある、少し不気味なその小屋で、二人とアナグマとの距離は耐えがたいほどに近づいていた。ある夜、家に帰ったら何者かが階下のバスルームで物音を立てている。ドアを開けると、三匹のアナグマが順番に並んでトイレの水を飲んでいた。夜中に物を壊すのが大好きなので「クソガキ」と名付けられたアナグマがいる。ある時などは、夜中に大きな悲鳴を聞いて起きた二人が見に行くと、クソガキが漫画のように木製のドアに挟まっていたので出してあげたこともあった。

「あの晩、これまで知らなかった言葉をいくつか学びました」
ドイツ生まれのクリスティーナはそう語る。

私たちは、古びた愉快なシャレー風の小屋のそばにランドローバーを停めた。クリスとクリスティーナは家の奥にある広くて空気がどんよりとした部屋に私を案内してくれた。部屋の一部は実験室のような薬品の匂いがしていて、他の部分は馬小屋のようだった。ワイサムの森のアナグマは一九八七年以降、細心の注意を払って観察されてきた。そして、ここがアナグマの情報を処理する本部であり、研究者たちが毎年三週間のアナグマの一斉調査を行う拠点である。地元の薬物依存リハビリセンターの患者たちが森のあちこちに罠を仕掛け、かかったアナグマを運ぶ手伝いをしている。生やさしい仕事ではないが不思議と彼らの治療には効果があるようだ。明日の朝には十五匹ほどのアナグマが捕まっている見通しだ。先週から七十四匹以上がこの場所を通り過ぎている。

森の周辺に八十五個仕掛けてある頑丈な捕獲かごにアナグマが捕まると、すぐさま鎮静剤が投与され、検査される。まず後ろ足が調べられ、黒いインクのタトゥーがなかったら、そのアナグマには新しくタトゥーが付けられる。研究対象に名前を付けるアナグマ好きとは異なり、ワイサムの研究者は数字を付ける。クリスとクリスティーナは一千四百三十六匹目のアナグマを捕まえ、番号を付けた。タトゥーを入れるのは古臭いように思えるが、マイクロチップを埋め込むより迅速で確実な方法なのだ。タトゥー以外にも、アナグマにはそれぞれ上毛部分にわかりやすい目印を付けている。これにより、赤外線映像による観察、特に行動の研究がやりやすくなるのだ。

すべてのアナグマに記録シートがあり、身長や体重、大まかな健康状態など、ありとあらゆる検査の結果が記されている。DNAや血液サンプルが採取され、内部および外部寄生虫が記録される。イーストサセックスにおけるアナグマの研究結果によると、88％のアナグマにノミがついていたそうだ。消化管寄生虫であるコクシジウムという命にかかわるものもいた。寄生虫学を学んでいたクリスによると、これに寄生されたアナグマは仔のうちに生死が分かれるという。成獣になるまで生き延びた場合は免疫力を身につける。うまくいった年だと、ワイサムのアナグマの数は三百匹も増加した。通常は五十匹の仔が離乳し、巣から顔を出す（巣の中で死んでしまったものは数えない）。アナグマは頑丈なようだし、ワイサムは他のどの場所よりも安全だが、新生児の死亡率は依然として高い。ある年では、80％の仔が死亡した。二〇一一年にワイサムで数えられた仔のアナグマは十四匹だけだった。気温が高く乾燥した春だったので、ミミズの数が減ったために、生まれてから数週間の巣ごもりの時期にほとんどの仔が飢え死にしてしまったのだ。

捕獲されたアナグマは、ホルモン値と同時に体内の抗酸化物質の量も検査される。クリスとクリスティーナは口の中も検査した。その結果、恐ろしいことが判明した。年老いたオスのアナグマは牙を失ってもミミズを吸い上げることで生きていけるが、闘いで自分の身を守ることが困難になっているためひどい咬み傷を負っている場合が多い。*Meles meles* の世界は私たちが想像しているより仁義なき世界だということなのだろう。そして、最後のデータが採られる。すべてのアナグマには尾の下に臭腺をしまう袋があるが、捕獲されたアナグマの臭腺は銀のへらでやさしく取り出され、それぞれの特徴的な匂いは小瓶に入れられ冷凍庫で保管される。クリスティーナは、アナグマの匂いを通じたコミュニケーションにおける世界一の専門家であり、彼女の受け持つ博士課程の学生の一人は、現在ワイサムで匂いの再現実験を行っている。「余所者の」アナグマの匂いをアナグマの縄張りの外側に置き、巣の中にいるアナグマの反応を撮影した。アナグマは余所者の匂いを熱心に嗅ぎ、居もしないアナグマを探すのにそれはそれは長い時間をかけた。自分の所属する群れの匂いがしないアナグマは容赦なく抹殺されることだろう。

この「匂い」がアナグマの性質を決定しており、アナグマにとって自分が何者なのかを伝えるために重要なものなのだとしたら、ぜひ試してみる必要がある。クリスティーナは冷凍庫のドアを開け、小瓶を手の中で温めて解凍した。

「マヨネーズみたいでしょう」

彼女はそう言った。そしてクリスが冗談めかして付け加えた。「マーマイト（非常にクセのある匂いの、酵母でできたペーストで、パンに塗って食べる。日本における納豆のように、人によって好き嫌いが分かれる）がどうやってできるか知りたいなら……」私は意を決して瓶のふたを開け、アナグマの特製マヨネーズの匂いを吸い込んだ。非常に強いマーマイトとヤギとキツネが混ざったような強烈な匂いがした。これは忘れようがない。

私たちは研究所を後にし、ワイサムの森を散策した。初めはプライベートクラブを嫌悪していたけど後になって好きになった人のように、私もワイサムの森から人を遠ざけている細かい規則が気に入らなかったが、ひとたび森の中に入ったらそんな感情は消え失せた。夕暮れ時に私たちだけで森を歩くのは最高のぜいたくだった。この高台の聖域はまるでオックスフォードを見下ろしているかのようだった。南の方では熱気球が二つ、ディドコット発電所近くの空を飛んでいた。にぎやかなテムズバレーから、木々でドーム状に覆われた丘で増幅された音が響いてきた。クリスとクリスティーナはここに住んでいたころ、船上パーティーや夜会の音を聞きながらアナグマの観察を続けていた。ここから35マイル離れたヘメルヘムステッド近くの石油貯蔵施設が二〇〇五年に盛大に爆発したとき、その音があまりにも大きく響いたので家に何者かが押し入ってきたのではないかと思ったという。

アナグマの研究もそうだが——様々な研究者たちが、ワイサムの森に割り込んできたかのような光景だった。木の幹には変なタグが付けられ、成長の度合いが計測され、ほどよい大きさの四角い箱が取り付けられ——一千のシジュウカラの巣箱と五百のアオガラの巣箱が森の中にある。柱に取り付けられた金属のディスクが、黄昏の光を浴びて鈍く光っていた。これはまた別の一風変わった計測方法だ。

「他の研究プロジェクトを目にするのはしょっちゅうです」

クリスはそう言った。ある時、クリスはトネリコの木に十二口径の散弾銃を三丁分撃ち込んでいる一団に出くわした。これはトネリコの木の種の生産力を見るのに最適な方法だということだ。銃弾を撃ち込まれることで、トネリコの種は下に敷いてある毛布の上にばらまかれる。

メンフクロウが、草地を低く飛んでいた。私たちは古い森番の小屋のそばを通り過ぎた。木製の外装が剝がれかかっている様は、まるで枯れ木の皮が剝けているようであり、ヘンゼルとグレーテルが成長して出ていってしまったおとぎ話の小屋のようであった。小道から離れて深く積もった腐葉土を突き進み、西に向かって坂になっている道のてっぺんにある古木の真下で立ち止まった。石灰岩から砂質土に変わる頂上にあけられた穴の数は五十にもおよぶ。この大きな穴はアナグマの住処として使われ続けて少なくとも四百七十五年になる。なぜそれがわかったかというと、修道院の解散後、ヘンリー八世がこの森を売却するという証書が発行され、その証書の中でこの森は「オークの大木のそばにあるアナグマの巣」の付近と呼ばれていたのだ。研究者たちが四百七十五年というのはそういうわけだ。

アナグマは自分の巣を強固に守ることで知られ、称賛さえされている。アナグマの集合名詞は「cete」といい、おそらくラテン語で集会や集まることを意味する *coetus* という言葉からきているのだろう。擬態できるような外見も敏捷さも持ち合わせていないので、地下に迷宮のように入り組んだ巣を作ることでクマやオオカミ、のちには人間からも身を守っている。ウサギやキツネの穴はアナグマの巣と比べればちっぽけなものだ。

「技術力でアナグマに並ぶものといえばビーバーぐらいだろう」

一九二三年に出版された初期のアナグマの自然史本を著したモーティマ・バテンはそう記している。

「屈強な男たちがシャベルやつるはしを使わないと掘れないような穴を、アナグマは一晩で掘ってしまう」

そこはショベルカーにしてもいいだろう。一九七〇年代、政府がアナグマの巣を計測するために七人の人間を派遣したが、アナグマの巣の底に行きつくまでに八日かかった。「普通の」アナグマの巣を掘り進めてみると、十六の入り口に五十七の部屋、全長３００ｍを超える入り組んだトンネルで出来ていた。アナグマは巣を作るために25tもの土を掘り出したのだ。ビーバーがダム湖を作り出すように、アナグマの巣は風景を一変させることもある。生垣のラインを変え、近隣の生態系に影響を及ぼし、ニワトコやイラクサが支配する土地を作り出す。ニワトコとイラクサは、穴いっぱいのアナグマのフンが原因で生じる窒素を多く含む土壌に耐えられる植物だからだ。

その大きさにもかかわらず、オークの大木のそばにあるアナグマの巣には現在十四のアナグマしか住んでいない。大規模な「芸術作品」には必ずしも多くのアナグマが住んでいるというわけではないようだ。つまり、同じ部屋で長く眠ることは滅多にない。ポーランドでの研究によると、アナグマは寝室を常に替えており、同じ部屋で長く眠ることはない。一室に留まっているのは三日にも満たない。この習性について、研究者たちは様々な説明を加えている。餌場に近い場所にいる必要性や、群れの調和を保つためという理由もあるが、部屋をよく替えることによってそこにいるかもしれない寄生虫を避けるためだというのが一番妥当な説明だろう。

アナグマが欠かさず行う「春の大掃除」も寄生虫のリスクを避けるための一つの方法である。「アナグマはあらゆる動物の中で最もきれい好きな動物である。実際、穴居棲の動物の中で衛生観念のようなものを持っているのはアナグマだけだ」

モーティマ・バテンはそう語る。アナグマを観察してきた先人たちが記録した最も特徴的な習性の一つに、乾いた草や葉っぱにシダ、ブルーベルまでも大量に集めてねぐらを作るというものがある。ここまできれい好きなのは巣を汚したくないからだろう。いつも使っている家の周りの道のそばには特製の便所穴があり、これは縄張りを示す役割も果たしている。アナグマが大きな動物の死骸を巣に持ち込む様子が目撃されてはいるが、その残滓はあまり見つかっていない。古くなった食べ残しを掃除しているのかもしれない。自分の巣を悪臭漂うゴミで散らかしているキツネとは大違いだ。

一番すごいのが、アナグマは独自の換気システムや暖房システムを作ってしまうということだ。生物学者のティム・ローパーはイーストサセックスで三つのアナグマの巣を見つけたが、その巣内の部屋にはビニール袋や古い肥料の袋の上に、枯れ葉や苔や枯れ草が敷いてあった。また、このような研究結果もある。二匹のアナグマをコンクリートでできた人工の巣穴に入れると、干し草やわらを切り刻んで積み上げていった。すると発酵が始まり、内部の温度は三十八度にも達したという。アナグマは近くに普通の巣を作り、必要に応じ、その巣の内部で、暖房に近づいたりそこから遠のいたりして棲んだ。ふた冬もこのやり方は続いた。

ワイサムに来るまでは、すでに研究されつくしたアナグマに関して新しい発見はないだろうと思っていた。アナグマの生態に関して目立った議論がほとんどなされていないように。しかし、それは誤りだった。アナグマというものに関してわかっている——と思われている——ことは、まだ多くの疑問符がつくものであるとともに綿密な調査のしがいがあるものだった。DNAを用いて種を定義するようになっている昨今、分類学者は南極やオーストラリアとその周辺諸島を除くすべての大陸に生息するアナグマの種の数に関しても議論を重ねている。

ヨーロッパアナグマには親戚がおり、それらはアナグマ亜科（Melinae）に属している。ブタバナアナグマは*Meles meles*に一番近い親戚だ。一方、アメリカアナグマ（*Taxidea taxus*）はもっと遠いいとこであり、また、アジアに生息しもっと小さくてオコジョに似た姿のイタチアナグマが四種類いる。遠い親戚には凶暴なラーテル（ミツアナグマ）(*Mellivora capensis*) も含まれるが、アナグマには似ても似つかない。そしてスカンクアナグマが二種類、名前が示す通り実際はスカンクに近いが。

つい最近まで、ユーラシアアナグマは一つの種であり、そこから三つの亜種に分かれているものと思われてきた。だが、遺伝学者の最新の研究により、ヨーロッパとアジアと日本のアナグマはそれぞれ全く異なる種であることが判明した。それがヨーロッパアナグマにアジアアナグマ（*Meles leucurus*）、そしてニホンアナグマ（*Meles anakuma*）である。日本では、アナグマは他のイタチ科と同様に単独で生活する孤独なハンターだ。寒い北ヨーロッパや乾燥した地中海では、アナグマは雄雌入り混じった集団の中で暮らし、縄張りを守っている。だが、一集団を構成するのは三、四匹ぐらいだ。イギリスやアイルランドでは、アナグマは五〜八匹のより大きな集団で生活する。ワイサムのようなホットスポットでは、その集団はさらに大きくなる。三十四匹を超えることもあるのだ。アナグマの集団の大きさが決まる理由は非常に興味深い。おおいに議論を呼ぶことだろう。

ハンス・クルークは動物学における伝説的な人物で、ワイサム全体を統括している。クルークは一九七二年にここにたどり着いた。彼はタンザニアのセレンゲティでハイエナを研究してきたばかりであり、博士課程の学生であったデイビッド・マクドナルドを引き連れていた。マクドナルドはのちにオックスフォード大学初の生物保護学の教授となり、最も長期にわたる包括的なアナグマの研究プロジェクトを立ち上げた人物だ。クルークはある謎に頭を悩ませていた。アナグマは集団で生活しているが、それによるメリットはあまりないように見えるということだ。「社会性のある肉食獣」と考えられている動物には珍しく、北ヨーロッパのアナグマは互いに協力したりコミュニケーションを取ったりする姿勢を見せない。いつも単独で食料を探し、協力して子育てや外敵に立ち向かったりしているようには見受けられない。

アナグマのはっきりとした社交性がどのように進化してきたのかを探るため、クルークはワイサムのアナグマを赤外線スコープで観察した。オランダの動物行動学者でクルークの恩師であるニコ・ティンバーゲンに授与されたノーベル賞の賞金で購入したものだ。クルークはワイサムで過ごした結果、アナグマはかなり「原初的」ないし初期段階の社会を構築しているのではないかという結論を出すに至った。集団が構築されてはいるが、協力行動は見られないという状態だ。クルークは、肉食獣の群れをスコットランドの氏族制度を用いて説明している。東スコットランドでは、土地が肥沃で人々がたくさんの食物を得ることができたため小規模な氏族がいくつも存続できたのに対し、北西のスコットランド高地地方は土地が痩せていたので人々も少なく、したがって氏族の数も少なく、広範囲に分散していた。アナグマもこういった形を取っているのだろう。

アナグマは協力し合っているわけでもないのになぜ群れで生活しているのかという問いに対して、クルークは行動学的というよりむしろ生態学的な観点からこう答えている。餌の分布の密度によって群れの構成も異なる。その餌とは、主にミミズだ。アナグマはミミズを捕食するために天候の変化に応じて異なる場所を行き来する必要がある（例えば、ワイサムでは乾期の間は地面が乾燥してミミズを捕れなくなるが、テムズバレーのぬかるんだ牧場では乾期でもミミズが捕れる）。二匹のアナグマが所有する一般的な縄張りは広く、その中には複数の巣があり、他の動物も生活できるという。クリス・ニューマンは、この広大な縄張りの中に餌が豊富にあった場合、縄張りを独占しようとするのは不可能であり、無駄な努力になるだろうと述べている。「テスコ（イギリスの大型スーパー）から他の買い物客を締め出そうとするようなものです」ということだ。「すべての人に十分な食料がある状況ですから」

クルークの説は資源分散仮説と呼ばれるもので、マクドナルド教授が発展させてきたものだ。マクドナルド教授はこれを、元々単独行動だがやがて集団行動をするようになるライオンなどの肉食獣にあてはめた。クリス・ニューマンとクリスティーナ・ブエスチングはクルークの説を固く信じているが、それについては方々で議論が分かれているということも認めている。私はティム・ローパーに会いにサウスダウンズへと向かった。ローパーは新作である、あの有名な叢書『ニュー・ナチュラリスト』のうち一巻をアナグマの巻として著した。一巻を丸ごと一種類の動物で埋め尽くしたのは今までになかったことである。彼はあごひげを生やした小柄な男性で、髪にはところどころ白いものが混じっていた。ローパーはコッツウォルズで育ち、ケンブリッジ大学で動物の学習について学んだ。

「野生の動物でいるというのはどんな気分なのかを知りたかったんです」と彼は言った。後にローパーはひと夏の間、スコットランドにあるハンス・クルークの研究チームに所属していた。「クルークはフィールドワークにおいては世界でも指折りの哺乳類学者でした。良い修業になりました」そう語るローパーの本はクルークに対する称賛の言葉で埋め尽くされていた。

だがクルークの説が原因で二人は袂を分かった。ローパーは「研究者はアイデアを好むものです」と述べた。

「研究活動それ自体は退屈極まるものですが、そこから出てくるアイデアにこそ意義があるのです。結果こそが大事であってほしいと思うあまり、私たちは研究結果を深読みしてしまうんです」

クルークはアナグマの食生活を一般化しすぎた。ミミズを食べるという点にばかり着目しすぎたのだ。そして「行動パターンの分析に取りかかるのは早計だった」というのがローパーの考えだ。

ローパーは夜中にサウスダウンズでアナグマを観察したことで、アナグマはミミズに頼って生きているというクルークの説に疑問を抱くようになった。そして、アナグマのマーキングによる縄張りの主張は、餌を守るためというより連れ合いをライバルから守るためだという。鳥の歌のようなものだ。クルークの説によると、若いアナグマは十分な餌があれば自分の巣に留まっているという。ローパーはアナグマは自然に散らばっていき——可能であれば——自分の巣から出ていくものだと考えていた。イギリスのアナグマの群れが大きくなりつつあるのは、餌が豊富だからではなく散らばる機会がないからだという。アナグマたちは身動きが取れなくなっているのだ。ワイサムの森はその確たる証拠のように思える。生息密度が高すぎて新しい巣を掘る場所に乏しく、新しい縄張りを作れないのだ。

ローパーのアナグマについての仮説はさほど目新しいものではない（鳥の世界でも同じような事象が一般的に知られている）。だが、「オックスフォード組」というワイサムのアナグマを観察しているグループは、いまだにアナグマの行動は餌の多さで決まっているという考えにしがみついているのではないか、そうローパーは思っている。だが、クリス・ニューマンは、アナグマの遺伝子を研究した結果、一つの群れの中で生まれた仔の半分は別の群れのオスの子どもであることがわかったと反論する。「つまり、アナグマの群れが連れ合いを守るためのものだとしたら、それは意味のない行動になる——進化の過程で無駄な戦略が続くことはあり得ません」そうクリスは述べた。映像による証拠もあった。アナグマは別に連れ合いを守ろうとはしていなかった。群れ同士の混血が行われず近親交配が続けば、繁殖力は弱まってしまうだろう。ワイサムの研究者たちは、ローパーの主張はクルークの資源分散仮説の流れを汲んでいると考えている。餌は「資源」の一つにすぎない。アナグマの群れを形作る資源は他にもあり、異性や巣を作る場所、そして巣材も含まれる。

「一つの教区にはパン屋に肉屋、教会や酒場、牛乳屋に未婚の女性、それに仕事も必要です」クリス・ニューマンはそう述べている。

筋は通っているように思えるが、この解釈だとクルークの学説が対象とする範囲が広まり過ぎてしまい、分析が難しくなってしまう。

「我々は動物の生態のあらゆる側面を調べ、分類しようとしがちだ」コッツウォルズのウッドチェスター・パークに非常に有名なアナグマ研究所を建てたクリス・チーズマンという生物学者は言った。

「アナグマのように適応力の高い生き物に対しては、こうした研究は理にかなったことでも必要なことでもありません。自然は我々の理解をはるかに超える複雑なものなんです」

アナグマにまだどれほどの謎が残されているのか。私はようやくその膨大さがわかり始めたところだった。アナグマの群れが次々と合流して異様に大きくなっているのは、他に行くところがなかったからなのだろうか？　地下空間にこれだけ寄り集まったことでウシ型結核のような病気が生まれたのだろうか？

疑問は他にもある。クルークはアナグマを「原初的な社会性を持つ」と記述していた。アナグマはあまり頭がよくないと言いたいのだろうか？

「これは見過ごすわけにはいきません」

クリス・ニューマンは語った。

「アナグマは他のイタチ科と同じような進化の道筋をたどってきただけなのです」

クリスは、もともと群れの動物ではなかったはずのイギリスのアナグマの生息密度がこれほどまでに高まったのは、農業の発展によりミミズがたくさん捕れるようになったためと考えている。それとイタチ科の「出会った相手と交尾する」という行動原則が合わさって、ふしだらなアナグマの群れが出来上がったのだ。後になって、アナグマは一夫一婦制だと思い込んでいる人にたくさん出会ったが、ワイサムの研究者でそんなふうに思っている人は一人もいない。かつてワイサムで調査活動を行っていたハンナ・ダッグデールの研究によれば、生息密度の高い場所に住んでいるメスのアナグマは、誰が父親かわからないようにして子どもが殺されるのを防ぎ、そしてオスの攻撃性を抑えるために複数のオスに交尾させているとのことだ。これは少なくとも賢いやり方のように思える。

「人間が考える知性とはそもそもが人間基準のものです」

ティム・ローパーはアナグマの脳に関する質問にそう答えた。

「知性は社会的なコミュニケーションと関連付けられます。猫は単独で生活するからコミュニケーションをあまりとりません。一方、犬は飼い主と触れ合うのでかなりのコミュニケーションをとるんです」

我々は人間だから、人間とどれだけ触れ合えるかでその動物の知性を判断する。だが、動物行動学者は動物のコミュニケーション能力を広い意味での知性の尺度の一つとして考えている。動物の生態もまた、知性を計る物差しとなる。能動的に狩りをする肉食動物は、雑食動物や草食動物よりも狡猾でなくてはならない。分類学的には、肉食獣は霊長類の次に賢いと言われている。*Meles meles* は肉食であり、群れで暮らしている。しかしアナグマがあまり社会性を持たず、他のイタチ科よりも狩りをしないからといって、「アナグマが賢くないというわけではないでしょう」とローパーは述べている。アナグマは社会性に乏しいという点で研究者たちの見解は一致している。クリス・ニューマンも言っているが、アナグマは何も好き好んで群れているわけではない。「ミーアキャットとは違うのです」

アナグマが好きな人は、アナグマに感情があり、家庭があるものと思わずにはいられないということを知るのにそう時間はかからなかった。だが研究者たちは、アナグマはあまり利他的行動をとらないという。例えば、ミーアキャットなど他の哺乳類のように互いに危険を知らせ合ったりはしないのだ。

また、クルークはアナグマを「言葉を持たない」とも形容している。ワイサムにおけるクルークの後任はそこまでは言わない。彼らはアナグマの鳴き声を分析し、甲高い叫び声や低いうなり声から、バンがガーガー鳴くようなやかましい声まで、少なくとも十六種類の声を特定した。中でもある鳴き声は何年にもわたりナチュラリストたちの興味を引き付けてきた。慟哭にも似た、不気味な声だ。一九五〇年代に十二種類のアナグマの話し声を録音したエリック・シムズというBBCの自然録音係は、ある晩アナグマのオスとメスが突然出くわしたのを目撃した。

「それから三十秒ぐらい経ったでしょうか、夏の夜の静けさは狂騒へと変わってしまいました」

シムズはそう振り返った。

「鳴き声はどんどん大きくなり、いつまでも続きました。アナグマは四分以上もの間休むことなく叫び続け、その恐ろしい声を聞いていると頭皮がピリピリしました。ようやく終わった時は、渦巻く霧のような奇妙な静寂に包まれた感じでした」

この叫び声については別の記録もある。戦後、アナグマを観察していた人たちによるものだ。アナグマの叫び声に関してはこれが最初の記録である。一九四〇年代のある夜、ナチュラリストのブリアン・ヴェッセイ＝フィッツジェラルドは夫を亡くしたメスのアナグマが巣の入り口で「この世のものとも思えない奇怪な叫び声」をあげていたのを目撃した。そして、メスのアナグマはウサギの巣の近くに大きな穴を掘った。ブリアンはその様子に釘付けになっていた。しばらくして別のオスのアナグマが現れ、二匹の間には厳かな空気が流れた。それから二匹のアナグマはどこかに行ってしまったが、しばらくして、そのオスが戻ってきて死んだアナグマの後ろ足を引っ張り、遅れて戻ってきたメスのアナグマもそれを手伝った。今しがた掘った穴にたどり着くと、二匹はアナグマの死骸をその穴に入れ、土をかぶせた。これは葬儀なのか？アナグマは死者を埋葬するのだろうか？

地方人であったフィル・ドラブルは、一九六〇年代から七〇年代にかけてアナグマを育て、またアナグマについての本を執筆したが、彼はアナグマが死んだ仲間を閉じ込めたり、死んだアナグマのいる部屋を塞いだりしたいくつものケースについて詳述している。同時代のナチュラリストであるF・ハワード・ランカムも、次のような事例を記録している。シュロップシャーのアナグマを観察していた人が巣の中にあった塞がれた穴を掘り起こすと、年老いた大きなアナグマの死骸を見つけた。その穴は巣全体から隔離されていたが、人間がアナグマを殺したとしたら、わざわざそんなことはしないだろうと思われた。研究者たちは普通そんな話には耳を傾けないものだが、クリス・ニューマンはワイサムで、掘り起こされたアナグマの骨をよく見かけるという。かつて地下の「霊廟」に埋められた後で、のちの世代のアナグマたちによって掘り返されたものだ。ティム・ローパーは、アナグマが道端の死体を移動させている様子が目撃されていると述べた。

これらの話は綺麗好きなアナグマのもう一つの側面であり、自分の巣を急速に汚染しかねない寄生虫のリスクを最小限に抑えたいという利己的な欲望なのかもしれない。人間の間では、アナグマが「葬儀」を行うという説は根強く、アナグマは社会的な、またはスピリチュアルな側面も持ち合わせていると大勢の人間が信じている。アナグマは全くもって不可解な動物だ。

話をワイサムに戻そう。辺りはもう闇に包まれようとしていた。クリスとクリスティーナはそろそろ自分の研究に戻らなければならない。

「お話ししている間……」

オークの大木のそばにある巣の真上の丘に背を向けたとき、クリスティーナが口を開いた。

「そこの下でアナグマがこっちを見上げていましたよ」

全然気が付かなかった。アナグマが非常に身近にいる環境で働いている研究者は、アナグマを見つけてもはしゃがないし、アナグマを日々目にする機会のない人間の気持ちがわからないというのは面白かった。

アナグマの観察に出かけるのは、クリスにとって死ぬほど退屈だったようだ。つまりクリスとクリスティーナは私をアナグマツアーに喜んで連れて行ったわけではなかった。ワイサムではアナグマは一匹も見つけられなかったが、丘の上で見たオックスフォードの向こう側に沈んでいく夕日は美しかった。

「悪くない仕事場です」

クリスは肩をすくめながらそう言うと、ランドローバーのギアを入れた。そして、我々は街へと戻っていった。罠を仕掛けるシーズンには、どうにもロマンに欠けるスローガンがある。

「今日もアナグマ　明日もアナグマ　毎日アナグマ」しかし研究の対象に対して距離を置き、研究者特有のいささか無礼な態度をとる学者たちですら、アナグマに対してだけは何か特別なものがあると認めている。クリスとクリスティーナがワイサムの境界線の向こう側にあるパブの駐車場で降ろしてくれた時、私は二人がアナグマをどう思っているのかを尋ねてみた。

「あなたが動物になれるとしたら、何になりますか？」

クリスは考え込んだ。

「私はアナグマですね——食べることしか考えてなくて、餌に対する執着心こそが原動力で、そしてよく眠ることでしょう」

「それから」

クリスティーナは目を輝かせながら付け加えた。

「誰にも邪魔はさせません」

誰にも、とはいっても、人間と人間の飼っている犬は除いて。クリスティーナはさらにそう付け加えていたかもしれない。

3　外敵

十六世紀にはすでに、アナグマのような「恐ろしい」敵と闘う場合のマニュアルがあった。まず、掘削要員として屈強な男を十数人用意する。それから地下に潜り込ませるための優れた犬を十数匹用意し、それぞれに鈴のついた首輪をつける。それから太いつるはしや細いつるはし、木や鉄でできた大きなシャベルに長いやっとこ、そして袋。袋は捕獲したアナグマを収容するためのものだ。犬用の水桶を一つに、五、六枚の絨毯。絨毯は地面に耳を付け、アナグマの鳴き声を聞くためのものだ。食料としてコーニッシュ種の鶏に、ハムや牛タン、たくさんの酒瓶。冬場には火をつけて体を温めるための小さなテント。

「そして、ことを上手く運ぶために」

我らがアナグマハンターはこのように書き記している。

「領主様はご自分がお乗りになる馬車を用意すること、そして馬車から降りておられる間、領主様は十六、七歳の若い娘に頭を撫でてもらうこと」

この好色な小児性愛者で、大酒のみで食べ方が汚い君主は、その名をジャックス・デュ・フォイロックス伯爵といい、つるはしで武装した労働者や猛犬たちが二匹ほどのアナグマと闘いを繰り広げている間、馬車でふんぞり返ったり温かい小屋でゴロゴロしながら、「*donner un coup en robbe a la nymphe*」をしたりしている。ポワトゥーに住んでいたデュ・フォイロックスは、狩りの方法を書いた本で思わぬ成功をおさめた。一五六一年に初版が刷られて以降、六十年で十六回も増刷されている。

当時としては、ジャックス・デュ・フォイロックス伯爵が特に異常だったというわけではない。フランスではアナグマはよく狩猟の対象となっていて、人間とアナグマの関係は複雑なものではなかった。狩るものと、狩られるもの。デュ・フォイロックスの記したマニュアルは、イギリスにおけるアナグマ狩りに影響を与えた。そのフランスの狩猟の本に書いてある、アナグマを巣から掘り出して犬をけしかけ、死ぬまで闘わせたという話は一言一句、著者本人の承諾もなく書き写され続けてきた。そしてそれは、アナグマに関して現存する最古の記述である。十代の子を連れ歩くようにとの部分は翻訳のさなかに失われていったが。

特殊な訓練を受けたテリア犬が、アナグマの巣に送り込まれる。そしてアナグマを追い込み、捕らえると、地上にいる人間に吠えてそのことを知らせ、人間はそれを受けて掘削を開始する。犬がアナグマを捕らえている地点まで掘り進むと、それは始まる。

「やっとこでアナグマをつまみ、引きずり出して袋に押し込む」

デュ・フォイロックスはそう記している。

「次に中庭や壁で囲ってある庭にアナグマを放し、それからバセット犬（テリア）を放つ。興奮したアナグマが猪のように人間を襲ったときのためだ。このスポーツを行うに際して、ブーツを履かなくてはいけない。何度か靴下ごと足の肉を持っていかれた」

デュ・フォイロックスは人工の巣穴に捕まえたアナグマと犬を放ち、攻撃する訓練をさせると良いと述べている。若い犬は、春にアナグマの仔を殺すことで自信を付ける。

「終わったら、息絶えたキツネやアナグマの仔をすべて小屋に持っていき、その肝臓と血をチーズと油で炒め、犬に食べさせる。その際、犬には狩った獲物の首を見せる」

一五七六年に出版された『*The Noble Art of Venerie or Hunting*』(高貴で情熱的な狩りの方法)でデュ・フォイロックスの手法を紹介したイギリスのジョージ・ターバーヴィルは、より残酷なやり方を推奨している。これもデュ・フォイロックスの勧めたものだ。生きたままアナグマの歯を切り落とすか、下顎を丸ごと取り除いてしまうというものだ。

「これによりアナグマの怒りは最高潮に達するが、こちらに危害が及ぶことはない」


何世紀にもわたり、人間の楽しみのためだけに、アナグマ以外にもたくさんの動物たちが死んでいった。闘犬や闘鶏、クマやサル、カワウソやロバに犬をけしかける遊びと同じ、大衆の単純な喜びだ。そして、十六世紀においては、アナグマの身体的特性と生態は、狩人が狩猟を手早く済ませるために必要とされてきた知識に過ぎなかった。ターバーヴィルの本では、アナグマのイラストは——「害獣」と記してある——うなり声をあげるタスマニアンタイガーに似ている。憤怒で毛が逆立ち、足は長く、猪のような胴体だ。アナグマは、家禽や家畜を襲うもの——それは往々にして誤りなのだが——といわれ、その強さが特徴とされている。ターバーヴィルはアナグマが邪悪な存在とされていることに何の疑いも持っていなかった。

「私は、強靭なグレイハウンドがアナグマの腹を裂いて内臓を引きずり出すのを見たが、アナグマはなおも闘い続け、屈することがなかった」
ターバーヴィルはそう記した。
「アナグマはキツネと同じように有毒な牙を持っているが、アナグマの方が守りは固く、果敢に闘い、そしてずっと強い」

　ターバーヴィルのような趣味を持つ人々は、ある意味で黎明期の生物学者たちであったのだろう。アナグマの性質について熱心に情報を集めた人間たちだからだ。アナグマは太っているかもしれないが――その点に関しては、ターバーヴィルは正確に記述していた――人間よりも速く走れる。アナグマの下顎は他の哺乳類のように簡単には外れないし、皮膚はたるんでいるので傷つきにくい。頭蓋骨の中心はモヒカンのように盛り上がっており、これは矢状隆起と呼ばれるもので、普通なら致命傷になるような衝撃を、何事もなかったかのように無効化できるのだ。

　闘犬ならぬ「闘狢《とうがく》」（本書では、アナグマを闘わせることを「闘狢」と呼ぶことにする）について、初期の記述を残したのは貴族階級の狩人だった。貴族階級であれば、本を書けるだけの教養はあったのだ。しかし、大抵の場合アナグマは卑しい獣とみなされており、闘狢は下々の娯楽であった。十六世紀、議会で「害獣法」が可決された。特定の動物を害獣とし、その死体に報奨金をつけることで大衆を扇動した。一五六六年の穀物保護法（一八六三年に至るまで廃止されなかった）は、ドブネズミやネズミを害獣として制定するための法ではあったが、アナグマのように農作物に手を付けたりしない動物もその対象であった。アナグマの首は一番高価で、12ペンスもの値が付いた。これはキツネの値段に匹敵する。カンバーランド村における教区録によると、一六八五年から一七五〇年の間に三十六匹の「payte」（アナグマを指す方言）の死体が捕れたという。数自体はそれほどでもないが、地元民はアナグマを生かしたまま有効活用する新しい方法を編み出した。

ケズィックやケンダルといった、多くのイギリス北部の小村には闘牛場があった。闘牛場では、闘牛がブルドッグやブルテリアと闘わされていた。室内やパブの中庭でひそかに行われる闘狢とは異なり、このスポーツは公の場で催されていた。

動物を闘わせる遊戯の醜悪さは、ヴィクトリア朝時代の作家であり密猟者のリチャード・ジェフリーズにより世間に浸透した。一八七九年、ジェフリーズは幼少期を過ごしたウィルトシャー村を「統治されている素振りすら見せない自治区」と表現し、その自由と平等と悪口雑言を敬っていた。

「賭博にトランプ遊び、フェレットを育てることや犬を愛でること、そして密猟と政治が村人の娯楽だった。少しばかりの違法な闘狢や司祭いじめといった、ちょっとした遊びがあった」

モーティマ・バテンはかつて酒場で普通に行われていた闘狢について記述を残していた。バテンは、アナグマが森番により捕らえられ、ウィットビー近くの酒場の裏にある厩舎の樽の中に入れられるのを目撃した。

「アナグマは執拗にいじめられ、脅かされていた」

アナグマは樽の中に三週間も閉じ込められ、少量の水以外は何も摂取できなかった。毎晩のように、無理矢理引きずられて箱に入れられ、そしてテリアをけしかけられる。アナグマの顎の動きは非常に素早く、犬はなかなか避けられない。モーティマ・バテンは自分のテリアをアナグマと闘わせてみないかと誘われたが、断った。翌朝、アナグマは箱の中で死んでいた。

一八三〇年代にジョン・クレアが書いた『アナグマ』という詩は、闘狢を最も鮮烈に描いた記録であった。クレアは詩人であり、ノーサンプトンシャーから来た農場労働者であったが、その拷問は村ぐるみで行われていたと詩の中で暗示している。

夜の帳が下りたとき、大勢の人間と犬がやってくる
アナグマの後を追い、その巣を突き止めろ
袋と灰汁を巣穴の中に放り込め
年老いたアナグマが、うなり声を上げながら出てくる
そして気づく――最強の犬が解き放たれたことを
老いたキツネはその騒ぎを聞き、咥えていたガチョウを落とすだろう
銃を撃った密猟者は、叫び声を聞いて逃げ出した
あとには手傷を負った野ウサギが、もがきながらも逃げようとしている
そして、彼らはアナグマを刺股で押さえつける
犬の尻をたたき、捕らえた獲物を町までもって行かせよ
大勢の犬とアナグマを闘わせよ、丸一日の間
笑え、叫べ、怯えよ、駆けまわるアナグマに

アナグマは駆け、出会うもの全てに牙を立てる
人々は叫び声を上げながら、騒がしい通りを進んでいく

横を向けば、人が悲鳴を上げる
浮かれた人々は、あわてて家の中に引っ込んでいく
彼等は行く先々で石を投げつける
闘うアナグマには敵しかいない
犬たちがけしかけられ、騒ぎに加わることを余儀なくされる
アナグマは振り返り、犬たちを皆追い払ってしまう
体軀も声量も犬の半分ほどもないというのに
何時間にもわたり闘い続け、犬たちを皆打ち負かしてしまった
巨大なマスチフがアナグマに襲い掛かる
マスチフは地に伏せ、傷ついた足をなめながら立ち去った
ブルドッグはとうに打ち負かされ、縮こまっている
アナグマはにやりと笑い、勝ちを譲らない
群衆を追い払い、人間の足を追い回し
千鳥足の酔っぱらいの罵声をものともせずに食らいつく
怯えた女性が子どもを引き寄せる
アナグマは笑いながら喧騒を駆け抜け
森を目指して苦難の道を突っ走る
しかし笞や棍棒が行く手を阻む
アナグマは再び振り返り、群衆を追い払い

そうして目の前の犬を皆追い払い、倒してしまう
人間は全ての飼い犬を解き放ち、襲わせた
アナグマは死に、大人や子どもに蹴り飛ばされる
そこから息を吹きかえすと笑みを浮かべ、再び群衆を散らしていく
蹴られ、引き裂かれ、うち伏せられる
敗北を認め、うめき声を上げながら息絶えるまで

批評家の中には、アナグマはクレア自身の暗喩であるという者もいる。クレアは村を追われ、書き物で家族を養うこともできず、故郷の田舎から疎外されていたのだ。また、クレアは国にアナグマを保護させるための一種の宣伝としてこの詩を書いたのではないかという説もある。クレアの書くアナグマは、打ち殺されてもなお屈せず、共同体そのものから袋叩きにされ、死んでなおその高潔さを失っていない。動物を闘わせるのは単に邪悪で野蛮なこととして非難されている。しかし、クレアの描写にも興奮のようなものが見られる。追跡のスリルだ。闘狢は長きにわたり人間の欲望を満たしてきた。ダニエル・デフォーは闘鶏を「古代の円形闘技場の原型そのもの」と例えた。そして現代の文芸批評家であるデイビッド・パーキンズは、動物を闘わせるのが見世物として面白いのは、そこには緊張感と恐怖、残酷さと勇気が内包されているからだという。「それは安全な戦争のようなものであり、観客は危険にさらされることなく暴力的な感情に身を任せることができる。ともかく集団で犠牲者を殺しにかかるのを楽しむのは人間の性質であり、その欲望を満足させられるのだ」

おそらくアナグマにとっての大きな不幸は、公の遊びとしての狩猟動物にはなれなかったことだろう。特定の階級に応じた狩猟のシステムは、十八世紀に現れた貴族により管理され、狩猟対象としての動物には地位が与えられ保護されるようになった。歴史的に見ると、イギリスではシカやキツネの生殺与奪の権利は、その地方のスポーツマンに握られていた。これらの種は狩猟のために保護されていた。自分の土地の中での狩猟に関して、地主が絶対的な権利を行使できるようになった囲い込み条例以降はなおさらである。狩猟場は拡大の一途をたどり、正規の森番によって管理されるようになった。そして、いつ、どのようにして狩猟を行うかという明確な規則が作られた。

イギリスの貴族たちの間で、アナグマの殺し方のマニュアルが伝えられることはあったが、彼らはあまり熱心にアナグマを追い回しはしなかった。どうやらアナグマは狩猟の対象となる動物の一覧には入らなかったようだ。野禽のように美味しいわけでもなく、シカやキツネのように日中出歩いているわけでもない。追跡するのも狙撃するのも難しく、馬に乗った状態では狩るのも困難だ。追われていると分かればすぐに近くの巣穴に逃げ込んでしまう。掘り出そうと思うと英国紳士には向かない骨の折れる退屈な仕事になる。動物を闘わせることにはほとんどの貴族が反対していた。アナグマにとって不利な状況を作り出すのは、スポーツマンシップに反すると考えられていたのだ。しかし、アナグマは人間の営みには関わりを持たず、飼いならすには凶暴すぎるため愛されることはなかった。それゆえ、保護されることもなかった。

貴族がアナグマを庇護下に置かなかったことで、農場労働者や、後には工業都市の人間までもがアナグマを狩猟の対象とすることになった。むろん、スポーツとしての狩猟である。闘狢は労働者階級だけのスポーツとして栄え、支配階級に対するある種の抵抗の形として愛されていた。別に地方の下層階級の人間を貶めようというのではない。それなりの土地を持っている紳士階級の人間も、アナグマが土地の支配に差し障ると判断した場合、森番に狩らせていた。一般人が狩猟をスポーツとして楽しむ風習が残っている他の国では、アナグマを掘り出すのは何の問題もない伝統的な行いとされている。イギリスでは、狩猟規則の範囲外で動物を殺すのは、全て密猟とされている。貴族が狩猟の対象とするには卑しすぎるし、保護するにはありふれすぎている。なかなか逃げ出すこともないし、闘いを拒みはしない。そうして、アナグマは人間の階級闘争に巻き込まれていった。

イギリスのアナグマは、何世紀もの間ずっと虐げられ続けてきたというわけでもないのかもしれない。啓蒙思想家やロマン派の詩人が動物の権利という概念を確立する前から、アナグマに対するある程度の認識のようなものはあった。

アナグマはイギリスの民間伝承にはあまり登場せず、キツネのように狡猾だとされることもなかった。アナグマは年寄りとみなされることが多かった。ヨークシャーには「年を経たアナグマのように老けている」という言い方があり、秘密主義だったり頑固だったりするニュアンスもある。人物に関しては「アナグマのように恥ずかしがりやで」「アナグマのように引っ張り出すのが困難だ」と表すこともある。強固な絆を持つ民族は「アナグマのように連帯している」という。これはアナグマがどれほど監禁生活に苦しみ、また犬たちに傷つけられてきたかを表している。アナグマの尻尾の短さすらもネガティブな言い回しに使われている。「尻の毛ならぬアナグマの尻尾まで引っこ抜く」アングロサクソンの寓話に、アナグマに対する愛情が感じられるものが存在する。それはアナグマの視点で書かれており、全体として同情的なスタンスをとっている。描写されているのは、「死の犬」や「死の使い」に脅かされる、勇敢で不運なアナグマだ。アナグマは「自分を執拗に追い回した、忌まわしい生き物に、狂ったように牙を突き立て」て、追手の犬に反撃を加える前に、穴を掘ってこれらの追手から子どもを守り、丘の上へと逃げていく。

十八世紀が終わりを迎えるにつれ、アナグマに対する関心の萌芽がよりはっきりと表れるようになってきた。一七九〇年、『*General History of Quadrupeds*』(四つ足大全)という豪勢な題名がつけられた本には、犬を用いた闘狢を「非人道的な娯楽」であり、「無害な動物が天敵に囲まれているのを見ることに喜びを見出す、怠惰で悪意ある人間が愛してやまないもの」であると記述されていた。紳士である狩人の多くは、アナグマは不当に虐げられていると感じていた。ニムロッド(本名はチャールズ・アパリー)は、『スポーツマンの生活』にフランシス・レイビーという架空のヒーローを登場させている。十歳の彼は、自分の飼っているテリアをアナグマにけしかけていたが、やがて馬車を飛ばすなどの、より品が良い趣味に転向する。ニムロッドは、アナグマは「強盗でもこそどろでも」なく、スポーツマンの獲物のリストからも「免除されている」と言っている。一八二五年に書かれたイギリスの国技についての文書で、ヘンリー・アーケンはアナグマを「最も静かで無害」であり、「底なしの勇気と無敵の力」を持ち、悲しいことに「イギリスのいわゆるもっともらしい目的のために、闘牛と同じく動物を闘わせる遊戯に選ばれた」動物であるとしている。

動物の権利という思想を打ち立てた最初の思想家は、貧民は社会において自分たちが無力で劣っているがゆえにその憂さ晴らしとして動物を虐げているのだと考えていた。一七九二年、メアリー・ウルストンクラフトは「金持ちに踏みにじられている」人々は、「お上から受けた屈辱に耐えることを強いられて」いて、それを動物にぶつけていると記述していた。結局、国会も芽生えつつあるこうした感情に目を向けざるをえなくなった。闘牛、そしてクマやアナグマを闘わせるのはスポーツマンらしくないと当初は思われていた。一八三五年、野生動物愛護法により、これらの動物に犬をけしかけるのは違法とされた。闘牛および闘狢が違法化された理由は、動物福祉への貢献というより支配層の自衛本能が働いたというのが大きかった。文芸批評家のデイビッド・パーキンズは、フランス革命以降、貴族は動物を闘わせる遊戯をより憎むようになった。それがいつでも暴徒になり得る大衆の娯楽であったからだと言う。大衆の団結は脅威であった。

一八三五年に成立したこの法律は、既に捕獲されているアナグマを痛めつけることを禁止したわけではなかった。そのため「飼いならされた」アナグマをパブの庭で囲い、犬をけしかけることは十分可能であった。結局のところ、野生動物愛護法は堂々と破られていたということだ。エドワード七世の時代の熱心なスポーツマンであるトム・スピーディーは、禁止されてから「ずいぶん経ってなお、地方の下層階級の人間は動物を闘わせる遊戯に夢中になっている」ことに気づいた。トムは子どものころ、ジプシーが動物を闘わせる見世物をやっていたのを思い出していた。

「お金のやりとりがあって、低俗な賭博でよくあるような、悪口雑言が使われていたのを覚えています」

彼はとりすました文体でそう書き記している。

それでも、野生動物愛護法によりアナグマに対する人間の姿勢は劇的に変化した。これ以降、動物を闘わせる見世物は、著名人の記した書物では、正当化されるようなことはなくなった。だが、別の形での闘争が流行っていた。十九世紀から二十世紀半ばにかけて、スポーツ作家たちは闘狢とアナグマを掘り出すことを区別し始めた。前者はパブの庭で行われる粗野な遊戯であり、後者は地方の紳士たちの頑なな主張により、高尚な遊戯であるとされた。「アナグマを掘り出す」のは、特殊な訓練を受けたテリアを使って、巣の中にいるアナグマを、地下に追い込み続けるという点で、闘狢に近い始まり方をする。だが闘狢と異なるのは、最後に人間がアナグマを捕まえて袋に詰めた時点でその遊戯は終わるという点だ。アナグマは犬をけしかけられたりせず、さっさと殺されるかリリースされる。「適切に行われれば、アナグマを掘り出すのは銃猟や犬を用いたネズミ殺しよりも残酷とはいえない」。一九三一年、H・H・キングは自分の記した短い本でアナグマ掘りを強く弁護した。

「(アナグマ)狩りは合法であり、アナグマには逃げるチャンスがいくらでもある。そうでなければ、これはスポーツとは言えない」

アナグマ掘りの愛好家であるジョサリン・ルーカス大佐は同年、そう主張した。この定義によると、闘狢は残酷なことであると言える。しかし、アナグマ掘りがアナグマを掘り出すだけで終わるわけがない。実際終わらなかったのだ。

十九世紀、アナグマ狩りに命を懸けたアナグマ掘りクラブが急増した。ヴィクトリア朝時代の人間たちがある動物に熱中したからである。その動物とは、犬だ。一八三三年、ヴィクトリアが女王になる四年前、彼女は日記にこう記していた。

「夕食の後、可愛いダッシュちびちゃんに二回目のおめかしをさせた。着せたのは深紅のジャケットとズボン」

ダッシュはヴィクトリアの愛犬のダックスフンドの名前だ。ダックスフンドはドイツ人やオーストリアの貴族がアナグマを追わせるために作り出した犬種で、足が短く頑丈だ（*Dachs* はドイツ語でアナグマを意味する）。そのさらに数年前、十代だったジョン・ジャック・ラッセルはオックスフォードで学んでいたころ、牛乳屋が連れていた若いメスのテリアに出会い、その犬に魅せられた。ラッセルはそのテリアを買い、トランプと名付けた。そして、品種改良により特徴的な白い毛のラインと凄まじい頑強さを持ち合わせた犬を作り出した。ジャック・ラッセル・テリアの誕生である。


ヴィクトリア朝時代の人々は、社会における犬の地位の向上に力を尽くした。一八三五年に動物を闘わせる遊戯を禁じたのは、犬に対する虐待行為をやめさせるためだった。犬たちは闘牛やクマ、アナグマにけしかけられ、大怪我をしたり命を落としたりしていた。動物保護協会はヴィクトリア女王の援助により、王立協会となった。一八六〇年代、バタシーでは「迷い犬の家」が開かれた。一八七〇年代にはケンネルクラブが設立され、品種とブリーダーの規定が行われた。そしてドッグショーが爆発的に増えた。これには初のクラフツ（世界最大のドッグショー）も含まれる。こうした新しい動物愛好家は自分の犬をそれぞれの目的に合うように作り変えることを望み、それぞれの野生動物に応じた狩りにも使っていた。

ジョン・ラッセルの伝記作家、エレナー・カーによると、彼は牧師になったが、あまり熱心にその仕事をすることはなかった。ノースデボンで終身在職権を得てのんびり過ごしつつ、半生を狩りに費やした。狩りの対象となったのはキツネやカワウソ（ニムロッドの記録によると、彼はこの二年の夏の間に二十五匹ものカワウソを仕留め、魚たちを救ったことで表彰されていた）、そしてアナグマだ。ラッセルはオッターハウンド（犬種の一つで、その名はカワウソの猟犬を意味する）の群れを飼育し、ジャック・ラッセル・テリアの魅力に取りつかれていた。そして「仕事」もせず、ドッグショーでその美しさをもてはやされるだけの犬に幻滅していた。ラッセルが犬の持つ性質の中で一番重んじていたもの、それは「勇気」であった。仕事への積極性と、飼い主への忠誠心から自分より大きな相手にも吠えかかる衝動。ゆえに勇敢なジャック・ラッセル・テリアは、アナグマの巣に潜り込ませて闘わせるには最適な品種であったといえる。

ラッセルが八十八歳で没したのち、ジャック・ラッセル・テリアのブリーダーとして最も頭角を現したのはアーサー・ハインマンだった。彼はイートン校やトリニティ・カレッジで教育を受けたスポーツジャーナリストであり、ラッセルの犬の直系の子孫を飼育し、一八九四年にアナグマ掘りクラブを設立した。デボンとサマセットのアナグマクラブ（後年ジャック・ラッセル牧師クラブと改名した）の目的は、アナグマ掘りを推進し、仕事ができるテリアを育成することである。一九二九年、J・C・ブリストウ＝ノーブルは、「テリアを用いたアナグマ狩りよりも楽しいスポーツはネズミ狩りぐらいのものだろう」と記した。こうした狩人たちが殺しに使う犬を育てたのは、本能的なレベルでアナグマを憎んでいるからというわけではなかった。というより、テリアに情熱を注いだことで、彼らはアナグマを娯楽の対象とみなし、また血気盛んな子犬の最終試験の相手と考えるようになったのだ。アナグマ掘りクラブはイギリス中に広まった。ケントとサセックスのアナグマ掘りクラブは、自分たちの希少なテリアを、アナグマの皮でできた首輪をつけて提供した。アナグマの硬い皮膚で、他の犬やアナグマの牙から喉を守ることができるのだ。ルーカス大佐はこれに賛同しなかった。

「大仰で、少し芝居がかってるんじゃないかと前から思っていた」

彼はそう記している。

　狩りは夜間に行うというのが、アナグマ狩りにおける伝統の一つだ。一九四八年の『サマセット・カウンティ・ヘラルド』紙は、ソーンファルコンにおける夜間のアナグマ狩りの参加者が百五十人を超す大盛況だったと記録している。夜間の狩りは「アナグマパーティー」と言われるようになった。まばゆい月明かりの下、アナグマが巣の中から出てくるのを確認したら、アナグマの通り道に猟犬を配置し終えるまで三十分ほど歩かせておく。

「狩人たちは可能な限りついていく。土手を転がり、溝や茨の茂みに落っこち、それでも大いに楽しんでいる」

ルーカス大佐はこう記述していた。

「全員が懐中電灯を所持していたらもっと簡単に事が運んだだろう」

その数年前、ナチュラリストのJ・フェアファックス・ブレイクバラは警官の使うランタンの使用を推奨し、月明かりの下での狩りはアナグマを救うことにつながると考えていた。

「アナグマが生きるために自ら何かしらの犠牲を払うことで、キツネのように狩猟的価値のあるものとして保護されることになるだろう」

彼はそう述べている。

マナーの良いアナグマ掘りたちは、捕まえたアナグマのほとんどはちゃんと逃がしていると強く主張している。時には、捕らえたアナグマの中でも強い個体をアナグマがいなくなった地域に放つこともあるという。そうしてアナグマはそこで再び数を増やせるのだ。

「アナグマクラブがアナグマを殺すことは滅多にない。狩人やその土地の地主の要請がない限りは」

ルーカス大佐はそう述べていた。実際、キツネ狩りの結果としてアナグマ掘りになることもある。地面に潜ったキツネを追い出すため狩人に雇われた「テリア使い」は、キツネの巣を管理している。人工的に作られたキツネの巣にアナグマが住み着いた場合、テリア使いはアナグマを掘り出して殺害し、キツネが住めるようにするのだ。キツネに保護区を与え過ぎた場合、アナグマの巣も奪われることがある。こうして、イギリス人がキツネ狩りに熱中したことでアナグマが巻き添えを食うはめになった。

アナグマ掘りは闘猪とは違い、二十世紀の大半にわたり支配階級に好まれるスポーツであり続けた。日曜日、教会でのお祈りの後の楽しみだ。

一九二一年に刊行された『ザ・フィールド』誌には、リンカンシャーで行われたアナグマ掘りの話が収録されている。レディー・チャールズ・ベンティンクによって編纂されたその話の内容は、九十分も経たないうちに五匹の大きなアナグマが捕獲されたというものだ。ルーカス大佐は、準男爵のジェフリー・パーマー氏によってウィズコートホールで執り行われたアナグマ掘りについて説明しており、一九三〇年代にはアーサー・ヘーズルリッグ氏とレスターシャーにアナグマ掘りに出かけている。アーサー・ヘーズルリッグ氏はまたの名をヘーズルリッグ男爵二世といい、レスターシャー・クリケットクラブの会長だ。

「作業員に与えるビールやサイダーを忘れないように」

そうルーカス大佐は指示していた。英国紳士はシャベルを持ったりしないということである。

「良い犬と、やる気のある作業員と、手頃な巣。これらが揃っている九月のアナグマ掘りは最高だ。たっぷりのランチと防水性の敷物を持っていって……適切に行われるアナグマ掘りは残酷さとは無縁である。その証拠に、数多くの女性たちがアナグマ掘りを見物しに来ていて、男たちと同じように熱狂している」

女性たちもそうだが、社会における中心人物もアナグマ掘りに一役買っていた。一九二〇年十一月十一日の休戦記念日、ルーカス大佐と英国国教会の副主教は、午前十一時にアナグマ掘りを中断し、立ち上がって帽子を取り、二分間の黙禱を行った。副主教は八十歳を超えてなお、アナグマ掘りを続けていた。黙禱のさなか、一人の若者が地下深くから犬が吠えるのを聞きつけた。戦没者を追悼したあと、2m以上掘り進めて二匹のアナグマを捕獲した。コーンウォールに住む私の友人には、一九七〇年代後半にかかりつけの医者がアナグマ掘りに出かけていた記憶があった。

ルーカス大佐とキングはアナグマ掘りの権利を守るため、こうあるべきだという「スポーツのルール」を提唱した。ルーカス大佐は、アナグマの仔が生まれる二月から六月の間にはアナグマ掘りを行ってはならないと述べた。アナグマ掘りが未だ合法となっている多くの地方では、

「禁猟期」の原則が順守されていた。かつてデュ・フォイロックスがやっていたように、アナグマに猿ぐつわをしたり、犬歯を取り除いて無力化することで、若いテリアが怪我をすることなくアナグマを攻撃できるようにするべきだと言った同時代のフランスの作家を、ルーカスは激しく糾弾した。「英語圏の国々でアナグマが痛めつけられるのは一瞬たりともあってはならないことだ。そして、それはテリアも同じだ。このようなものをスポーツと呼ぶことなど断じてできない」

だがアナグマ掘りのルールは広く浸透することはなく、犬の群れにアナグマが放り込まれれば直ちに闘狢へと移行した。キングは、アナグマは大勢の犬によって狩られるべきではなく、また何日も狩りを続けるべきではないと述べ、やっとこの使用にも反対していた。これに対し、ルーカスは「傷つけることなくつまみ上げられる現代の人道的な『やっとこ』」を推奨し、三日間にわたるアナグマ掘りで、十四もの大事なシーリハム・テリアを一度にアナグマの巣に放ったことを誇らしげに語っていた。

両大戦の間に、アナグマ掘りに関して異なる立場を取っていた人物がいた。後年『かわうそタルカ』の作者として有名になったヘンリー・ウィリアムソンである。一九二〇年代初頭のある聖バレンタインの日、ベテラン軍人であったウィリアムソンは塹壕で受けた毒ガス攻撃の治療のため、家で療養している最中だった。失望に暮れていた彼は、ノースデボンにある自宅近くの海を見渡しながら散歩していた。その日は海が荒れていて、活気はどこにも感じられなかった。そして、ランディ島が霧の中から姿を現した。

「遠方に見えるその岬は、緑色の脇腹を下にして横たわる死んだ獣のように見えた」

ウィリアムソンはこのように書き記している。その後、彼は地元のアナグマ掘りクラブに行き当たった。そこには、宿屋の主人や農夫、二人組の労働者や三人の小さな男の子、「どことなくアナグマに似ていた」長い鼻の男や、その妻と娘がいた。娘は亜麻色の髪をした十代の学生で、笑顔の絶えない子だった。彼らはつるはしやシャベル、サンドイッチの入った大きなバスケットにウィスキーを入れた陶器製の瓶を持ち、十二匹のテリアを連れていた。クラブの会長は灰色の山高帽を被り、赤いウェストコートとツイードの上着を着用し、アナグマの陰茎の骨でできたピンで留めてある白いストックタイをつけていた(アナグマの陰茎骨は10㎝程の細長い形をしており、先端が上方に曲がっている)。

巣のそばで立ち止まると、会長はアナグマの足跡を探し始めた。そして灰色の毛を見つけると、人差し指と親指でつまんでくるくると回した。その毛は平たかったので、アナグマの毛に違いないということになった。テリアの紐が外され、穴の中へと送り込まれた。会長はウェストコートの下から銅製の笛を取り出し、三回小さく吹き鳴らした。すると地下のどこかからテリアの唸り声が聞こえ、やがて「顎を真っ赤に染めて」戻ってきた。

男たちがシャベルや二叉鍬、棒やつるはしや根掘り鍬で掘削を始めた。穴の中に二匹目のテリアが送り込まれた。一時間後、下顎と肩を嚙まれて戻ってきた。そして三匹目。ウィリアムソンはその様子を眺めながら、この春に起きるべき事を考えていた。ハリエニシダの花が咲き、チョウゲンボウが卵を抱き、アナグマの仔が死産で生まれてくる。

「ハリエニシダには火がつけられ、アナグマにはやっとこやハンティングナイフが向けられる。チョウゲンボウは森番に撃たれ、人には孤独が突き付けられる。生きるとはそういうことだ。

だがそれでもあがこうとする。あらゆるものが空と太陽を求めていく」

ウィリアムソンはそう記した。

宿屋の主人は、ウィリアムソンに300㎖ほどのウィスキーを注いだ。

「アナグマ掘りはあっという間に盛り上がったな。これは現在まで存続してきたイギリス最古のスポーツの一つだ。ノルマン人の時代、穴掘り犬ことテリアが木製のガレー船に乗ってやってきた時から連綿と続いている」

会長はウィリアムソンに、スポーツとしてのアナグマ掘りが、テリアの血統を発展させてきたと語った。

「私は会長に、アナグマ掘りによってアナグマの血統は発展しましたかと尋ねた」

とウィリアムソンは辛辣なコメントを残している。

男たちが交代で掘削し、テリアも交代で地下にアナグマを追い込む。犬のうちの一匹はマッド・ムラーと呼ばれていた。その犬は「アナグマの頭を見ると非常に凶暴になる。宿の壁に掛けてあったアナグマの首の剥製にうなり、飛びかかった」。

ウィリアムソンはこのように記述した。男たちが少しずつ、マッド・ムラーの尻尾が見えるところまで掘り進んだ。穴は徐々に大きくなり、テリアが後ずさりすると、見物していた人たちは思わず飛びのいた。巣から出てきたのは「クマのような平たい頭」だった。それは一瞬で姿を消し、テリアが後を追っていった。

会長がかがんだ。手には鉄製のやっとこを持っている。やっとこの長さは1m近くあり、閉じたらアナグマを捕らえる鉄の首輪と化す。使われなかった犬は、このやっとこで摑まれたアナグマと闘わせてもらえる。そうした残酷な道具がなければ、犬はバラバラにされてしまうだろう。次に出てきたのはメスのアナグマだった。妊娠してはいたが、その攻撃はマッド・ムラーの反撃よりも速かった。結局そのメスのアナグマはやっとことで捕らえられ、袋に放り込まれた。するとアナグマは二匹とも大人しくなった。

テリアの遠吠えが風に乗って響くころ、会長と狩人たちは「血に飢えた叫び声」をあげ、さらにウィスキーをあおった。妊娠しているメスのアナグマが解放された後、オスのアナグマは鼻っ面をシャベルで叩かれて気絶した。そして、会長がその喉にナイフを押し付けた。傷口から血が噴き出し、「芽吹いたばかりのヒナギクを汚した」とウィリアムソンは軽蔑を露わにしていた。会長が膝をついて死んだアナグマの首を切り落とした時、ウィリアムソンは「今年最初のヒバリの鳴き声を聞いた」という。その首はアナグマに似た男の娘に手渡された。

「その娘の口は笑っていたが、目は笑っていなかったように思う」

アナグマの四肢から肉球が切り離された。小さな男の子がやってきて顔に血を塗ってもらい、ウィリアムソンの額や頬にも同じように塗ってもらった。アナグマが死ぬのを見るのはこれが初めてだったのだ（イギリスにはキツネ狩りなどの際、グループのリーダーが初めて狩りに参加した人間の顔に獲物の血を塗る風習があった）。「自分に嘘をついているような気がした。しかし、そう感じるのはただ心が弱いからではないか、とも思えてきた」こうウィリアムソンは記した。

「額についた血が乾いて固くなった頃、私は丘を登った。人間の残虐さを、自身の邪悪さを呪った。彼らは自分たちが何をしているのか分かっていないのだ。それでも、私が何の罪もないものを裏切ったことには変わりない。飲みほしたウィスキーはみな涙となって流れ落ちた。だが、その涙は額についた小さな兄弟の血を洗い流してはくれない」

アナグマがイギリスの階級制度に基づいた狩りのシステムの被害者であるという説は興味深いが、我々の残虐性を説明する言葉は他にもありそうだ。それは、「無知」である。

郊外のライフスタイル特有の、自然を身近に感じなくなった、非常に現代的な今の状況がこの症状を生み出したともいえるが、我々はあまりにも永い間アナグマを理解しようとしてこなかった。アナグマは何百年もの間、誤解され、恐れられてきた。一六七七年、ターバーヴィルと同じようなスポーツ作家のニコラス・コックスはこのように書いている。

「アナグマの歯は非常に鋭いので、噛まれれば深い傷を負うことになるだろう」

これは正確な記述ではあるが、その後コックスはびっくりするような性質を付け加えている。

「アナグマの背中は広く、右足は左足よりも長い。ゆえにあらゆる動物の中で最も速く丘を駆けることができる」

コックスはそんな不安定な足をしたアナグマがどうやったら向きを変えてバランスを崩さずに家まで帰れるのかと不思議に思ったりはしなかった。こうした迷信はことわざの中にも残っている。十七世紀にカトリック陰謀事件を捏造した英国国教会の司祭、タイタス・オーツは「アナグマのようにむらっ気だ」と言われていたが、当時は左右の足の長さが違う人間やものを指して「アナグマ足」と言っていた。

十六世紀、アナグマは二つの種に分けられていた。イヌアナグマとブタバナアナグマである。片方には犬のような肉球があり、もう片方には豚のように二つに割れたひづめがある。イヌアナグマの性質は邪悪で、オオカミのように凶暴で、子羊や鶏や子ジカ、そして腐肉を貪り食う。ブタバナアナグマは内気で引っ込み思案な菜食主義者で、地面を嗅ぎまわり新芽や落ち葉を食べる。アンジェラ・カシディ博士は、今日においてもアナグマについての認識は往々にして、病的で肉食性で手に負えない悪いアナグマか、家を愛し家族を大事にする良いアナグマかどちらかのカテゴリーに分類されるとしている。

こうした夜行性の動物は、中世の魔術の世界においては絶大な力を有しているとされ、長きにわたり恐怖と迷信がつきまとっていた。地方の人間は、フクロウの声の後にアナグマの声が聞こえたら、それは死の前兆であると言う。背後でアナグマが道を横切ったらそれは幸運の兆しであるが、目の前で横切ったら凶兆になる、と。アナグマの骨や爪を首にかけておくと、秘密を守る力を得られるという。アナグマの内気さを考えると納得のいく話である。一八一二年、デイビッド・ネイトビーというノースヨークシャーの男性教諭は、アナグマは占いに重要な役割を果たしていたことがあると記述しており、ある風変わりな醸造酒を引き合いに出している。その酒とは、首を吊って死んだ者の頭蓋骨の欠片やマムシの舌、墓ミミズにヒキガエルの心臓、蟹の目、土鳩の血、飛鼠（コウモリ）、モグラの血と若い牡牛の血、そしてアナグマの血を七滴混ぜて、その人間が首を吊った日から七年間かき混ぜられてできたものだ。このわけのわからない配合で、アナグマの血が唯一はっきりした分量になっているのは興味深い。

無知や恐怖は二十世紀の間じゅう、続いてきた。意図的に間違いをあおっているセンセーショナルな話もいくつかある。一九一一年、ウェンズレーデールのレイバーン祭の広告に「羊と乳牛を惨殺し、地域を恐怖のどん底に陥れた怪物アナグマをダーリントン近くのステイントンでついに捕獲」と書いてあった。アナグマは生の牛肉や羊肉を好むかのように言われているが、それは大いに間違っている。タラの頭でも与えておけば、十分満足させられるのに。それから三年後、ブレイクバラは、クリーブランドの農夫が虎挟みにカワウソがかかったと言っていたが、実際にはそれはアナグマであったという話を引き合いに出し、地方の人間がいかにアナグマに関して何も知らないかを語っている。一九三〇年の『シューティング・タイムズ』誌には、ある猟師がクマを倒したと思いこんでいたが、本当はアナグマであった話が載っている。一九四〇年代、アーネスト・ニールは田舎に住む人々がどれほどアナグマの存在を意識していないかということについて記した。それから二十年後、マイケル・クラークというアナグマ研究者は、ある田舎の老人に「もしアナグマが近所にいて、戸惑いながらもあいさつされたらどうするか」と尋ねたところ、「アナグマってなんだ?」と返されたという。一九六〇年代、シルビア・シェファードがカンブリアで人に慣れたアナグマを飼っていたところ、それを見た二人の隣人はカワウソか新種の犬かと思ったそうだ。

今日においても状況は何も変わってはいない。私たちのほとんどは自宅から数百mほどの場所に住んでいるアナグマに気づいていないばかりか、アナグマの生態やアナグマが生きるために必要なものについて何も知らない。そして、何がアナグマのせいであって何がそうでないのかも。

アナグマ狩りの報奨金や闘狢、アナグマ掘りの時代を経て、十九世紀半ばにはアナグマはイギリスの多くの地域で急激に数を減らした。一八七八年、リチャード・ジェフリーズは「アナグマは年々珍しくなってきている」と記した。一八八二年、カンバーランドではアナグマはもう絶滅したと発表された。二十世紀の変わり目には、レイクディストリクトではほぼ絶滅しているという報告があがり、一九〇八年のケントでは珍しい生き物とされていた。

これほどまでにアナグマの生息数が減少したのは、下層階級による迫害だけが原因ではない。アナグマは、せいぜいキツネが隠れているかもしれない場所に巣を作って、キツネ狩りの邪魔になる程度のものだったのが、雇われる森番の数が増え、それによって地方の屋敷の庭でキツネ狩りやキジ撃ちが推奨されたことにより、害獣扱いされるようになった。アナグマは肉を切り裂く牙を持っていたために、キツネやキジやライチョウを殺すものとされたのだ。森番は肉食性のように見える動物には肉食らしい好みがあり、それなりの食事の作法がある、つまりアナグマは肉食に違いないと決めつけていた。アナグマは猛禽類やマッテン、その他多くの捕食動物と一緒に処分された。

森番が増えるにつれ、アナグマの数は減っていった。第一次大戦前には、森番の数は最高潮の二万三千人に達した。アナグマ掘りの愛好家たちは、森番のせいでアナグマがいなくなったと責めたてた。一九二九年、J・C・ブリストウ＝ノーブルは森番が「あっという間にアナグマをこの世から消し去ってしまう」おそれがあるとし、同年、トム・スピーディーはアナグマが消えつつあるのは「虎挟みの普及によるもの」だとした。おそらくその心配は杞憂だろう。アナグマは奇術師フーディーニのように罠から逃げ出すことができるのだ。アナグマ掘りを好むH・H・キングは、アナグマには本能的に鉄を察知する能力があるのだろうと推測した。罠には往々にしてアナグマの灰色の毛が数本残っているだけだったという。地方の人間は、アナグマはキツネのように狡猾であると信じていた。巣から出たり入ったりするときには入口に仕掛けられた罠を避けて天井をさかさまに歩き、良い位置に仕掛けられた罠の上をウルトラCの回転をしながら飛び越えていくと。

アナグマはフーディーニのようであったかもしれないが、奇術師にもアシスタントは必要だ。二十世紀の初めには、アナグマは絶滅の一途をたどっていると思われた。アナグマは掘り起こされ、虐げられ、イギリス中から追い出されたのだ。だがたった四十年の間に、アナグマは長年いなかった地域に戻ってきた。二十世紀の半ばまでには、*Meles meles* と人間との関係は好転した。アナグマは恐怖と迷信と迫害の対象だったのが、子どもには可愛らしいヒーローとみなされ、大人には野生動物保護の象徴として崇拝されるようになった。すべての原因は、たった一人の人物と、ある架空のアナグマだった。

4　アナグマ氏

一九〇八年のことだった。アナグマが、生垣からモグラの方をのぞいていた。アナグマは足早に進み出ると、「ふむ、つれがあるのか」と言い、そのまま立ち去ってしまった。ネズミが言うには、アナグマは「つきあいが、だいきらいなんだ！」とのことだ。『たのしい川べ』に登場し、適切かつ完璧な場を演じたこのアナグマは、後に一般的なアナグマのモデルとして認識されるようになった。

エドワード七世の時代、ブリテン諸島の景色や社会は変化していった。労働者階級と女性が投票権を得て、地方は農業恐慌や帯状開発に線路、そして何より自動車によって大幅な改革が進んでいった。アナグマにとっても、地方における住処や人間との関係性が大きく変化していった。それはほとんど一人の作家によってなされたことだった。始まりは病弱な息子に読み聞かせていたおかしな動物の話であったが、やがてそれはモグラやネズミ、ヒキガエルやアナグマが住む大きな世界へと変わっていった。ケネス・グレアムは、軽蔑され、恐れられ、良くて憐れまれるぐらいだったアナグマに、全く新しい人物像を与えた。グレアムが火をつけたアナグマにまつわるロマンは二十世紀の間じゅう続き、アナグマと人間との関係は好転した。

実際に野生のアナグマに出会った人間よりも、「アナグマ氏」に出会った人間の方がはるかに多い。そして、他の二十世紀の子どもたちの例にもれず、私も最初のアナグマとの出会いはケネス・グレアムの物語と、E・H・シェパードの挿絵だった。私はまず、シェパードの描いた『くまのプーさん』を読み、それから同じように可愛らしい絵柄の『たのしい川べ』を読んだ。暗くて大人っぽい、こことは違うもう一つの魅惑的な世界に惹き込まれていくかのようだった。

大抵の読者がそうだろうが、私も当初、穏やかな森と川辺の物語に我々を導いていく臆病なモグラに感情移入していた。アナグマが登場するまではしばらくかかるが、登場する以前からその存在感は大きく、登場してからもそれは変わらない。森に棲むアナグマのことを、何も知らないモグラに最初に教えたのは、あか抜けたネズミであった（実際のところは川ネズミであるが）。「あのひとは、森のなかも、ちょうどまんまん中に住んでるんだ。しかも、金をやるっていったって、動くんじゃないんだ。あれは、いいひとだ！　アナグマ君には、どんなやつだって、手だしはできないんだ。まあ、手だししないほうが、やつらのためにも、ぶじなんだがね。」（岩波少年文庫『たのしい川べ』石井桃子訳より。同書からの引用はすべて石井桃子訳による）モグラはこの謎めいていて力のある動物に会いたがったが、最初に出会ったのはおばかだけれど憎めないヒキガエルだった。ヒキガエルは、ヒキガエル屋敷に住む子どもじみた成金で、自動車の魅力に取りつかれていた。ネズミは、アナグマを晩ごはんに招待しても意味がないと話した。「アナグマ君は、社交だの、招待だの、食事だの、そういうことは、いっさい、きらいなんだ。」この恐ろしく気難しそうな人物の、家の玄関の前までたどり着いたのは、モグラが無鉄砲にも森を探検し、迷って帰れなくなったため、迎えに来たネズミとともに再び迷い、おびえながら、雪の中のドアマットにつまずいたときだった。それがアナグマ邸の玄関マットだったのだ。

読者たちは、森の中でモグラとネズミ君が感じた恐怖を、我がことのように感じることだろう。グレアムが、彼らをアナグマの仲間として、温かく家のなかに招く場面を用意するまでは。モグラとネズミがそこで体験したのは、批評家で伝記作家のハンフリー・カーペンターが「牧歌的なグレアムの夢そのもの」と呼んでいるものであった。大人も子どもも、アナグマの台所のこの描写にうっとりせずにはいられないだろう。

> 床は、かなりすりへった赤れんがで、壁に切りこんだ大きな炉には、丸太がもえさかっていました。（中略）部屋のおくの食器戸だなには、しみひとつない、まっ白なお皿が、いく列もならんで、ぴかぴか光っていますし、頭の上のたるきからは、ハムや、ほした薬草や、タマネギのたばや、たまごのはいったかごなどがさがっていました。（中略）あるいはまた、あまりぜいたくをいわない友だち同士二、三人、気のむくままにたべたり、タバコをふかしたり、話しあったりするのには、もってこいの場所といっていいでしょう。赤っぽいれんがの床は、くすぶった天井を、ほほえみながら見あげていますし、カシ材でできたいすたちは、時代がついて、つやつや光りながら、ゆかいげに、たがいに顔を見かわしています。

カーペンターにとって、こうした地下の住居は古代イギリスの叙事詩、『ベオウルフ』に出てくる宴会場を彷彿とさせるものだった。アナグマは、ローマ時代の遺跡すら巣の一部にした。

グレアムは古典文学や、おそらくは人間の文明が滅んだらすぐに復活する自然（そしてアナグマ）の強さの象徴から、インスピレーションを得たのだろう。なかでもこれは、児童向けファンタジーの温かさと安心そのもの、カーペンター曰く「胎内のような避難所」の描写である。グレアムの台所の理想像は、彼の世代に大きく関わるものだろう。グレアムの階級の子どもたちは、召使と台所に残って遊び回っていたが、これはいつの時代も魅力あるものだ。あの描写は単なるフィクションではない。グレアムはアナグマ氏に対する印象をその家で決定づけ、それはまた野生のアナグマの生態にも忠実なものであった。

アナグマの巣にモグラとネズミ君が辿りついたシーンは、『たのしい川べ』において重要な場面だ。もっと小型の動物がそこに棲んでいたとしたら、グレアムの物語は喋る動物が繰り広げるのどかな冒険譚ではなく、ただの寓話になってしまっていただろう。自動車に執着するヒキガエルは隣人を脅かしていたので、アナグマは彼を「教育」せねばならないと立ち上がった。ヒキガエルはアナグマの権威と彼が課した規律を否定し、危険運転の罪で二十年の実刑判決を受けたにもかかわらず、洗濯ばあさんに変装して刑務所を脱獄した。ヒキガエルが川辺に戻ると、大事な屋敷はテンやイタチに乗っ取られていた。アナグマが棍棒を振り上げ、これにモグラやネズミが加わったことで、無頼漢どもからヒキガエル屋敷を取り返すことができた。グレアムはこう言っているかのようだ。この自然の物語、イギリスの田園地帯の素晴らしいお話は、アナグマなしでは永遠に完成しなかったであろう、と。

ケネス・グレアムはアナグマ国ではありえないほどの革命家だった。彼はスコットランドのアルコール中毒の法律家の息子であり、体制における極右派の中心人物であった。グレアムは当時のアッパーミドルクラスの男性の不安を、彼らと同じように抱えていた。台頭しつつある下層社会に軽蔑と怯えの感情を抱き、都会の生活の醜さに失望し、女性の社会進出を快く思っていなかった。エドワード七世時代のこうした悲惨な現実や、苦痛に満ちた遅い結婚とそれ以降の不幸な結婚生活から逃げ出すため、喋る動物が住む自然のファンタジーの世界に救いを求めた。

グレアムと同時代のC・L・ハインドによると、全ての事柄にそれぞれふさわしい言葉があるとするなら、『たのしい川べ』の作者を表す言葉は「驚愕」だという。グレアムの母は一八六三年、グレアムが四歳の時に亡くなった。父のジェームズ・カニンガム・グレアムには、四人の子どもを育てることはできなかった。そこでグレアムとその兄弟はグレアムの母方の祖母に預けられた。そこはバークシャーのクッカムディーンにある、テムズ川近くの広い家だった。当時七歳だったグレアムと三人の兄弟姉妹が父親の元に送り返された時、平穏な時間は終わりを告げた。カニンガム・グレアムはまたしても子どもたちの面倒を見ることができず、フランスへと出奔した。彼はフランスでひどく飲んだくれており、子どもたちに連絡することもほとんどなかった。そして、グレアムは寄宿学校に送られた。グレアムの生涯を追っていた伝記作家のアリソン・プリンスが既に述べているが、グレアムは「大人の世界は醜く汚いものであると思い知らされ、そうして背負った心の傷が癒えることはなかった」。

グレアムは成人してから、小さい子どもの感覚を、尋常ならざるほど克明に描いていた。夢見がちな詩人であった彼は、オックスフォード大学に行きたいと切望していた。しかし、彼の叔父たちによりイングランド銀行の事務員に就職させられたことで、グレアムの学問に対する情熱は阻まれてしまった。彼らは一生にわたりグレアムの人生をコントロールし続けてきた。グレアムは銀行の事務員になどなりたくなかったが、彼は律義にもキャリア路線を進み、空いた時間にエッセイを書いていた。一八九五年、彼は失われた自然の楽園と、七歳の子どもの感覚を非常に鋭く描き出した『黄金時代』を出版した。その本は熱烈に称賛され、一八九八年には、源泉を同じくする『*Dream Days*』（夢のような日々）を書き上げた。彼がイングランド銀行の総務部長になった年だった。そして、それ以降は何もなかった。子ども時代の回想は底をつき、仕事に追われ、後半生はエルスペス・トムソンとの対立に心身をすり減らしていた。

グレアムの人生について読んでいくと、なんだか気の毒に思えてくる。彼は繊細で孤独を好み、子ども時代と自然に安息を求める実質的な孤児だった。しかし、一八九九年以降になると同情しづらくなってきた。四十歳で独身だったグレアムは、裕福だがあまり良い教育を受けていないエルスペスと結婚した。彼女はスコットランドの発明家の娘で、その発明家はグレアムと知り合う前から、詩人のアルフレッド・テニスンや他の作家たちと親交があった。多くの伝記作家や批評家は、グレアムは自分が作ったファンタジーの世界に籠っていたかったのに、この世間知らずな紳士は取り巻きに謀られたのだという古い見方を示している。彼の「ミンキー」（グレアムが幼児的に使った妻の愛称）宛の手紙には、幼児語がふんだんに使われており、アリソン・プリンスが「障害の相乗効果」と呼ぶものに満ちている。この夫婦は互いに気まぐれさを増していき、大人の世界に適応できなくなっていたようだった。プリンスはグレアムが「子ども同士か、子どもと権威ある大人との関係しか心に描けなかった」と考えており、彼のたった一人の息子、アラステアに対する扱いからもそれは明らかだという。アラステアは未熟児で、左目に斜視があり、右目は白内障のため失明していた。

グレアムは「ねずみくん」というあだ名をつけた息子に、父親として精一杯の愛情を注ぐことにした。『黄金時代』と『*Dream Days*』でさんざんこきおろしてきた、「オリンポス山の」（遠くの手の届かない場所にいて子どもに無関心な）大人たちとは違うのだと。そして、ねずみくんは両親から天才と信じられ、甘やかされて育った。ねずみくんが三歳半の時、彼は周囲の注意を引くための遊びを開発した。真新しい車が通ると、目の前に飛び出して道路の真ん中で寝転がり、ブレーキを踏ませるのだ。グレアムはねずみくんが女の子をいじめていても、止めるそぶりさえ見せなかった。「あの子は、弱っちい女の子には、一風変わった靴の使い方をするんだよ」グレアムはエルスペスに、いつもの幼児的な調子でこのように書いて送った。グレアムがどうして小さい女の子を叩いたのか息子に聞いた時、そうしたかったからだと答えたと言う。「いやあもう、返す言葉が思い浮かばなかった」そう書き残している。グレアムは、彼の言う「オリンポス山の」道徳的価値観からは、完全に解き放たれていた。プリンスはそう断言する。

一九〇四年前後の妻への手紙には、息子アラステアと一緒に遊んだ時のことについて書いていた。「モグラのお話をしてあげたんだ――モグラとビーバーとアナグマと川ネズミが出てきて――誰が誰だかごちゃまぜになったけどあの子は不思議と覚えてるんだ」ねずみくんを甘やかしてはいたが、グレアムとエルスペスはよく彼を残して外出していた。そして、ねずみくんは毎年夏には女性の家庭教師をつけてリトルハンプトンに七週間ほど送られ、その間グレアムとエルスペスはコーンウォールで休日を楽しんでいた。グレアムは、会いにきてほしいと悲しげに訴える息子の手紙に直接答える代わりに、あるヒキガエルのおかしな物語を書いて送った。後の『たのしい川べ』である。

グレアムとエルスペスはテムズ川のほとりにあるクッカムディーンに引っ越した。グレアムが子どものころ、短くも幸せな時間を過ごしていた場所である。グレアムに不毛な逃避行をやめて新しい本を出版させるため、アメリカ人で、野心溢れる若き作家にして編集者の、コンスタンス・スメッドリーが送り込まれた。スメッドリーは、一家の寝る前の習慣に惹きつけられた。グレアムとその息子は、終わらない物語を共有していた。川辺での旅行中に出会った小さな動物たちの物語である。スメッドリーはその話を次の本にするようグレアムに働きかけたが、「ヒキガエルは子どもたちの大好きなキャラクターで、自分と重ね合わせて失笑をもたらす存在だが、自分の偉業を自慢するねずみくんをさりげなく皮肉っている」ということを見抜いてもいた。伝記作家たちはヒキガエルというキャラクターのモデルについて様々な説を挙げているが、主にグレアムの息子がモデルになっているのは間違いないだろう。

この不幸な家庭生活から『たのしい川べ』や少年のような動物たちは生まれた。それが出版されるだいぶ前に、グレアムは『イソップ寓話』の紹介で動物が「紳士にあるまじき振る舞い」の風刺として「利用」されていると書いていた（グレアムが百話ものイソップ童話の中で挙げているのはキツネ、ライオン、オオカミ、猫、羊、ヤギ、ネズミ、トンビ、クジャク、スズメバチ、カメ、そしてヒョウであるが、アナグマは一度も出てこなかった）。そして「道徳を指摘し物語に面白みを加える」人間の話をする動物がいる森を夢見ていた。人間の欠点を動物に負わせる――クジャクを虚栄心が強いキャラクターにするとか――のではなく、グレアムのイソップ童話についての紹介は、動物を根本的に違う描き方をする方法を示唆していた。動物が本当の意味で研究されつくした時、「謙虚で互いに助け合い、虚栄心やわざとらしさや気難しさとは無縁で、我慢強くて不平を言わず、全てにおいてベストを尽くす決意に満ちていて、そして、自分の本分を全うする達人であると言われるようになるだろう。傲慢な人間には、この事実を受け入れることは不可能だ」。

都会での仕事が日に日に辛くなっていく中、一九〇八年にグレアムはとうとうイングランド銀行の仕事を辞めた。『たのしい川べ』が出版されたのはその五か月後だ。『たのしい川べ』はすぐにはヒットしなかった。それに対する批評は、困惑したといった内容だったり、子どもの本なのか大人の本なのかわからないといったものだったり、その動物が少年なのか成人男性なのかといった議論がせいぜいだった。「大人のための子どもを描く代わりに、子どものための動物を描き出している」こうした型にはまった生ぬるい批評を書いていたのは、若き日のアーサー・ランサムだ。「動物たちはみな刺激に満ちた暮らしを送っているが、あんなにも風変わりな姿でなければ立派な人間の少年そのものであっただろう」『ザ・ネイション』誌はこう評している。今日の批評家たちは、グレアムの作品は牧歌的な喜劇と教訓的な子ども向け作品の間で揺れ動いているということで意見が一致している。読者はある時は自分が大人であるかのように、またある時は子どもであるかのように語りかけられる。

そして、物語は少なくとも三つのパートに分けられており、それらは非常に荒っぽく貼りつけられているという。しかし、作品は「アナグマのようにむらっ気」でありながら、大成功を収めてもいた。私も子どもの頃は、作品に一貫性がないことや、全くおかしな章があったことに気づきもしなかった。本を読んでいる間、私は完全にグレアムのアナグマ国に没入してしまっていたということしかわかっていなかった。

批評家よりも読者の方が同じように感じていたことだろう。一九二九年、A・A・ミルン作の『ヒキガエル館のヒキガエル』という舞台化作品が初演を迎えた後、『たのしい川べ』は三十回も増刷された。初期の熱狂的な読者の一人に、勇敢なアメリカの大統領であり、テディベアの名前の由来となったセオドア・ルーズベルトもいた。彼は一九〇九年一月に大統領の任期が満了する以前に、ホワイトハウスから個人的な感謝の手紙を送っており、グレアムの作品を「旧友」だと思っていると述べていた。実際そうだったかもしれない。ルーズベルトの一家はペットとしてアメリカアナグマをホワイトハウスの庭で飼っていたからだ。米国の西部地方を旅行していた頃、ルーズベルトは小さな女の子から贈り物としてアナグマを受け取った。彼はそのアナグマにヨシュア、または縮めてヨシュという名前を付け、その姿を克明に語っている。「角に足がついている小さくて平たいマットレス」と。人工栄養で育ったこのアナグマは、大勢の著名人のかかとを噛んでしまったためブロンクス動物園に寄贈された。

『たのしい川べ』は、アメリカ大統領の内なる「旅人」を目覚めさせた。

「船乗りネズミの影響で川ネズミがすべてを捨てて旅に出たいと思ったのと同じように、私もアフリカに行ってみたいという気分になりました」

ルーズベルトはグレアムにこのような文章を書き送っている。そしてグレアムにほのめかした通り、大統領の任期を終えて間もなく一年にわたるサファリに出かけた。そのサファリはモンバサから始まり、ベルギー領コンゴを経由し、ハルツームに終わった。荷物の運搬人やテントの設営係、馬子や制服に身を包んだ現地の兵隊（元大統領によると、「団結して反乱を起こす危険性を最小限にとどめるため」複数の部族から招集したという）を含む二百五十人の側近がついており、ルーズベルトとその息子カーミットは十七頭のライオン、十一頭の象、二十頭のサイを含む五百十二匹もの動物を狩った。このように血気盛んに戦利品を求めるハンターたちの傍らには、アルフレッド・ピーズ氏もいた。彼はイギリスの国会議員で、史上初の博物学的なユーラシアアナグマの本を著したアナグマ愛好家である。ルーズベルトはピーズをこう評している。

「近年まれに見る優れた騎手であり、私がこれまで見てきた中でも指折りの射撃の達人でもある」

彼らは焚き火の周りに腰かけて、歴史ある小国イギリスでアナグマを狩る喜びを語り合っていたのだろうか？　遠征の終盤、カーミットは竹藪に入ってラーテルを殺した。ラーテルはまたの名をミツアナグマともいい、獰猛なイタチ科の動物でアナグマというより凶暴化したマッテンに近く、ライオンの群れからライバルのオスの睾丸にまで、何にでも突撃する。ルーズベルトはこれを「面白い獣」と評していた。

グレアムのヒーロー的存在であるアナグマが、児童文学においてこれほど親しまれる存在になってしまった今日において、グレアムのアナグマが当時いかに革新的なキャラクターであったかを理解するのは難しいことだろう。ジョン・クレアの詩は村の暴徒のただ中に放り込まれた孤独なアナグマのストイックさを崇敬しているが、アナグマは通常、民話においてはフクロウのように魔術的な力を持った恐怖の対象として描かれていた。グレアムのアナグマは全く新しい解釈であった。『たのしい川べ』の動物の世界は、人間の視点ではなく他の動物の視点からアナグマを見る機会を与えてくれる。アナグマは邪悪でも迫害されているわけでもなく、弱く頼りない動物たちにとっての心のよりどころとなっている。申し分ない誠実さを持つ穏やかな権威の体現者であるこのアナグマは、悪いイタチやテンを屈服させて成金のヒキガエルを改心させることのできる唯一の存在だ。C・S・ルイスはよりドラマチックな言い方をしている。「アナグマ氏の事を考えるにあたり……高い地位と下品な作法とぶっきらぼうさと内気さと善意の混ざりあった奇妙な存在である。ひとたびアナグマ氏と出会った子どもは、ヒューマニズムやイギリスの社会史について、他にはないやり方で骨の髄まで叩き込まれることだろう」

文芸批評家たちはアナグマの正確な社会的地位について熱い議論を交わしてきた。貴族なのか大地主なのか、みすぼらしさと変わった礼儀作法を持ち合わせた紳士でもあるのだろうか。アナグマは労働者階級をぞんざいに扱うこともある。運転手がヒキガエルに新車を届けた時、運転手はアナグマにこう言って追い払われた。

「きみには、もう、きょうは用はないと思うよ。ヒキガエルさんは、意見を変えなすった。この車は、もういらない。どうか、話はこれでおわったと思ってもらいたい。もう待っていなくてよろしい。」

ジャン・ニードルの一九九〇年（初版は一九八一年）の小説『*Wild Wood*』（ゆかいな森）は、抑圧されたイタチやテンの視点から語り直すことにより、巧妙に『たのしい川べ』のカーストを逆転させている。アナグマに冷たくあしらわれたことにより、この哀れなフェレットの運転手がどれほど辛い思いをしていたかを垣間見ることができる。

「アナグマに話をしようとしましたよ、怒鳴るようにね。ですが無駄でした。アナグマは踵を返してそのままいなくなってしまいました。ドアを乱暴に閉めて」

批評家のマーガレット・ブロントは、アナグマを「神と大地主とが一つになった」誰にも止められないものであるとしたのに対し、アメリカの批評家ルイス・クズネッツはアナグマを「反社会的な無愛想さを隠し持っている」「古い大地主の血筋」と評している。ヒキガエルが労働者階級を駆り立てることにより社会の安寧を脅かす成金を体現しているとするなら、アナグマは由緒ある土地持ちの紳士階級の一員で、グレアムのような社会の変化を恐れる人間が未だに頼っているような存在だ。サイモン・ホガートによる『たのしい川べ』の階級の解釈は最も可笑しなものであり、またこの本が実際のアナグマに対する人間の感情をどのように変えていったかを明らかにしている。ホガートは『ガーディアン』紙における議会記者であり、数年前、アナグマの駆除に関して国会議員の方針がきっちり分かれたことに驚愕していた。ホガートによると、アナグマはヒキガエルに馬鹿なことをさせないために行動している優しい人物であると言う。つまり、アナグマは「文学作品の登場人物の中でもかなりしらける奴」であり、子どもじみていて反抗的なヒキガエルに本能的に感情移入するようなパブリック・スクール出身の保守党員は、アナグマを憎み死んでほしいと願うというわけだ。ホガートは、アナグマはブリンドン・クラブを絶対に好まないだろうと思っていた。ブリンドン・クラブとは、保守党のトップを目指す上流の子息たちがお酒をたしなむやかましい大学のクラブである。

アラン・ベネットは『たのしい川べ』を上演する際、何のためらいもなくアナグマを同性愛者の優しい家主として描き出した。グレアムの作品には女性に対する恐怖が顕著に表れている。物語からは性の問題が排除されており、女性は八章まで登場しない。女性の登場人物は獄吏の娘と洗濯ばあさんのたった二人だけで、名前もつけてもらえていない。獄吏の娘はヒキガエルさんに同情してはいるが、このヒキガエルという野生動物を飼いならし、「あたしの手でやしなってやり、起きて、いろんなことができるようにして」やりたいと思っている「むすめっこ」であると描写されている。

批評家たちはグレアムが、パブリック・スクールで教わったローマ帝国皇帝にして作家のマルクス・アウレリウスから、奔放な物書きで『オックスフォード英語辞典』の共同編纂者である友人のフレデリック・ジェームズ・ファーニバルまで、様々な人物からアナグマに関するインスピレーションを得たとしている。ピーター・グリーンはアナグマの一番のモデルはグレアム自身ではないかと推測しているが、これはグレアムにまつわるもので最も信憑性があると言われる伝記だ。アナグマ（とカワウソ）は現れては謝罪もなく消える。そして動物界においてはそうやっていなくなることに対する非難は禁じられている。グレアムは社会に対してそれぐらい無頓着でありたいと願っていた。

ハンフリー・カーペンターは、モグラやネズミやヒキガエルは、様々な点において「旅人」を表していると言う。家族に対する責任をかなぐり捨てて社会から逃げ出したグレアムの父親のような。グレアムもまた、都会や不幸な結婚生活から逃げ出そうと、よく一人旅に出ていた。一方で、グレアムは家を愛してもいたので、アナグマの素晴らしくも居心地のいい家が生まれたのだ。アナグマは冒険者たりうる勇敢さを持ちながら、家を愛していると十分に言えるほど地域に根を下ろしてもいる。頼りにならないネズミや腰抜けのモグラや気まぐれなヒキガエルとは一線を画している。おそらくアナグマの定住性と社会から隔絶しながらもその中で生き、自分を貫く能力は完璧な大人のものであり、グレアムの理想像だったのだろう。批評家のピーター・ハントは、「アナグマは社会を超越しているか社会から外れている」と記している。「アナグマはグレアムの追い求める父親像であり、確固たる安定性を持ち、子どもに共感できる自由な言語表現の能力も備えていた」カーペンターの最終的なアナグマの解釈はより大胆だ。「アナグマは作中でどれほどの嵐が吹き荒れようとも中心に立ち続けていて、その嵐に動じることもほとんどない」そして、「アナグマは、容易には到達できない最も深いレベルの想像的精神であると推測する者もいるだろう。アナグマは芸術家の元に好きなときに現れ、好きなように振る舞うインスピレーションの表れなのかもしれない」。

『たのしい川べ』は、母親イタチがだだをこねる子どもを大人しくさせるには、「あのこわい、うす黒いアナグマ」が捕まえに来ると脅かすのが一番効果てきめんの方法であることを示す場面で締めくくられている。

「アナグマは、社交というものこそこのみませんでしたが、子どもは、すきなほうでしたから、このことばは、中傷もはなはだしいといわなければなりません。」

グレアムは最後の一文でこのように書いている。

「けれども、とにかく、このことばのききめは、満点なのでした。」

現実には、グレアムの元にも病弱な息子の元にもアナグマは助けに来なかった。グレアムがアラステアに与えた物語と甘やかしと不在を混ぜ合わせた奇怪なカクテルは、軽蔑と苦しみを生み出しただけだった。ねずみくんが十一歳になった時、彼が父親につけたニックネームは「落ちこぼれ」だった。十九歳の時、オックスフォード大学で試験に何度か落第した後、ねずみくんは線路の上で死体となって発見された。外傷から分かったのは、彼は線路の上で寝転んで電車に首をはねられるのを待っていたのだろうということだった。


アナグマ氏は理想の父親像であるという説がある一方で、彼は本物の野生のアナグマそのものでもあった。

英国におけるアナグマの正確な社会的地位を探る動きが過熱する中、ピーター・ハントが言うように「アナグマの持つアナグマらしい何か」に批評家たちも気が付いていた。表に出ることはほとんどないが、アナグマは「目に見えない影響をその場にいる全員に与えている」ように見えると、自然に刻み付けられたアナグマの痕跡を採集しながら、グレアムはそのように記した。グレアムによってアナグマの立派な家が再現されたが、捉えどころのなさと強固さはアナグマの精神にぴったりとあてはまる。もちろん詩的な自由もある――アナグマ氏は道に迷ったハリネズミを二匹空き部屋に泊めてあげているが、現実のアナグマはあっという間にその皮を剝ぎ、客用寝室を用意することなく素速く肉を平らげてしまうだろう。現代の読者が思うほど速くはないかもしれないが。今日のイギリスでは考えにくいことだが、アナグマ氏はたった一人で住んでいる。グレアムがこの話を執筆したのはアナグマの生息数が底をついていた頃のことで、単独で行動するアナグマしか見たことがなかったのだ。

『たのしい川べ』の初期の書評では、批評家は自然の描写が不正確だと言ってグレアムを批判していた。寓話であることを考慮していないのだから、この評価は今日では的外れであると言える。『T.P.'s ウィークリー』誌は、「生物学の権威からは何の信用も得られない」数々の出来事に言及しており、一方『ザ・タイムズ』紙は、「この作品は自然史には何一つ貢献しない」と嘲笑していた。しかしながら、グレアムは自然を美しく描いていた。例えばモグラは、冬になるとこのような感想を抱いていた。

「この美しいいきものをぬぎすてた、飾りけのない、あらあらしい自然のすがたを好きになれたことを、モグラは、うれしく思いました。モグラは、そのはだかの骨ぐみの中まで、はいりこんでみましたが、それは、しっかりしていて、強くて簡素でした。」

『ヴァニティ・フェア』誌でのリチャード・ミドルトンの書評は、珍しくこの点を理解していた。

「この作品で印象的だったのは、自然との親密な関係性と繊細な感情表現だった」

グレアムの描写には野生動物の高潔さに対する敬愛の念が見られる。グレアムはイソップ寓話での動物の扱いを非難していたときに、自分ならこうすると言っていたが、まさにその通りに動物たちを扱っていたのだった。

　クレイトン・ハミルトンというアメリカの学者は、『たのしい川べ』が出版された数年後、グレアムと出会ったときの事を思い出し、グレアムのこのような言葉を引き合いに出している。

動物といえば、『たのしい川べ』では一番好きな動物を描きました。そうすることが友人としての義務だと思えたからです。すべての動物は、本能で自身の本質に沿って生きています。よって彼らは人間よりもずっと賢く生きることができるのです。自分の本質を否定したがる動物はいません。嘘のつき方を知っている動物などいません。すべての動物は正直です。すべての動物は純粋です。本質に従う動物は、美しく、善良なものであるということです。動物の友人はほとんどみんな大好きです。――それではお見せしましょう。こちらです。

まるで詩人のジョン・クレアの言葉だと言われてもおかしくない言葉である。急速に変わりゆく人間の世界に対するグレアムの失望が深まるにつれ、彼は「人間の世界というより世界全般に自分は属していると考えるようになった」とアリソン・プリンスは述べている。グレアムは、人間は自然界の異物であると感じていたようで、以下のように書いている。ロンドンの喧騒から、どこか耳の深いところで小さな音を拾うことのできる場所へ逃げたい、という内容の、熱のこもったエッセイだ。

　この世界は色彩豊かで香しく、快適なものであるが、我々人間は放浪する奇怪な異端者であり、この世界にとって何の利益ももたらさない。人間さえいなくなれば、世界は神聖かつ美しいものになるであろう。一方、私たち人間は、ある寒い朝に目を覚ました時、堅実な親戚（動物）が荷物をまとめて嫌な顔をしながら去っていったことを知り、打ちひしがれるであろう。彼らは人間を自分たちと同化させようとする試みに疲れ果てており、人間の行き当たりばったりで残忍なところや、目の前の命に対する無理解にうんざりしていたのだ。

アナグマ氏の後に続いて生まれた、最初の架空のアナグマは、グレアムに匹敵する同時代の作家、ビアトリクス・ポターによって生み出された。『たのしい川べ』以前に出版された『ピーターラビット』シリーズは大ヒットを記録したが、『キツネどんのおはなし』はグレアムの本が出た四年後に書かれたものだ。面白いことに、ポターはグレアムが描く動物は擬人化され過ぎていると思っていた。ヒキガエルが髪を梳いている時などは特に。

「カエルが靴を履くことはあるかもしれない、でもヒキガエルがあごひげやウィッグをつけているのは我慢なりません！　だからアナグマの方が好きなんです。」

ポターはかつてそう記していた。

ポターの作品に出てくる悪いアナグマ、アナグマ・トミーは、グレアムよりも当時のアナグマ観に則していた。

トミーは、毛むくじゃらの　ずんぐりやで、にやりと　わらったようなかおをしています。あるくようすは　よたよたで、くらしぶりは、あまり　じょうひんではありません。はちの巣や、かえるや、むしをとって　たべます。月夜には　ほっつきあるき、地めんから　いろいろなものをほりだします。

トミーのふくは　どろだらけでした。そして、ねむるのは　ひるまでしたから、いつも

くつをはいたまま　ねました。（福音館書店『キツネどんのおはなし』いしいももこ訳より）

ポターはその生涯の大半をレイクディストリクトで過ごした。そこはブロックホールといったアナグマがよく見られる場所に近いが、ポターが執筆していた当時、そこではアナグマはほとんど絶滅しかかっていた。「アナグマ・トミーのように乱暴に苔をむしり取ったりする人はいなかった」ポターはそう書いていた。地方の農家が当時抱いていたものの見方にポターは影響されたのだろうか？　レタスをアナグマに食べられでもしたのだろうか？　ポターはアナグマ・トミーがいつもうさぎ肉のパイを食べているわけではないとわかっていながら、彼に子ウサギを全員かまどに閉じ込めさせたりもしている。ポターの描写は聡明かつ陰険で、アナグマ・トミーは紳士のようなキツネとは異なる、普通の労働者であり、実際のアナグマ掘りの作業員と同じようにシャベルを持ち歩いている。本作では狡猾なのはキツネではなく、腹に一物抱えたアナグマ・トミーだ。年寄りウサギのバウンサーさんにウサギの穴に招き入れられたアナグマ・トミーは、キャベツの葉をまいた葉巻煙草を差し出されて一服したのち、七匹の赤ん坊のウサギを袋に詰めて去っていった。さらに袋に入っているのは毛虫だとピーターラビットに嘘をつき、キツネどんがバケツの水をアナグマの頭にぶちまける仕掛けを作っていたときに、アナグマ・トミーは狸寝入りならぬ穴熊寝入りを決め込み、キツネどんより一枚上手であることを見せつけた。

アナグマ・トミーが日中は眠っていたり、地面を掘って回ったり、ウサギを食べたりするのは正確な描写であると言える。他の野生動物もそうだが、アナグマは善でも悪でもない。心を持ったキャラクターに生きることの苦しみを吹き込んでいるのは、我々人間なのだ。その結果が邪悪なアナグマ・トミーであったり、善良なアナグマ氏であったりする。しかしながら、グレアムのアナグマ観に対し、ポターのネガティブなアナグマ観はその後数十年にわたって人々の目を引くようなことはなかった。

一九五一年に出版されたC・S・ルイスの『ナルニア国ものがたり』の第二作目にあたる『カスピアン王子のつのぶえ』に登場する勇敢な松露とりから、一九二〇年に始まった『デイリー・エクスプレス』紙の漫画に登場するクマのルパートの親友、アナグマのビルまで、グレアムのアナグマはたくさんの魅力的なアナグマのキャラクターにインスピレーションを与えた。ほとんどは老獪なグレアムのアナグマの質の悪い模造品に過ぎなかったが、時折自然界での自らの行いを正しいと信じて疑わない頑固おやじとして描かれることもあった。批評家のテス・コスレットの言葉に「動物の姿をした人間」というものがある。一九五〇年代、王立災害防止協会が子どもに道路の安全な渡り方を教えるため、リスの Tufty Fluffytail というキャラクターが作られた。それと共にアナグマの警官も登場するが、その警官は動物をいつも間一髪のところで交通事故から救っている。コリン・ダンの一九七九年の小説『ファージング・ウッドの動物たち』に登場するアナグマも、頼りがいのある群れのリーダーだった。アナグマが死んだ際の、周囲の動物たちの悲しみを描いたスーザン・バーレイの絵本『わすれられないおくりもの』は、葬式の際に人気の読み物となった。バーレイはアナグマを選んだ理由について「アナグマは強く、たくましい外見の動物だから」と言っていたが、そのキャラクターは実際のアナグマよりも彼女の祖母の影響の方が大きかったと認めている。二〇〇九年から刊行が始まったブライアン・タルボット作のコミックシリーズ『*Grandville*』(グランヴィル)は、描写がリアルなスチームパンクであるが、それに登場するリブロック警部は威風堂々たるアナグマで、筋肉質の身体をシャーロック・ホームズのようなコートで包んでいる。だが、グループの中心人物であるとはいささか言い難い。タルボットの作品世界を構成するのは、キツネやイノシシ、カメやネズミであるが、人間は取るに足らない「ハゲたチンパンジー」であり、強い動物の奴隷である。リブロック警部は様々な悪党や全体主義政権と対峙し、乱暴で勇敢なヒーローを貫き通している。

『たのしい川べ』が出版された後で、イギリスの地方にアナグマの復権が起こったのは偶然だろうか? 動物たちに対する人間の姿勢は、グレアムの物語が書かれる前から変わりつつあったのは間違いない。アンジェラ・カシディは、一八七七年の『ザ・タイムズ』にアナグマに対する初の肯定的なコメントを見出した。編集者に対する手紙の中に、「こんなにも綺麗好きな習性を持つ生き物はいない」とアナグマを熱烈に称賛する一文があったのだ。一九〇〇年代の前半にかけて、ネイチャーライティングの大きな萌芽があった。ヘンリー・ウィリアムソンの散文や、エドワード・トーマスの詩はアナグマを「イギリス最古の土着の獣」と表現していた。それらには及ばないまでも、博物学に関する素晴らしい作品は他にもある。アルフレッド・ピーズ氏の書いたアナグマの本は、第一次世界大戦が始まる前日に出版された。彼はその著作についてこのように説明している。

「何世紀にもわたり、人間によって悲惨なほどに不当な扱いを受けてきた動物に対する、愛情ではないにせよ、赦しを請うために書いたものである」

こうした新しいナチュラリストたちは、ただの無力なアナグマ好きではなかった。彼らはよくアナグマを実利的な理由で褒めたたえていた。

「これまでひどい迫害を受けてきたアナグマが、生き延びて出現してくれたのを記録するのはいつだって喜ばしいことです」

一九〇六年、『マンチェスター・ガーディアン』紙の地方日誌の記者はそう書き記した。その地方ではアナグマが激減しており、日誌記者はそのことを嘆き悲しんでいた。一九〇〇年代初頭、当紙の記者はアナグマがスズメバチの巣を破壊する力を持っているということや、自分たちがどんなペットを飼ったかということを定期的に記録していた。時折、アナグマに対する弁護には全くもって『ガーディアン』紙らしからぬ言葉が使われた。一九二三年、T・A・Cという名の日誌記者は何のためらいもなく探検家、ハリー・ジョンストン氏の言葉を引用していた。ハリー・ジョンストン氏は、アナグマは「何の理由もなく殺戮された。私たちの殺戮に対する狂った愛は、我々を最悪のニグロたらしめているものだ」と述べていた。

アナグマに対する人間の姿勢はグレアムの思い描いた通りに変わりつつあるが、大きな社会の変化もまた、アナグマを救っていた。安い穀物の輸入によって十九世紀の終わりごろに引き起こされた何年にもわたる農業恐慌は、開墾される土地を三分の一にまで減らし、アナグマの住処に対する圧力を減らすこととなった。第一次世界大戦により地方から若者が引き抜かれ、それに伴う社会的、経済的な大変動によって大きな地所が数多く解体され、その数を減らしていった。これにより森番の数は劇的に減少し、アナグマのような「害獣」に対する支配は弱まっていった。

近代の自然保護区を保護していこうという動きや新しい生態学は、一九二〇年代に始まったものである。人口を増しつつあった郊外の住民たちが、自然が失われることを恐れたのだ。野生動物を不思議なものとして見る傾向が高まってきたことで、アナグマは闘わされたり捕らえられたりするのではなく、研究や観察の対象となっていった。アナグマ氏がいなくとも、アナグマにとってのこうした幸運な変化は起こっていただろう。けれど、もしアナグマ氏がいなかったら、アナグマに対する動きはここまで大ごとにはなっていなかっただろうと私は確信している。ケネス・グレアムのおかげで、アナグマは頼りがいがあり、確固たる倫理観を持った動物というイメージが人々の間で根付き、イギリスにおける信頼の象徴の一部となった。紋章学においては、アナグマは『ハリー・ポッター』のハッフルパフ寮の紋章の中心になっており、またテスコの紋章を飾ってもいる。テスコの本部はハートフォードシャーのブロックスボーンの近郊にある（ブロックスボーン（Broxbourne）はアナグマ（badger）の小川（brook）を意味している）。アナグマは慈善団体である自然保護財団の自然保護のシンボルに選ばれてもいるし、リアルエール（ビールの一種）の有名ブランドの安心のシンボルになってもいるし、口コミ動画やコメディーにおけるユーモラスな主要人物にもなっている（マーカス・ブリッグストックのアナグマ国※「一つ屋根の下に数百匹のアナグマが。これがアナグマ国！　アナグマ国サイコー！」――ひどいテーマパークである）。

　アナグマは古い生き物であり、新しい生き物でもある。アナグマ氏の登場以来、アナグマは気難しくも確固たる信念を持ち、屈強で、城塞のような家を作り、なかなか攻撃が通らないイギリスのキャラクターとして称賛されるようになった。アナグマは滅多なことでは動かないし、滅多なことでは見られない。後に私は、それを痛感することになった。

※コメディアンのマーカス・ブリッグストックが作った「アナグマ国」(Badgerland) というおどけた動画があり、テーマパークのCMのパロディーの様相を呈している。

5　Brock

一九五三年六月、イギリス国民は皆、老若男女こぞって、女王の戴冠式を祝っていた。ただ一人、アイリーン・ソパーをのぞいて。彼女は何も見えない暗闇の中に座り、たった一人でアナグマを待ち続けていた。

「1マイル半ほど向こうにある村のあちこちですぐに花火があがった」

ソパーはそう書き記している。エニッド・ブライトンの冒険譚の挿絵を描くのがソパーの仕事だ。

「けたたましい花火のせいで、この夜のアナグマウォッチングも終わりだろうなと思った。だが驚いたことに、子どものアナグマがたった一匹で巣に戻っていくのを見た。花火が鳴っているからといって、その仔は慌ててはおらず、すぐにまた巣穴から出てきた。それからアナグマの一家が小さな谷の底を歩いている音が聞こえた。円筒型の花火やロケット花火、その他のやかましい物が空を舞い、犬や猫など人間のペットたちが恐れおののいている中、アナグマはそんなものは意に介さなかった」

アイリーン・ソパーにとって、アナグマウォッチングは一般的な人間の行動規範から外れるべきものだったのかもしれない。実際、アナグマウォッチングについて調べれば調べるほど、アナグマウォッチャーたちが人間社会の外側に不器用にはみ出した人々だということがわかる。はみ出したその場所から普通の世界をのぞきこみ、そこがアナグマを脅かすことのない、穏やかなものであってほしいと願ったりしていることも。私もまた、アナグマを見つけるためには人間のしきたりから外れなくてはならないような気分でいた。退屈な日常を捨て去ることができる喜びにわくわくしていたが、心のどこかで恐れを感じてもいた。数年前、私は子どもの頃からの夢であったイギリス全土の蝶の収集に、丸一年の間、のめりこんだことがある。その宿願のせいで、ガールフレンドであるリサとの仲が犠牲になったが（今ではよりを戻している）。私はたぶん、当時よりもっと一般社会から外れるようなことをしようとしていた。それは夜間における修行僧のような探究活動であり、他者とは共有しがたいものである。何日もずっと、夜、家にいることはなかった。

　田舎の夜のことは熟知するようになったが、ウーキーホールではアナグマは一匹も見つからなかった。次に私が試みたことは、偶然にもソパーの行った、戴冠式の最中のアナグマウォッチングと一致した。私はウェストミッドランズにおける、ウィリアム王子とケイト・ミドルトン（ケンブリッジ公爵夫人キャサリン）の婚姻を祝うストリートパーティー（街区の住民による宴会）についてのレポートを書いていた。ビュードリーのパブにチェックインした時、この小さなウスターシャーの町は一日中続いた宴の残骸で埋め尽くされていた。「Wills + Kate 4eva（ウィリアム王子とケイトよ、末永くお幸せに）」と書かれた同じTシャツを着た三人の少年が道路を渡り、顔にペイントを施した子どもが歩道を走っていった。私は宴席を離れて黒い服に着替え、誰もいなくなった道を車で走った。シュロップシャーに向かう途中、ある農場で車を停めた。そこには緩やかな下り坂になっているいくつもの細長い牧草地があり、セヴァーン川の、木々が生い茂る土手に続いている。農場主に滞在の許可をもらったものの、非合法なことをしているのではないかという心の痛みがあったし、新たなケンブリッジ公爵と公爵夫人の誕生を祝うために外出している人に見られたら、何と説明しようか迷っていた。二〇〇三年、労働党の政治家であるロン・デイヴィスによって、純粋なアナグマウォッチングのイメージは汚された。彼はバースの近くにあるトグ丘の生垣でこそこそしていたところ、『ザ・サン』紙のジャーナリストに遭遇した。そして、自分はふしだらな性行為を覗こうとしていたのではなく、アナグマを探していたのだと、タブロイド紙を相手にするときの早口で見苦しい言い訳をした。デイヴィスは無意識のうちに適切な言葉を選んでいたともいえる。アナグマ狩り（badger game）は、大人物を嵌めるときに使われるハニートラップを指すアメリカのスラングでもある。不運なことに、その時はよく晴れた昼間であり、新聞記者が地元のアナグマの専門家に確認を取ったところ、そこにはアナグマの巣などないとのことだった。それからしばらくの間、その地方では「dogging」（野外での性行為を指すスラング）という言葉が、「badger botherer」（アナグマにとっての迷惑者）という言葉に取って代わられそうになった。

その日は四月の素晴らしい夕暮れ時で、辺りは満天の星空のごとく鳥のさえずりが満ち満ちており、過密なFMラジオの周波数のようであった。クロウタドリやズグロムシクイ、コマドリ、ツグミ、キジの鳴き立てる声がひっきりなしに聞こえてきた。頭上でダイシャクシギが哀愁漂う声をあげていた。それは田舎のシュロップシャーの詩というよりは、沿岸の湿地の詩を詠っているかのようだった。

はるか遠くの牧草地から、暗くなりつつある雑木林を越えて甘い肥やしの匂いが漂ってきた。よく肥えたオークの木の大枝を、風がガサガサと揺らした。リンボクやハシバミ、シナノキやニレ、野ばらやニワトコがふんだんに実った古びた生垣が、谷底へと続いていた。動物たちは私がどんなにゆっくりと動いても、さっと逃げていった。ハトはトネリコの木から一斉に飛び出し、ウサギはこちらを警戒しながら庭の置物のように立ち尽くし、やがて駆け出していった。ねぐらで休んでいたキジすらも起こしてしまった。あちらこちらでそういう「警報」が鳴り響き、私に対する警戒網が広がっていく。

この谷へと続くちゃんとした歩道はないが、新しく植えられた緑色の大麦畑のただ中に曲がりくねった道がある。私は今やアナグマに関する大まかな理論上の知識は得ていたので、この道が動物によって作られた獣道であることもわかった。畑の縁に沿って探索していると、アナグマの便所穴が五つも見つかった。きっちりと掘られたその穴は、どれもアナグマの黒いフンがピラミッド状に積みあがっていた。小川に沿った起伏には、ブルーベルの花の絨毯が流れるように広がっていた。その絨毯はアナグマの作ったくねくねした道で分かたれており、その道は彼らの巣へと続いていた。ウサギの巣穴は、ウサギのように丸い形をしている。アナグマの巣穴は三日月のような形をしており、内部の床は平たく、幅は広いが天井は低い。アナグマの型が取られたかのようである。トンネルから掘り出された土砂の山は、青い海の中のサンゴ礁のように鮮やかだ。アナグマとブルーベルは、何かしらの共生関係にあるかのように思えた。

作家のロジャー・ディーキンはサフォークの「虎の森」を所有している友人のことを回想していた。そこが虎の森と呼ばれるようになったのは、サーベルタイガーの牙がそこで見つかったからだ。その友人は、ブルーベルがそこにたくさん咲くようになったのは、アナグマがシダをなぎ倒してくれたからだと思っている。

私は曲がったトネリコの古木の陰で待ち構えていた。その木だけが、未だに葉を付けていなかった。まだ陽の温もりの残った、折れた枝のそばに座り、これで身を隠せていることを祈っていた。アヒルにカラス、犬に車。辺りが暗くなり視界が悪くなればなるほど、周りの騒音はよりはっきりと聞こえるようになってきた。イタチが辺りを警戒しながら跳ねるように駆け、道路を渡っていく。その姿は闇からにじみ出る程度にしか見えなかった。ノーフォークの作家、アシュリー・フォードは、「夜は、それ自体が覚醒することはあっても、眠りに落ちることはないのだ」と気づいた。まずは地面。そして茎。根、土、石や小枝に砂利。こうしたものは全てぼやけて「個」を失い、ただの陰と化していく。黄昏は木を伝い、小屋や建物に影が差す。最後は空だ。日の入りの頃はまだ明るい青を保っているが、やがて紺色から灰色になり、ついには黒へと変わる。

ブルーベルは今しがた闇に消えてしまったが、サンザシのつぼみは未だに白く輝いており、アナグマの巣の下にある二つの土砂の山はスポットライトを浴びているかのように光って見えた。もし何かがここに現れたら、こうしたものの上に影を落とすことだろう。

突風が畑を横切る音が聞こえた。こっちに来る。風はブルーベルの甘い花粉を持って行ってしまう。顔を隠そうとフードを被ると——アナグマウォッチャーたちはこう警告していた。夕暮れ時には人間の顔は月のように目立つし、何もつけてない手を振ろうものなら、アナグマにはパントマイムの役者の白い手袋のようによく見えると——周囲の音が遮断され、私は周りを知るのに、聴覚にどれほど依存していたかを自覚した。

そして、悲鳴が聞こえた。子ウサギだろうか？　フクロウだろうか？　この二者が遭遇したのだろうか？　捕食者の声なのか捕食される側の声なのか、私にはわからなかった。日中の自然にはある程度慣れ親しんでいるつもりだが、この夜は私にとって未知のものだった。下の方にある森から、アナグマのものであると確信できる声が聞こえてきた。犬とキツネの声が混ざったような、仔の鳴き声だった。ガサガサという音や甲高い鳴き声は聞こえたが、音の主は木々の間に隠れて見えず、じれったかった。

辺りは暗く、夜も深まり、アナグマを見るためにずいぶん遠くに来てしまったと思った。だが少なくとも、夜の田舎に一人でいるのは何だかとても心地が良かった。瞼が重くなった。ウィリアム王子とキャサリン妃がケーキを切り、最初のダンスを踊ろうと手を握り、国中の何百万人もの人々が暖かいパブで杯を掲げている頃、私は夢うつつの状態に陥りながら、暗い丘の中腹に佇む喜びを嚙みしめていた。数時間後、夜間の単独でのアウトドアの余韻も冷めやらぬまま、ワイヤフォレストをドライブした。こんなにゆっくり走るのは私にしては珍しいことだった。ビュードリーに到着して、王室の結婚を祝うパブでの長い宴から、ふらふらと家に帰る人間たちに出くわすまで、生き物の類を目にすることはなかった。

次のアナグマ探しが決まったのは全くの偶然であった。ヘイ・フェスティバル（ウェールズのヘイ＝オン＝ワイと呼ばれる街で行われる文学祭）のための宿泊場所を割り当てられた時、私は落ち込んでいた。地図上では、私の宿はウェールズとイングランドの境界線沿いにある本の街からは遠いように思えたのだ。だが、ヴィクトリアン・ゴシックハウスに着いた時、むしろ気分が高揚した。そこはビルスウェルズへと続く道にある、灰色の石板や石塊でできたやや高級なゲストハウスだった。庭に咲くシャクナゲははち切れそうなほどふくらみ、薪をくべる匂いが辺りに漂い、玄関にはウェリントンブーツがボウリング場のピンのように散らばっていた。そして何より、私を親切にもてなしてくれた宿の主人が、自分たちの所有する森にはアナグマがたくさんいると教えてくれたことが一番嬉しかった。土曜日の夜をアナグマ探しに費やすのは至極当然のことであると、私の決意を尊重してくれているかのようだった。

アナグマは、巣の風下に立っているだけで見つかるようなものではないということが徐々に分かってきた。それには入念な準備を必要とする。人間はアナグマの嗅覚を惑わせるためにありとあらゆる手段を用いてきた。ある熟練のアナグマウォッチャーは、両手を腐葉土に入れ、こすりつけていた。私が出会ったまた別の者は、自分のコートをアナグマの巣のそばに何週間も放置し、苔むした強い匂いが染みついたころに回収していた。同じように手袋にも匂いをつけようとはしたが、これは寝床の材料にされてしまった。用心深いアナグマに最後に打ち勝ったのは、ただただ辛抱強く、毎晩一年かそれ以上にわたり待ち続けた者たちだけであった。そうしてアナグマもついには気にしなくなり、彼らのブーツやズボンにマーキングをするようになった。群れに受け入れられたという証である。

庭の向こうにある牧草地に向かう途中、私は初歩的な失敗を犯していたことに気づいた。一時間前、私はビルスウェルズでフィッシュアンドチップスを平らげていたのだ。アナグマの敏感な鼻は、手についた魚と酢の匂いを感じ取ってしまうだろう。私は屈んで、土で手をごしごしと洗った。新鮮なシダの葉を石鹸としたことで、手が緑色に染まる。洗ってあるよりは洗ってない方が本当にいいのか、私にはまだよくわからなかった。少なくとも、アナグマを探す前の日にはシェーヴ・ローションをつけてはいけないということだけはわかっていたが。

　陽はまさに沈みつつあった。灰色の大きな石が畑の真ん中に見えたが、近寄ってみたところなんと羊の死骸であった。森へと続く門を抜けると、何だか誰かに見られているような気がした。でこぼこした道を進んでいくと、黄褐色のフクロウがいた。あまり人が来ない庭の片隅に転がっている、まだらに汚れた石の置物のようであった。それは猫のような侮蔑に満ちた目つきでこちらを凝視していたが、少なくとも三十秒後には、音もなく翼を羽ばたかせて木々の間に消えていった。おかしなことに、長きにわたり眠り続けていたはずの私の野生の勘は、フクロウの存在を的確に感じ取っていた。

　ジェラルド・オブ・ウェールズは中世の国境地域の編年史家であり、八百年前にこの谷を馬で下った時、地下のアナグマの奴隷軍を率いるアナグマ王たちの世界を空想していた。谷には再びアナグマが栄えていた。アナグマの獣道は藪のただ中をジグザグに走っており、森の薄闇の中でもわかりやすかった。小枝を踏み折って音を立てないよう、私は月面を歩くように慎重に歩いていた。ワタリガラスがこちらに気づかず嬉しそうにガーガー鳴いているのを見ると、自分も夜の一部になったような気がした。ワタリガラスが留まっている木の枝の真下に来た途端、ワタリガラスはようやく私に気づき、驚いたような鳴き声を上げて飛び去って行った。

　私は木に登り、アナグマの道が集まる様子を眺めた。それは複雑に入り組んだ幹線道路のようであり、ヨーロッパヤマアイ（丈の低いヨーロッパの多年生植物）の薄い絨毯へと続いていた。高所はあらゆる動物を観察するのにうってつけの場所だ。鳥が狩りをする様子を思い浮かべてみると良い。全てのアナグマの巣のそばに居心地の良い古木があれば良いのに。ファンタジー世界のオークの木には安心して登れるし、足をぶらぶらさせながら、元気に跳ね回るアナグマを見下ろすことができるだろう。子どもの頃は、どんな木を見ても登れるような気がするものだ。大人になると登れる木を探すのが難しくなるのは、体が硬くなったからなのか、気楽に物事を考えられなくなったからなのか。しばらくの間不格好な試行錯誤を繰り広げた後、私は高さ8フィートの所にある不安定なポジションを確保した。身体が二本の枝の間に支えられた状態で、十分ほどは保った。キジやハトが枝に留まる時の仕草を見ながら、我々人間の体型は、枝の上で夜を過ごすのにはまったく不向きにできていると思った。

待てどもアナグマが獣道を通ることはなく、辺りはより暗くなってきたので、木の上で四苦八苦しながら見張るのは諦めることにした。枝を踏み折らないよう細心の注意を払いながら忍び足で森を進んでいたところ、ふいに私は何かを驚かせてしまう——それは坂を駆け下りていった。灰黒色の影に、盛り上がった背中。凄まじいスピード。これは間違いない。アナグマだ。断言しても良い。シカよりは犬にずっと近いものだった。それは飛び跳ねながらどこかに行ってしまった。

アナグマ高速道路を進んでいくと、「都市部」に近づくにつれ道が広くなっている。我々が使っている道路と同じだ。私はアナグマによってできたに違いない曲がりくねった獣道を見つけた。なぜアナグマだと言えるのかというと、シカや人間のような、アナグマより大きな動物には簡単には通れないような障害物の下に作られていたからだ。しばらく行くと、土だらけの広いスペースに行き当たった。育ち過ぎた雑木林の中にある運動場である。この場所は、ずんぐりむっくりとした、陽気で浮かれた、森に棲むドワーフのような生物のための場所であり、スレンダーな森の妖精のものではないことが窺える。古い木製の丸太ステップや、引っ掻き傷のついた枝、そして滑って遊ぶ遊具があった。地面は相当に踏み固められており、ペンペン草の一本も生えていなかった。中心部には、アナグマの巣への入り口が三つあった。砂質土がそこから掻き出され、その上を通ったアナグマたちにより滑らかに踏み固められていた。

森は湿っていた。シダや茨、つぼみをつけたスイカズラ、そして先月咲いたブルーベルを通して、重苦しい灰色の夜が漏れ出していた。種の入ったブルーベルのさやはまっすぐ立っていたが、湿気により地面にだらしなく垂れた葉は氷のように滑りやすくなっていた。太陽は実にゆっくりと沈みつつあった。夜はもう来ないのではないかと思ってしまうほどに。周囲の音はだんだんと小さくなっていき、世界は平静を取り戻していった。子羊の群れが牧草地で鳴き声を上げていた。静寂は長きにわたって続き、ほんの時折、車がビルスへと続く道を通ったときに破られたぐらいだった。カラスが再び鳴きはじめ、十分間にわたり、寝る時間になるまで低い声でとりとめのない会話を続けた。

ついに、完全な静寂が訪れた。巣の周りに動くものは何もない。巣穴から鼻先が突きだされることもない。アナグマは私がメモに走り書きをしたときのペンのインクの匂いも嗅ぎ取ってしまうのだろうか？　夜中にたった一人でじっと座っていると、人間の持つ感覚が研ぎ澄まされていく。ほのかな苔や土の匂いの中であくびをすると、自分で吐き出した温く淀んだ空気がつんと生臭く感じられた。

ため息をついた途端、雨が降ってきた。天蓋のように広がった木の葉が雨粒を叩いたり弾いたりしていたので、雨粒が地面に落ちることはほとんどなかった。それから一時間も経った頃、あまりにも心地が良かったため私は再び眠りに落ちそうになっていた。そしてついに、一匹の獣が現れた。アナグマの巣の上にある坂を上がったところに、立派な毛皮をまとった小さくて黒い獣が、地平線を背にしていた。私は急いで気を引き締め、視界の隅で精いっぱい集中してそれを見つめた。作家で密猟者のリチャード・ジェフリーズに教わったやり方である。その動物は遊び相手を待ちきれずにしばらく跳ね回っていたが、やがて猫のような動きで跳び去っていった。アナグマではなく、キツネの仔であった。この物件にはキツネが住んでいたのだ。

枯れ枝は指になり、ツタは蛇へと変わった。私は夢を見ていた。夢の中でアナグマが2mほど通り過ぎた後、落ち着いた様子でこちらを見ていた。そして、私を恐怖に値する存在ではないとみなした。顔に冷たい空気が降りてきて、私は目を覚ました。頭上の木々の葉が、黒灰色の空についた黒インクの染みのように広がっていた。全てがぼやけていく。アナグマウォッチングを始めて二時間半が経っていたが、半ば眠りかかっていたせいか、私はまだアナグマを見ていなかった。巣が大きければ、アナグマとキツネが同居することはあるかもしれない。しかし、キツネの仔が先に現れたということは、私がアナグマを見る可能性は低くなったということだ。

立ち上がると、背骨が鳴るような音がした。それは腐った木の枝を踏んだ音であった。私は夢遊病者のような足取りで丘を下った。森から出ると、再び死んだ羊の影に出くわした。辺りはまるで夜明けのように明るかった。暗い木立をバックに、灰色の大きなゲストハウスがそびえていた。窓の明かりは、私の部屋を除いてすべて消えていた。扉の閂を探そうとしたところ、何かに躓いた。今晩最後の面白い発見物であった。草の中にあったのは、綺麗な緑のＬＥＤライト、かと思いきや、よく見ればそれはツチボタルだった。拾い上げると、ツチボタルの身体は光を覆うように丸まった。が、それでも光が完全に消えることはなかった。こうした虫はロアルド・ダールの『おばけ桃の冒険』という作品でしか知らなかった。そのツチボタルはメスで、通り過ぎるオスを光で招き寄せるのだ。

自分が夜中にアナグマを見つけられるような幸運の持ち主ではないことはわかった。それで、数週間後、朝方に挑戦してみることにした。私の父はデボン州に住んでいたが、そこは非常にアナグマが多い。アシュバートンにある父の家に少しばかり逗留した後、夜も明けきらぬ朝四時半に出発した。街を出ようと坂になっている道を登っていくと、空が明るくなってアーチ形の天井が姿を現した。古くなってバラバラになった石膏のような雲だった。西の空に浮かぶ月と、東の地平線から立ち上ろうとする太陽の細い黄金色の光線に照らされて、まるでゆっくりと動くカレイドスコープのごとく、その石膏のような雲はいつの間にか砕け散りつつあった。

世界は静寂に包まれていた。時折、クリスマスツリーのような装飾が施された大型車両が、谷底にあるＡ38道路を通るのは別として。七月の曙に鳴く鳥はいなさそうだった。鳥たちの縄張り争いには決着がつき、今は子育てのために大人しくしている時期なのだ。小道は徐々に狭くなり、家々とアスファルトが途切れたところでデボン風の生垣の間に入り込み、あまり使われていないハシバミとサンザシのトンネルへと変わっていった。辺りは草の匂いでいっぱいだった。しっとりとして、大ざっぱな作りの、緑のマルチ（畑の長い畝を、ビニールなどで覆うこと）だ。

最初に見た生き物はコウモリであった。それは空の天井の下、颯爽と飛んでいく。私は音波で探知されたような気がして立ち止まった。少なくとも音でこちらの存在には気づいていたことだろう。薄い黄金色の光線は橙色へと変わり、より太くなっていった。私は使っていたペンの色が黒ではなく青だったことに気づき、驚いていた。世界が色彩を取り戻し始めた。私の目は黄昏の光に慣れていたので、間違った方向にすべてが進んでいるかのように思われた。明るくなってゆく世界は、逆戻りしつつあるかのように感じられた。

私は例の畑へと向かった。最近、父と隣人は資金を出し合って丘の上にある放牧地を購入し、そこに木を植えたり、羊に草を食べさせたり野菜を育てたりしようとしていた。そこには二台のトレーラーハウスと、テント小屋と、可愛らしくもひどく乱雑な菜園があった。建てた支柱に生っているサヤインゲンや、ジャガイモのあぜ道、馬鹿でかいタマネギ。その年は豊作だった。何十年もよく休ませた土だったので、どんな作物もよく育っていた。

畑の隅っこにあるアナグマの巣は外からは見えない。見よ、貪欲な羊もこの土地には手も足も出せず、牧草地はシダや茨や繊維質のイラクサに覆われてしまっている。イラクサの丈は私の背ほどもあり、鋭いとげを持っている。アナグマの通り道がよく見える、風下の特等席に座って待つことにした。

鳥が一羽、飛び去った。ツグミだ。農夫のランドローバーのエンジンが近くの小道でクスクスと笑い声をあげ、アシュバートンの教会の鐘が五時を知らせた。残っている雲の色がピンク色に染まっていた。クロウタドリが、アナグマの巣の上に生えている、樹冠が禿げあがったオークの木の上に留まった。オークの木は苦しそうにしており、その枝は枯れかかっていて今にも折れそうだった。アナグマがその木の根を掘ってしまったのだろうか？　朝五時十分、その日最初のアマツバメの声が聞こえた。クロウタドリは尾を上下に揺らしながらチャッチャッと鳴き、モリバトはウォウウォウと喉を鳴らしていたが、その歌の最後は適当に終わらせたような感じだった。

それから、大きな動きがあった。私の目の前の藪の中を何かが突っ切っていったのだ。トカゲが空中の虫を捕まえるような速さで突然音は消えた。アナグマが入るであろう隠し穴の近くだった。勘の鈍い馬が餌を探しているというよりは、シカが突進しているような音だったが、シカの大きさであればイラクサの中を通っていてもそれと分かるはずだ。アナグマ？　もしそうだとしたら、古来よりの天敵、つまり人間である私の存在に感づいて思わず警戒心を抱いたことだろう。

牛が畑の北の端に生えているハシバミを食べ始めたころ、太陽が昇り始めた。明るいピンクのカップケーキのようだ。東の地平線から突然私の目に飛び込んできたため、自分の理解を超えるスピードで時が進んだように思え、気分が落ち込んだ。少しの間、人生はひどく短いもののように思えた。昇り始めて数秒のうちに、太陽はピンクから橙に、そして目のくらむような黄色へと変わっていった。そして、暁は終わりを迎えた。

私は家路についた。ゆるやかな円を描き、お祭りで疲れ果てた参加者のように、身を寄せ合う羊のそばを通り過ぎた。すると、何かに取りつかれたかのように羊たちはこちらに視線を向け、あとをついて来た。次の角に差しかかった時、こちらが認識する前にノロジカが私を見つけ、飛ぶように去っていった。獲物が近くにいても分からないほど五感が衰えていたのでは、捕食者に狙われても言い訳はできないなと思った。父の家に戻ってから、私は遅い眠りについた。教会の鐘が、八時半を知らせるまで。

6　ボジャー

祖母のガレージに漂う背筋がぞっとするような悪臭は、未だ記憶にこびりついている。祖父や祖母が他の事をしている最中、私と妹は暗い中、コンクリートの床を忍び足で歩き、置き箱型の冷凍庫の大きなふたを持ち上げ、中で凍り付いている黄色いヒヨコを、好奇と嫌悪の入り混じった気持ちで見つめていた。ヒヨコの死体は氷の棺桶の中から取り出された後で解凍され、ラスティーやダスティー、またの名を野生1号や野生2号に与えられていた。それらは負傷したモリフクロウの名前である。祖母は二羽を庭にある手製の檻に入れ、回復させて野生に帰すことに日々を費やしていた。庭には他にも、キツネやハリネズミ、メンフクロウ、ノスリ、コキンメフクロウ、コミミズク、ハイタカやチョウゲンボウがいた。入れ代わり立ち代わりする動物の群れの頂点に君臨していたのは、アナグマであったのだが。

祖母、ジェーン・ラトクリフの行いはビジネスでも慈善事業でもなかった。そして、祖母は別に獣医だったわけでもない。ジェーンは家政学の教師であり、家庭の主婦であった。ただ、実生活においてしばしば人間よりも動物と共にあることを選んだだけだ。傷ついた動物を救い、可能であれば野生に戻すという使命に目覚めたのは、故郷のチェシャーにある家の辺りで、アナグマ掘りの作業員や犬飼いに、アナグマが惨たらしい目に遭わされているのを見た時だった。ジェーンは、家族を失い怪我をしたアナグマたちの世話をすることにした。一方その頃、革新的な新法案を国会に通させようという運動が高まっていた。それはアナグマをイギリスで公的に保護される初の野生陸上哺乳類にしようというもので、彼女はそれにも参加していた。ケネス・グレアムは二十世紀における一般的なアナグマのイメージを作り上げた人物であるが、アナグマと人間との関係を決定的に変えたのは、私の祖母のような、ごく少数の型破りな女性たちであった。

こうした女性たちの中で、アナグマにこれまでと全く異なる方向から光を当てた最初の人物はフランシス・ピットである。彼女の書いた愛らしい回顧録『*Diana, My Badger*』(私のアナグマ、ディアナ)は一九二九年に出版された。裕福だったピット夫人の語るところによると、ある日、ウサギ捕りが二匹のアナグマの赤子を自分の所に連れてきたので、彼女は二匹にそれぞれディアナ、ジェマイマと名前を付けて手ずから育てたという。ピットは昔気質の動物好きであり、キツネ狩りも好んでいたのだが、アナグマが苦境に置かれていることに対して非難の声も上げていた。

「アナグマ掘りはスポーツでも何でもない、キツネ狩りやシカ狩りとも違う。(狩りのためにある程度保護されるキツネやシカと違い)アナグマは自分の身を自分で守らないといけない」

そして、ピットは自分が育てた動物に対しては深い愛情を寄せていた。

「ディアナの振る舞いは育ちの良い若い貴婦人を思わせるのよ。『余所者と話すことなどありませんわ』と言わんばかりの態度で、こちらもちょっと戸惑うわ」

そうピットは記していた。ディアナは家で飼われていたボギー、ジャック、ネトルという三匹の犬と仲良くなった。中でもネトルは、アナグマを巣から掘り出すために生み出されたテリアであるにもかかわらず。ディアナは感情を硬い灰色の毛皮で表現していた。

「ディアナが興奮すると、毛が逆立ったり降りたりするのよ。特に興奮している時は尻尾がふわっと膨らむの」

ピットは続けた。

「ディアナの白くて小さな尻尾はブラシみたいに広がるの。それが何だかおかしくって」

飼っていたアナグマたちが近くの森に逃げ出してしまうと、ピットはアナグマウォッチャーに転身した。そして、ディアナが野生の環境で三匹の仔を育てているのを眺めて喜んでいた。これがディアナの本来あるべき姿だったのだ。

ピットの本により、どれほどの人間がアナグマの仔を飼いたいと思ったことだろう——その数はおそらく何千人にも上ると思われる。アナグマの仔は、アナグマ掘りが終わった後、生きた状態で発見されることがよくあった。そして一九七〇年代までは定期的に新聞の広告を通して売りに出されたり、パブで売られたりしていた。これは野生動物にとってはありがた迷惑以外の何物でもない善意であり、むしろ残酷な仕打ちであった。しかし、ピットの文章の力は同時代の自然愛好家を動かした。その中にはアーネスト・ニールも含まれている。

第二次世界大戦が終結して数十年の間に、アーネスト・ニールは国内で最も有名なアナグマの専門家になった。彼はコッツウォルズのパブリック・スクールで生物学の教師をしており、近くの森でアナグマを観察する手伝いに生徒たちを動員し、一九四八年に出版された『アナグマの森』という本を、研究の集大成とした。ニールは自伝で、初版だけで一万一千部も売れたことに驚いたと語っている。これによりBBC初の野生動物のドキュメンタリーのテレビ番組にアナグマが取り上げられることになり、他のアマチュアのナチュラリストたちによって興奮気味に描かれた、アナグマの物語のちょっとした出版ブームのきっかけとなった。大抵はピットの後追いであり、女性によって書かれたものであった。男性によるアナグマの味気ない生物学的な話や、アナグマという恐ろしい生き物を捕らえ、闘わせ、殺すことの喜びを称える声の代わりに、こうした女性作家たちはアナグマを観察し、写生し、写真に収め、保護することの喜びを読者に伝えていた。人間は、アナグマとの平和的な関係を築く可能性に突如として目覚めた。

一九五〇年代および六〇年代における、野生のアナグマと人間との関係を築き上げた物語の中で、最も面白いものは二人の全く違う女性によって描かれたが、二人とも型破りなのは同じだった。アイリーン・ソパーとノラ・バークである。一九〇五年に生まれたソパーは、十五歳にしてロンドンのロイヤルアカデミーで自作の絵が展示されるほどの神童であった。その絵はメアリー王妃（ジョージ五世妃）の目を惹き、王妃はソパーの銅版画を二枚購入した。ソパーの父、ジョージは芸術家として成功を収めていたが、細菌感染の恐怖に取りつかれていた。一九四二年、ジョージの死後、ソパーとその姉であり才気溢れる陶芸家であったエヴァは、世間との交流を断ち、ハートフォードシャーにある自宅に引きこもっていた。彼女たちには、父親譲りの病への恐怖心があり、それは日に日に強くなっていった。二人とも他人のくしゃみから癌が伝染するのではないかと懸念していたが、自分の生活圏内に野生動物や子どもが来るのは歓迎していた。ソパーは道端で子どもを呼び止めては遊んでいる様子を写生し、エニッド・ブライトンの描く子どもの冒険譚に使う挿絵を二十年の間に何百枚と描き上げた。

ソパー姉妹の家は年月を経てボロボロになっていき、4エーカーもの広さの庭は手入れもされず荒れ果てていった。ソパーは自分のアトリエをアオガラやシジュウカラと共有し、病を恐れているにもかかわらず、木の実を口移しで鳥に与えていた。

「鳥たちと家を共有する者は、身だしなみを整えることに関しては一切の希望を捨てなくてはならない。うちの椅子のほとんどはその装飾品を巣材に使われてしまった」

ソパーはそう書き記していた。そして、ソパーは自宅近くの半エーカーほどの小さな谷で、夜の長い時間をアナグマの巣の観察に費やしており、それは慰めにも苦痛にもなっていた。彼女は生き生きとしたアナグマの鉛筆画でメモ用紙を埋め尽くしていた。アナグマの絵はどれも喜びと躍動感に満ち溢れていた。そして一九五五年、『*When Badgers Wake*』（アナグマが目覚めるとき）という本を出版した。この本は「人間である私に無頓着でいてくれることもある、アナグマへの」お礼として書いたという。

アイリーン・ソパーは人間よりもアナグマとして生きたいのではないかと思えてくる。「彼女の」アナグマの巣から結構離れたところにある村で夏祭りが催された時、ソパーのアナグマウォッチングは「これまで聞いたこともないほどにやかましく不愉快な機械で増幅された、鼻声みたいな程度の低い伴奏のジャズバンド」によって台無しになったと言う。一方、アナグマの会話をしているような「ゴロゴロいう唸り声」には夢中になっていた。明らかにアナグマ国に受け入れられたときもあった。ニレの木の陰に立っていると、アナグマに取り囲まれたのだ。

「多分私は夏の夜の魔法にかかったのかもしれないし、アナグマウォッチャーはバードウォッチャーと同じように、普通の人間じゃないのかもしれない」

ソパーはこのように書いていた。

「滅多にない幸運に巡り合ったのではないかと思った。そして、アナグマという陽気な放浪者たちを引き連れた夏の夜の素敵な精霊に遭遇したのだ」

しかし、ソパーの迎えた結末は幸せなものではなかった。ソパーのアナグマの巣に、地元の農民が幾度となく毒ガスを流し込んだのだ。これは違法ではあったが、アナグマを殺すのによく使われる方法である。アナグマはミミズを掘り出すために牧草地を荒らす害獣であり、狩猟のために育てているキジの雛を食べる犯人と考えられていたのだ。ソパーのアナグマたちはすぐに殺されはしなかったが、一九五五年五月三十一日に遊んでいるアナグマの子どもを微笑ましく眺めていたのが最後となった。『*When Badgers Wake*』は以下のざっくりとした文章で締めくくられていた。

「六月一日、最後の毒ガスでアナグマは全部死んだ」

冒険家で作家のノラ・バークはアイリーン・ソパーの二年後に生まれ、一九六〇年代にサフォークの近くにある家の近くでアナグマを目撃した。そこでもアナグマは同じような目に遭わされていた。彼女はヒマラヤ山脈の小さな丘にある森で育ち、そこで父親は植民省の役人を務めていた。ナチュラリストで作家のジム・コーベットが人食い虎を退治していた時代である。バークの最初の小説が出版されたのは、彼女が二十七歳の時だった。一九七六年に死去するまで、歴史小説や恋愛ものに旅行記、それにアナグマウォッチングの話を星の数ほど書いていた。彼女のアナグマウォッチング友達の言葉を借りるなら、バークは「有能で粘り強いフィールドワーク専門のナチュラリスト」であり、バークの森林に関する知識には畏敬の念を覚えるほどだという。彼女にとっての装飾品は藪に生えている植物であり、自分の匂いを古く傷んだ葉や松の枝でごまかし、口に葉っぱをくわえて顔を隠していた。そうしないと夕暮れ時に立つ一本の木のように目立ってしまうからである。こうした積み重ねにより、とても警戒心の強い生き物でも半径数m内に入ることができた。

「私の目的は……」

バークはこう記していた。

「人間の気配が全くない時、動物はどのように暮らしているのかをこの目にすることです」

こうした純粋なスタンスにもかかわらず——他のアナグマウォッチャーたちと同じように、野生動物に餌付けすることは拒んだ——一度巣の中からしゃっくりの音が聞こえたことがあるというほど、アナグマに近づいていた。

私は『*King Todd*』(トッド王)を読み、バークに熱中した。これは彼女が「人間が侵略するまで何年にもわたり自然界の王として君臨し、森の中で燦然と輝く星そのものであった」というアナグマの物語である。バークはベリーセントエドマンズの近くにある松林で一人きりでトッドを探していると、「抗えない興奮と退屈」に襲われるという。しかし、バークの文章には退屈さを感じることはない。バークは吹きすさぶ風を「波のように木々を越え」と描写し、小枝を渡るテントウムシを「深紅の亀のような」と書いている。彼女の表現にはとても輝かしい響きがある。バークは、人間がアナグマを迫害するのは古来より続く衝動によるものであるとしている。

「敵がどこからやってくるか分からなかった有史以前から、我々の血に刻まれているものがある。それは、野生動物に対する恐怖と憎しみである」

バークはこう書いている。

ソパーとは違い、ノラ・バークはアナグマ国に逃避したりしなかった。彼女は先見の明がある多忙な批評家であり、二十世紀の後半、地方に対して助成金を送り、生垣の破壊や農業の工業化を推し進めた国の愚策を批判していたが、地元の農家に自分たちの土地の環境を保護させるようEUが働きかけ、奨励金を支給する動きが広まることも予見していた。

「収穫を最大限にするだけなら、最新の農業の手法を取り入れればいい。だが、イギリスの緑と心地いい環境を保つことを国が望んでいるなら、生垣を維持させるための報奨金を農家に支払うべきである。そしてあらゆる方向から彼らを追い詰め、圧力をかけるのをやめなくてはならない」

一九六三年、そう彼女は記していた。

「そのお金の出どころは単純だ。私やあなたの懐である」

おそらく当時よりずっと多くの大型スーパーマーケットや安価な食品が溢れているこの時代に、我々は未だにこの「不都合な真実」と格闘している。

バークが書いた通り、一九六〇年代には、イギリスの田舎で働く人びとの中にも、アナグマを生かしておくことにメリットを見出した者もあった。森林監督官たちは、針葉樹の人工林を囲うウサギ除けのフェンスにアナグマドアを設置した。頑丈に作られた25×35cmのこのアナグマドアは、猫用のドアに似ている。上部が蝶番で固定され、前後どちらからでも開くようになっている。このドアを突っ切ろうとするのはアナグマぐらいのものだ。このようなドアがあることで、アナグマはフェンスに穴をあけることなく森の中に入れるようになり、森にいるカタツムリやナメクジ、ネズミ類を食べてくれる。こうしたアナグマドアは、人間とアナグマの両方が得をする共存の仕方の良い例である。私の祖母にとっては、このドアは野生動物に与えられるべき自由の象徴でもあった。

私の祖母、ジェーン・ラトクリフは歯医者の娘であり、双子の妹、ジョーンと共にヨークシャーの工業都市で育った。まだ小さかった頃、ある夏休みの日に近くの池に一人で釣りに行ったとき、ジェーンは野生動物に魅入られた。自分でも驚いていたが、ジェーンはその時二匹のトゲウオを釣り上げていた。トゲウオの腹部は燃えるような赤を湛えており、それに感動したジェーンは、二匹を水槽で飼って巣を作る様子を眺めていた。その時から、自然はジェーンに目的意識と専門的知識、自信と逃避のための場所を与えた。どれも自分の家にはなかったものである。ジェーンの母親は豊満な身体つきであったが母性に欠けており、父親は典型的なエドワード七世時代の人間で、冷淡で厳格だが娘たちを闇雲に溺愛するときもあった。

妹のジョーンはジェーンよりも背が高く、より社交的であった。ジェーンは家庭生活の中では自分に自信が持てないでいた。七歳になった二人は、カンブリアの田舎にある寄宿学校に送られた。学校では毎週土曜日に友人たちと散策に出かけ、十歳の時には怪我をしたツバメやネズミを保護していた。ある日曜日、教会でのお祈りのあと、アマツバメが水たまりでもがいているのを見つけたジェーンは、アマツバメをダンボール箱の上に置き、その箱をオーブンのそばにある椅子の上に置いて温めた。汚れてしまったアマツバメが再び飛べるようになるには羽をまっすぐ伸ばしてあげなければならないことに気づいたジェーンは、毛先が柔らかい赤ちゃん用のブラシで背中と胸を丁寧にこすってあげた。このようなちょっとした工夫は、ジェーン特有のものだった。野生動物に対するケアとなると、本能的な直感と思い付きが働くのだ。夕暮れ時には雨は止み、ジェーンはアマツバメを外に連れ出し、空中に放り投げた。すっかり回復したアマツバメは空に飛んでいき、他のアマツバメの群れと合流していった。アマツバメたちはダーツのように庭の上空を飛んでいき、鳴き声を上げていた。

ジェーンは家政学の教師としての訓練を受け、理知的な技術者だったテディーと恋に落ちた。二人は結婚し、一九四二年に一人目の娘、スザンヌを生んだ。私の母である。それから娘がもう一人、そして息子が生まれ、ノルマンディー上陸作戦に伴いフランスとベルギーで滑走路が敷設されたあと、テディーはニュートンエイクリフの機関長になった。ジェーンは幼い子どもたちを育てるのに必死だったに違いない。ジェーンは几帳面で、エネルギーに満ち溢れていた。ただし母性はなかった、少なくとも人間に対しては。

「あの人は小さくて弱いものに対しては本当に同情的だったわ」

母はこう語る。

「まあ自分の赤ん坊は放っておいても育つけど、動物の赤ん坊はそうはいかないからね」

一九六〇年代までには子どもたちが家を出たため、ジェーンは本格的に野生動物の観察に打ち込んだ。テディーと暮らすウィラルにある家と、二人が引退後に住むために建てたレイクディストリクトのウィンダミア湖を見渡す家とを行き来しながら、時間を見つけてはアナグマや鳥を観察していた。そのうち地元では野生動物を保護し回復させているという評判が広がっていった。ジェーンは動物に対する虐待を憎んでいた。ジェーンの子どもたちは、ジェーンが王立動物虐待防止協会（RSPCA）に不当な扱いを受けている馬についての報告書を提出したのを覚えている。だがジェーンを本当に突き動かしていたのはアナグマ掘りに対する怒りであった。アナグマ掘りはジェーンにとって「嗜虐的で、不愉快で、野蛮なもの」であった。ジェーンとテディーは地元の自然保護財団でボランティアとして働き、チェシャーで二十七個のアナグマの巣を記録した。二人は夜間に食べ物を探して歩きまわるアナグマを撮影するのを楽しんでいたが、ストーク＝オン＝トレント（スタッフォードシャー北部の単一自治体）から他の町に移動するテリアのブリーダーにも監視の目を光らせていた。そのテリアはアナグマにけしかけるためのものなのだ。一九六九年から一九七一年の間に、二人が監視していたアナグマの巣のうち十五個が破壊されてしまった。そのほとんどはアナグマ掘りによるものだ。一九七三年までには、アナグマが残っている巣は二十七個のうちたった一つになってしまった。母はジェーンが怒り狂っていたのを鮮明に覚えていた。

「まだおばあちゃんがこう言っているのが耳に残ってるわ、『奴らがポッテリー（スタッフォードシャー北部の陶器の生産地）からテリアを連れてやってくる！　それが奴らの楽しみなのよ！』って」

『たのしい川べ』の出版により人々の心に感傷が芽生えはしたが、一九六〇年代、アナグマは未だに迫害の憂き目に遭っていた。高速道路が国中を駆け巡り、先祖伝来のアナグマの獣道を分断してしまった。自分たちの獣道を断固として突き進むことを選んだ多くのアナグマが死んだ。農夫たちの手により、アナグマの巣に毒ガスが違法に流し込まれた。アナグマ掘りはなくなったりはせず、むしろ地方の村の娯楽から都会のスポーツへと進化を遂げてしまった。サウスウェールズやスタッフォードシャー、ノッティンガムシャー、ヨークシャーやイングランド北部では、鉱夫たちの間でテリアやホイペット（グレイハウンドに似た犬種）やラーチャー（密猟用の猟犬の一種）を飼うのが流行した。犬は地位や名誉の象徴であり、ヴィクトリア朝時代のブリーダーのように、飼い主は自分の犬を究極の獲物――アナグマと闘わせてみたいと思っていた。鉱夫たちも、週末だろうと何時間もシャベルで穴を掘る重労働を厭わなかった。アナグマ掘りの愛好家たちは新聞を通して連絡を取り合い、広告でテリアの活躍の機会を募集していた。例えば、

「レークランド・テリア。四歳半。キツネを百五十四匹に、数え切れないほどのアナグマを仕留めた経験あり。……ホームファース、ハダーズフィールドにて」

といった具合だ。また、

「三人の聡明で経験豊富な人物が、自分たちのテリアを活躍させられるキツネ狩りやアナグマ狩りの機会を求めています。場所はイングランド北部ないしノースミッドランズを希望」

といったものもある。

とはいえ、アナグマの殺戮に反対する動きも高まりつつあった。一九六〇年代までには、ナチュラリストたちはもうアナグマに孤高の境地を見出すのではなく、アナグマに対する迫害を止めるために地元で団体を作り、みんなでアナグマウォッチングに行っていた。「The New Forest Badger Group」はその典型例といえよう。一九六五年に設立された団体で、キツネ狩

りのためにアナグマの巣を塞ぐ（キツネがアナグマの巣に逃げ込めなくするため）のを防止することがその活動内容だ。動物保護の動きがより広範にわたって勢いをつけていき、やがて州ごとに自然保護財団を作り上げていったのと同時に、こうした団体はアナグマには特別な法による保護が必要であると主張しはじめた。

議会や政府はこうした風潮に目もくれなかった。一九六〇年代、ある国会議員は、毒ガスによるアナグマの殺害を合法化する法案をも出していた。これは一九一一年の動物保護法で禁止されたはずのものである。こうしたアナグマ殺しの法案は否決されたものの、政府の高官たちは、アナグマは別に絶滅危惧種でも何でもないから保護など必要ないと主張していた。アーネスト・ニールは自伝の中で、アナグマの置かれている状況に対する人々の意識を向上させようとしていた時、ジェーンやルース・マリーというもう一人の活動家の協力がかなり大きかったと書いていた。二人とも物事をはっきり述べるタイプの女性で、ニュースやテレビの時事問題を扱う番組にアナグマ掘りや闘狢に反対するキャンペーンをかなり強引に持ち込んでいた。

ジェーンは友人を通じてフランシス・ピットと出会った。ピットとの出会いがジェーンに強い影響を与えたことははっきりしていた。ピットは作家で、シュロップシャーに大きな家を持つキツネ狩りの名人であり、しょっちゅう屋敷を訪れる、保護が必要な動物たちの世話をしていた。その動物の中には、何匹ものカワウソや、フーターという名のモリフクロウなどがいた。数年後、ジェーンは保護したフクロウにフーターという名前を付け、自身の経験を公に語り、また書くように勧めたのはピットであると公表した。それは二冊の本にまとめられた。一九七四年に『*Through the Badger Gate*』が、その五年後に『*Fly High, Run Free*』（飛べ、高く。

走れ、思いのままに）が出版された。ジェーンは多忙な講師でもあり、全国の野生動物の保護団体や婦人会に講義をし、スライドを見せたり、アナグマの鳴き声の音声を流したりもしていた。アナグマの鳴き声は夫のテディーにより集められたものだった。テディーは実務能力のある人物であり、ジェーンの情熱を支える役割に満足しているようだった。

ジェーンの仕事がイギリス北西部で知れ渡るにつれ、その地域で怪我をした動物を見つけた人たちからより多くの電話を受けるようになった。オコジョやフクロウ、チョウゲンボウが道端に横たわっているのを見て、どうすればいいのかと戸惑うのだ。ジェーンはそうした動物たちを受け入れ、近所の獣医と密接に連携しながら保護に努めた。その獣医はブライアン・コールズといい、折れてしまった鳥の翼を最先端の複雑な手術で治療した実績があった。二冊目の本のタイトルが強調しているように、ジェーンは動物には本質的な野生の生命力があると固く信じており、彼らをいつか必ず自然に帰すことを誓っていた。

一九七〇年、一見取るに足らないようでいて、ジェーンにとっては人生が変わってしまうような一大事が二十四時間のうちに二回も起こった。ロンドンを訪れて婦人会の総会に参加したことと、人生初のアナグマの仔を引き取ったことである。すっかり竦み上がっていたそのアナグマは生後四か月のメスで、大きさは痩せこけたウサギほどだった。親はおらず、二人の兄弟がいたが既に死亡しており、下痢と酷い皮膚病を患っていた。ミッドランズにあるRSPCAのセンターから、病を患ったアナグマの子どもたちを引き取って健康な状態に戻したのは、ジェーンによれば、あくまで実務的なものであってそこに特別な感情があったわけではなかったということだ。現実的で感情に動かされないというのは、祖母という人間の大きな特徴であった。そしてまた、祖母が無力な生き物に注ぐエネルギーの量は驚くべきものであり、何年も前からこの時を待っていたとばかりの看病ぶりを見せるのだ。

祖母はレイクディストリクトにある「鹿鳴荘」（Deer Close）に戻ってから、針金を正面に張った木の箱にそのアナグマの仔を入れた。箱の中には新聞や毛布が敷かれており、その箱はガレージの薄暗い隅に置かれていた。鹿鳴荘という名前が付いたのは、隣の森を隔てる石積みの壁の向こうにノロジカが見つかったからである。祖母はアナグマの仔にミルクとブドウ糖の入ったベビーフードを与えたが、それでも体重は減り続けた。色々な食べ物を試した結果、やがて子犬用のドッグフードと生肉のミンチとオヒョウの肝油のカプセルを混ぜたものに行きついた。情に流されないジェーンとしては珍しいことに、そのアナグマにはボジャーという名前が与えられていたが、ボジャーはジェーンの手からその食べ物を嚙まずに飲み込んだ。食事中、ジェーンは食器洗い用のブラシでボジャーの背中を丁寧にブラッシングした。これはボジャーを飼い慣らすためではなく、食べている間に誰かがボジャーの身体に触れても気にしないよう慣れさせるためであり、それによりざらざらとした皮膚病の治療ができるようにするためだ。最終的にはボジャーはすっかり落ち着き、ジェーンが背中に濃厚で油っこいスキンクリーム（これに匂いがないのは重要なことである。アナグマの嗅覚は鋭い）を塗っても大人しくしており、皮膚病はついに治った。これはジェーンの考える動物の看護の典型的な例であった。またある時は、ジェーンはカンムリカイツブリのために特製の靴を作り、看護している間は足を濡れた状態に保てるようにした。カンムリカイツブリは優雅な水鳥であり、その足が乾いてしまったら野生に戻るのが難しくなってしまうのだ。

ジェーンはボジャーの求めるものを先んじて与え続けた。それはもはや神経質とさえ言えるレベルだった。痛みを与えないネズミ捕りの罠を庭に仕掛け、ハタネズミを生きたままボジャーに与えていた。これによりボジャーはたんぱく質の獲り方を学んだ。野生動物保護施設の規模が拡大していったので、ジェーンはネズミを育て始めた。子どもだった私と妹はこれを喜んだ。このうちの四匹をペットとして持って帰っていいと言われた時などは特に嬉しかった。祖母はよくネズミをつがいでくれた。囲われた動物には仲間が必要だと、祖母は固く信じていた。ボジャーが療養中に一匹で寂しい思いをしないよう、祖母はオスのアナグマを探してかなりの距離を歩いた。残念なことに、そのオスはテディーの作った人工巣からさっさと逃げ出してしまった。祖母の小動物に対する細やかな献身が実を結ばなかったごく稀なケースである。

ボジャーの面倒を見るようになる前日、ロンドンを訪れた祖母は人生が変わるような出来事に遭遇した。その数か月前、ジェーンは自分が立ち上げたアナグマ掘りおよび闘猪追放キャンペーンのために、地元の婦人会支部にアナグマ問題の解決案を提出することになった。この解決案は評判を呼び、婦人会の年次総会における七つの議題のうちの一つになった。シャイで内向的なジェーンにとって、ロイヤル・アルバート・ホールに行き、七千人の会員の前でアナグマに法的保護を与える必要性について説くというのは恐ろしいことであった。家族はジェーンがここまでこぎ着けたことに驚いていたが、テディーはそれを応援し、ジェーンは気持ちを奮い立たせた。

「農作物、および園芸に明らかな損害が認められ、許可が下りた場合を除き、婦人会は一切のアナグマの殺傷を禁止する法案を推奨します」
祖母のこの動議はほぼ全会一致で可決された。祖母の発案は後々になって可決された法案と非常によく似ていた。そして、その法は今日までアナグマを守り続けている。

当時の婦人会は影響力のある団体で、五十万人以上の女性の声を代表していた。ロイヤル・アルバート・ホールで大成功を収めてから数か月後、祖母はボジャーの世話の合間に他の婦人会のグループにも話をするようになった。国会議員にアナグマを保護するための議員立法を提案する目的でロビー活動をするよう、婦人会のメンバーに働きかけていたのだ。ジェーンは記事を書いたりテレビやラジオに出たりして、政府に行動を促した。祖父母が撮ったアナグマや他の動物たちの写真はロンドンで展示された。他の多くの新米ナチュラリストたちと同じように、テディーは熱心な写真家であった。こうした努力はアナグマウォッチャーたちの繋がりと結びついた。その中には強い影響力を持つアーネスト・ニールといった専門家も含まれている。ニールは内務省で政治家と会い、行動を起こすよう説得したこともある（当時、環境問題に取り組む省庁は存在しなかった）。

一九七三年、ロビー活動はとうとう実を結び、国会はアナグマを保護するための二種類の議員立法を掲げた。一つは「単細胞」ことアラン上院議員によって考案されたものである。アフタヌーンティーの最中、アラン卿がペットとしているアナグマが膝に乗ってきたこともあるという。ニールはアラン卿をあまりよく思ってはいなかったようだが、理解はしていた。もう一つは筋金入りのアナグマウォッチャーにしてヨークシャー選出の議員ピーター・ハーディーによって考案された。彼の掲げた立法は控えめで、不法侵入罪を用いてアナグマ掘りを止めさせようというものだった。アラン卿の立法は過激すぎる、多くのアナグマ愛好家たちはそう思っていた。そして、ハーディーのものは限定され過ぎていた。ジェーンによると、実際ハーディーの法案はないほうがマシだったという。

「私は幾星霜にもわたり努力を積み重ねてきたけれど、ピーター・ハーディー氏の立法が通るぐらいならこのままでいいと強く思った」

と祖母は記していた。

議員立法の大半は法令全書に載るには程遠いものだった。だが、何度も何度も会議を重ねた結果、ハーディーは自分の立法を取り下げることに同意し、国会で議論の的になっていたアラン上院議員に道を譲った。バートン上院議員はスコットランドをこの法案の対象から外そうとしたが、結局うまくいかなかった。ある段階で、ジョージ・ブラウン上院議員がバートン上院議員に異議申し立てをしようと立ち上がったためだ。ブラウンはバートンを年老いたアナグマと呼び、もう巣に帰れと罵っていた。

議会が終わるまさにその日、ナチュラリストたちとアナグマ愛好家たちは安堵に包まれた。法案が辛くも下院を通過したのである。一九七三年のアナグマ掘り禁止法は革新的な立法であった。特定の陸上生物が法で指定され保護されたというのは英国史上初の出来事だった（ハイイロアザラシは一九一四年に保護された）。それはあらゆるアナグマに対する「残酷かつ悪意ある扱い」を否定するものであった。そのためアナグマ掘りや闘狢、およびやっとこや犬の使用は違法とされた。生きたアナグマの売却や所有、およびアナグマに石を投げつけることも違法になった。アナグマを殺してよいのは、農作物や家禽や資産に損害を与えないように、または疾病の拡大を防ぐために介入が必要であると判断できる「特別な許可を得た人間」だけだという。

この新法は当然のごとく喝采と共に迎え入れられた。一九六七年に性犯罪法を起草し、それまで違法であった同性愛を容認したアラン上院議員にとって、これは国会議員としてのキャリアを決定づけた二度の瞬間のうちの一つだった。後に彼はこの事をこうまとめている。「オカ《バガー》マ《ズ》いじめにアナグマ《バジャーズ》いじめ」を防止する試みであったと。そのアナグマ掘り禁止法も、「特別な許可を得た人間」の定義も決して完璧とは言えず、アナグマウォッチャーたちはこれが恣意的に濫用されるのではないかと懸念した。だが、これは他の野生動物保護法のモデルにもなった。さらにこれは「野生動物に対する犯罪」というカテゴリーに警察が真剣に取り組む初の試みであり、おそらく最も重要なのは、娯楽のためにアナグマを殺すことに、行政はもうこれ以上見てみぬふりはしないという明確なメッセージを発したことだろう。

私が子どもの頃、祖母は夜遅くまで野生動物の看護をしていた。あらゆる看護職において共通することだが、こうした肉体労働を要求される仕事に過度の感傷は不要なものだ。しかしジェーンは屈強で疲れ知らずで、最初に手元に置いたアナグマであるボジャーの世話を通して普段見せないような喜びぶりを見せた。ボジャーは足のずんぐりした犬と言えなくもなく、低くいなくように応じる会話と元気いっぱいの遊びでジェーンの愛情に応えた。

成長途中のアナグマは底知れぬバイタリティーを秘めている。ジェーンはボジャーを家の近くにある森で散歩させていた。視野が狭いボジャーはジェーンのかかとによく躓いていたが、鹿鳴荘の向こうの世界に少しずつ慣れていった。ジェーンはある晩、庭でボジャーが本能的にとった警戒のポーズを克明に書き記していた。

「ボジャーはその辺を走り回っていたが、突然ピタリと止まったと思ったら荒々しく鼻息を立てて、がっしりした四本の足を踏みしめてヤマアラシが針を立てるように体の毛を逆立てた。まるで白と黒の縞模様の頭が根元から突き出した大きな灰色のホコリタケみたいだった」

ジェーンとボジャーの絆は深まっていったが、ジェーンはボジャーを野に放たなければいけないと分かっていた。祖父のテディーは森と庭を隔てる壁に森林局の規格に沿ったアナグマドアを付けた。ボジャーはもうジェーンの与えた環境に慣れていたが、これで自然界に足を踏み入れることができる。子どもが家を出たばかりの母親のように、ジェーンはボジャーが心配で仕方がなかった。テディーは電気接触器をアナグマドアに設置し、装置に反応して家の階段の鈴が鳴るようにした。これによりジェーンはいつボジャーが鹿鳴荘に出入りしたかを正確に記録できるようになった。ボジャーが来た日は一日中、ジェーンは庭に掘ってある人工巣の蓋に聴診器を押し当て、呼吸音に耳を澄ませていた。ボジャーがいなかった場合は、ジェーンは大きな岩の上に座っていた。その岩は森の中の、ボジャーが自分用に掘った第二の巣のそばにある。夜間そこでボジャーが戻ってくるのを待っているのだ。

「ボジャーが周囲に危険はないか入念に確認しつつ、慎重に慎重を重ねて出てきたのを最初に見た時は本当にうれしかった。ボジャーは生まれつき自然界で必要な警戒心を持ち合わせていることがわかったし、それに人間とずっと一緒にいたにもかかわらず本来の野性を失っていなかった」

ジェーンはボジャーが自分に依存しないようにするため、パンと薄めたシロップしか与えないようにした。ボジャーにたんぱく質を自分で獲りに行かせるためだ。しかし、どうやらジェーンの方がボジャーに依存していたようだった。ジェーンはこっそりボジャーが来ていないかどうか確認していた。あらゆる入り口に砂を撒いて、ボジャーの足跡が向いている方向を見ていたのだ。ボジャーが現れなくなって六週間が経った頃、アナグマドアに設置した鈴が鳴り、祖母は庭へと急いだ。ボジャーと再会し、一瞬緊張が走った後、どんなに安心したか、祖母の文章を読めば想像に難くないだろう。ボジャーは祖母の声を認識し、靴の匂いを嗅いだ。二人の絆を埋め合わせるために。

「私たち人間は本質的にわがままで、心の深い所では、彼らがここにいて愛情に応えてくれることを切に望んでいるものだ」

『*Through the Badger Gate*』でジェーンはそう書いていた。

「アナグマのことを最優先に考えて、私心を捨ててアナグマが野生に戻ることを良しとして、自分のすべてを注いだ動物と別れるには、心の強さと勇気とを長い間ずっと保ち続けないといけない」

祖母はこの勇気を保つために傍目よりもずっと苦しんできたのではないかと思う。祖母の話を振り返って考えてみると、この小さなアナグマがぴったりと埋めてくれていた祖母の人生の空白の部分とはいったい何だったのだろうか。

子どもは何でも受け入れるものだというのはよく知られているが、私にとっての祖母、ジェーンはスリリングな存在だった。臭いガレージは死んだヒヨコでいっぱいで、檻の中にはフクロウがいて、ジェーンのスライドショーや演説はわくわくするようなものだった。私は『*Fly High, Run Free*』のペーパーバックの刊行式に立ち会ったのを覚えている。当時は出版社が田舎のホテルでパーティーを開いていた時代だった。ジェーンはテラスに立ち、話をしていた。私の記憶が間違っていなければ、ジェーンはその時、腕に治療中のフクロウを——繋いだ状態で——留まらせていたように思う。このような大人のイベントにおいて、私と妹はアナグマのように異質な存在であった。優雅なサマードレスに身を包んだご婦人たちが、私たちを見下ろすように話しかけてきた。その後、二人で弾力ある苔むした芝地の上を動物のように走り回った。私と妹に一冊ずつ、祖母の本が愛を込めて手渡された。祖母は自分の世界にしか興味はなく、肉食の鳥たちやバルー、パッフルズ、ブブーやタイニー・トウといった名前を付けたアナグマたちが野生に帰るまでに注ぐ愛情を、自分の子や孫に向けたことはなかったと知ったのは後になってからだった。

女優から動物保護運動家に転身したバージニア・マケナは、『*Fly High, Run Free*』に如才ない序文を書いていた。

「おそらくこの本の一番印象的な部分は、作者自身がそこに入っていないことでしょう。一人称視点のノンフィクションでは非常に珍しいことです」

マケナはこう書いている。

「動物たちに向けられる彼女の体力的、精神的なエネルギーといったら。そして動物たちは幸せそうにしている。本当に行動力のある人です」

一九九〇年代にアルツハイマーで長患いするまで、祖母はこれまで以上の勢いで年月を駆け抜けていった。次々にやってくる、傷つき助けを必要とするアナグマに手を差し伸べたり、自分の著作についての話をしたり、動物に対するあらゆる虐待行為の防止を訴えるキャンペーンを行ったりしていた。ジェーンは見てみぬふりをしたり過去に囚われたりすることは決してなく、小さいものに対して本能的に同情する子どものような部分があり、目的のために行動するけた外れのエネルギーを秘めていた。

だが、祖母の細やかな愛情にもかかわらず、その最初のアナグマは助からなかった。ボジャーは鹿鳴荘の巣と森の中の巣を去り、近くの荒れた丘に粗末な巣を作った。ジェーンが近隣の苔むした岩の裂け目を探し続けて数週間、ようやく見つけたものだ。ボジャーが姿を消したのは、初めて迎えた冬の半ばのことだった。アナグマドアが動くことはなく、鈴も鳴りはせず、森で新しい足跡が見つかることもなかった。ジェーンが巣穴の入り口に広げておいたシダに触れた様子はなかった。丘にはアナグマがミミズを掘った痕跡はない。ボジャーはいなくなってしまったのだ。

「あの子はもう春の楽しみも、五月の柔らかい夜の空気も知ることはないのね」

春が来ると、ジェーンは嘆き悲しんだ。

「何か月も前に、苦しみ抜いて死んでいったんだわ」

何か証拠があったわけではないが、ジェーンはボジャーが苦悶のうちに死んでいったと確信していた。地元の農家が仕掛けたモグラ捕りの罠の餌の中に誤ってストリキニーネが混入していたことが分かったのだ。その餌はアナグマの大好物、ミミズから作られていた。農家は自分の放牧地からモグラ塚を排除するつもりだった。自然に任せておけば、アナグマがモグラを食べてくれただろうに。

「人間は自分たちが仕掛けた終わりなき戦いにまたしても勝利した。自分たちの欲望と、同じ地球で暮らしている動物たちとの戦いに」

ジェーンは陰鬱な調子で書き綴っていた。

「私はあの子の死を悼んでいるけれど、あの子のおかげで私は本当に充実した、幸せな生活を送れた」

　ボジャーは亡くなったが、その後のイギリスのアナグマの展望は明るかった。一九七〇年代初頭は多くの自治体で闘狢が堂々と行われており、アナグマのハムがパブのメニューにあった。一九七三年のアナグマ掘り禁止法により、ようやく法が国民の抱いているアナグマへの感情に追いついた。後年その法が破られることは多々あったが、一つだけはっきりとした効果があった。アナグマ掘りや闘狢やその他のアナグマに対する迫害は減り、イギリスのアナグマの数は再び増え始めた。

　だが、法令全書にアナグマの保護のことが明記される頃には、アナグマとの戦いは次の局面に移っていた。アナグマは、農家や消費者の利益と真っ向から対立することとなってしまったのだ。アナグマと人間との休戦協定を揺るがしたのは、全く新しい、予想だにしないものだった。病である。

7　害獣

　本当のことを教えてあげようか？　アナグマについて書いていると言うと、こんなことを言われる。道端に転がってる死体だけどさ、あれは車に轢かれたんじゃないんだ……農家に撃たれたのさ。真偽はともかくとして、この都市伝説が広まっているということは、地方の人間にはアナグマを憎むだけの十分な理由があり、そのことが人口に膾炙しつつあるということだ。

「あいつらは好かんね、不愉快なケダモノだと思うよ」

ある農家が語ってくれた。

「この北半球ではかなり手厚く保護されてる生き物のうちに入るよ。車以外に天敵なんていやしない」

明日に希望が持てないコッツウォルズの酪農業者が肩をすくめた。

「誰もあれを害獣だなんて思いやしない、人が害獣だと思ってるのはドブネズミぐらいのもんだよ」

ある農家の妻は語った。またある人は、

「ウォルト・ディズニーが奴らを喋れるようにしてしまったのが問題なんだって、息子は言ってる」

と述べていた。

「『たのしい川べ』の罪は重い。それと『ウォーターシップ・ダウンのうさぎたち』、『バンビ』もだ」

オリバー・エドワーズはため息をついた。広い台所用テーブルの上に厳つい両手を置き、固く握りしめている。

「名犬ラッシーの映画を見てあんなに泣くのはあんたぐらいのもんだからね」

オリバーの妻、ジルはそう言った。古びた台所のかまどで猫は眠り、ジルはレンジにもたれかかっている。

「うちの牛たちが食肉処理場に送られるのは本当に辛い」

オリバーがうなずいた。その身体はまるで今しがた、わらが詰まった納屋から出てきたばかりのように汚れている。

「でも良い人生を送ったんじゃないかとは思うよ」

よく晴れたある春の日、私はサマセットへと車を走らせた。ウシ型結核の流行地域で農場を経営している人に会うためだ。オリバーの農場には深い谷があり、谷底に走る単線道路の突き当たりに古い石造りの家屋が建っていた。オリバーはエクスムーア・ヒル・ファームの三代目の経営者だ。農場は600エーカーの荒れ地であり、オリバーはそこで二百五十頭の羊と八十頭のアンガス牛の番をしている。しかしこれだけでは暮らしていけそうになかったので、オリバーとジルは労働者用のコテージを別荘に改築し、ベッド&ブレックファーストも提供している。昨今の農家は大抵そうしていた。この週末、エクスムーア・ヒル・ファームでは結婚式が催された。新婦の両親が天気を心配しながら農場内を走り回っている頃、オリバーはコルチェスターからトラックでやってきた男に最高級の肉の入った箱を売っていた。値段は140ポンドだったが、男は銀行のカードしか持っていなかった。小切手を郵送してくれ、とオリバーは言った。人を信用する性質なのだ。白髪交じりのカールがかかった髪に、いたずらっぽい笑顔。ジルは彼の妹の教育実習生時代の友人で、元々エセックス出身だったが、彼女に求婚した頃はさぞ魅力的な男だったに違いない。二人は今でも美形のカップルだ。

オリバーの農場は今、ウシ型結核のために「閉鎖」されている。これは人間やその他の恒温動物にも伝染する細菌感染症である。動物の健康に関していえば、おそらくイギリスで最も厄介な問題だろう。結核菌は口腔や鼻孔を通して体内に侵入し、血流に乗って主要な臓器へと移動する。肺や腎臓、肝臓、腸だ。青白い球状の結核結節、つまり組織障害がこれらの臓器の中で形成され、静かに、ゆっくりと死に至らしめていく。結核は初期段階では発見が困難だ。倦怠感、やつれ、発熱や慢性の咳を伴う肺炎を含む初期症状が稀に現れるぐらいだ。これは何世紀にもわたり人類を苦しめ続ける悲劇であり、未だに世界中で毎年百万人以上の人間が結核により命を落としている。

畜産の歴史におけるある時点で、ヒト型結核菌（*Mycobacterium tuberculosis*）は種を越えてウシ型結核菌（*Mycobacterium bovis*）に変異した。牛に感染する性質を持った結核菌である。一九三〇年代を通して、ヨーロッパの牛の三分の一がウシ型結核に悶え苦しむこととなった。一九三七年、エジンバラ食肉処理場では44％の牛が感染していた。イギリスでは牛乳が採れなくなり、子牛は成長する前に死んでいった。ウシ型結核は人間にも牛にも感染する病である。人間に戻ってくることもありうるのだ。イギリスでは二十世紀初頭、最高で五万人がウシ型結核に感染、そのうちの5％が命を落とした。呼気や排泄物を通して、牛はウシ型結核菌を他の動物に感染させていく。シカや猫、豚、羊、そしてアナグマなどに。アナグマはよく牛と一緒に牧草地にいて、コガネムシを探して牛糞をひっくり返したりする。結核菌は水や飼料、土の中にも潜む。ヨーロッパの大部分にウシ型結核に感染した牛がいて、牛たちはアナグマと同じところにいたにもかかわらず、ここ数十年の間に、アナグマと牛との間に強い関連性があると結論付けたのはイギリスとアイルランド共和国だけである。

農場が閉鎖されても、オリバー・エドワーズはまだ泥が撥ねたランドローバーで行き来し、羊を売り買いし、自分の土地で残った健康な牛を飼育することができた。しかし、生きた牛を農場から出すことは許されていない。オリバーの農場が閉鎖されたのは、彼が飼っている家畜のうち何頭かに、ウシ型結核の陽性反応が出たためだ。その検査はイギリス中の農場で年に一度行われる。オリバーの家畜は六十日おきに検査が行われることになった。より多くの乳牛に陽性反応が見られた場合、その牛は処分される。規制が解除されるためには、全ての牛に二回の検査を受けさせ結核菌が全くないことを証明しなくてはならない。だが、最短で百二十日以内に閉鎖の危機を脱した農家はごくわずかだ。この病気の根絶は困難を極め、二〇一〇年にはイギリス南西部の農場の四分の一近くが閉鎖に追い込まれた。サマセットやグロスターシャーでは、その割合はさらに高い。

「ほんとクソだわ」

オリバーはそう言った。軽い口調だった。

オリバーはその時既に家畜の群れを閉鎖的に育てていた。通常時でも他の動物を買い入れることなく、以前から飼っているメスの子牛や牡牛を育てていた。この隔絶した土地では、オリバーの牛たちは他の牛と接触することはなかった。

「ウシ型結核菌を持っていて、牛たちの中に入っていけるのはアナグマだけだ。俺自身や俺の小屋、俺の農舎を守ることはできるさ。ウシ型結核菌と戦うためならできる限りのことをするつもりだが、あの白黒野郎はうちの農場と隣の農場を行き来するから何もできやしない……合法的にはね」

オリバーは意味深な目つきでこちらを見た。

こうした閉鎖により農場の生産力は抑制され、かかる費用は跳ね上がった。他の多くの農家がそうしているように、オリバーもきっちりとした予定表に基づいて経営をしていた。牛たちは三月から四月にかけて仔を産み、子牛は十一月まで母牛と共に過ごす。離乳した子牛は業者に引き渡され、彼らは子牛たちを「始末」するのだ。牛たちは太らされ、屠殺される。冬はこの上なく費用がかかる時期だ。乳牛たちは牛舎で管理しなければならないし、たいてい牛舎の中は暖められている。そして、余分に餌とわらを購入しておく必要もある。オリバーの取っていた方法は、費用のかかる冬の時期に管理する乳牛の数をどれほど少なくできるかにかかっていた。だが農場が閉鎖されたので、オリバーは前年の子牛の世話をしつつ、十二月や一月、二月にかけても餌を与え続けないといけなくなった。そして現在、春になるころにはいつもの牝牛や、牝牛が産んだ新しい子牛のほかに、もう一歳になる要らない子牛たちまで抱えている状況になった。オリバーの手元にあった予算は乳牛七十頭分だったが、抱えていた乳牛は二百十頭にも上った。

「結核による規制で家族が抱えるストレスや、減っていく預金、それに仕事を続けていこうとすることへのストレスは本当にひどいもんだ」

オリバーは語る。

「限界に達してる農家もいると思うよ」

ウシ型結核の対策には、二〇一一年までの十年間に5億ポンドもの税金を必要とした。その資金は、主に病気で乳牛を失った農家への補償に充てられた。二〇一二年、イングランドやウェールズではウシ型結核のために三万七千七百五十三頭もの乳牛が殺処分された。環境・食糧・農村地域省（Ｄｅｆｒａ）の試算によると、今後十年の間にその費用は10億ポンドにも上るだろうとされている。しかし、オリバーの受け取った殺処分された乳牛一頭当たりの補償金は、閉鎖された農場が今後生み出したであろう利益分を補償するには足りなかったし、そもそも乳牛一頭一頭の本来の値段にも届いていないという。イングランドにおける補償金は乳牛や肉牛の平均市場価格にそのまま基づいて支払われていた。個々の牛が査定されることはなく（かつてウェールズではもっと公平なシステムがあったが、詐欺に悪用されてしまった）、また、痩せこけた質の悪い牛と最高級の牛の区別もされなかった。オリバーの高級な牛はそれぞれ１００ポンドにはなっただろうが、それだけの補償はされなかった。

病気は高級な牛だろうがお構いなしだ。

「いい牡牛と牝牛とを掛け合わせようと頑張ったが、全部無駄になった。一番いい牛はウシ型結核の規制にかけられてしまったよ」

オリバーは語る。

　農家たちが三代にもわたり手塩にかけて育んできた牛の血統が丸ごとなくなってしまうのは本当に胸が痛い、そうジルは言った。

「たかが生活の道具と思うかもしれないけど、牛ってのはそういうものじゃないんだよ、靴みたいな物とは違う」

ジルは続ける。

「牛ってのは品種改良の歴史の積み重なったもんなんだ、魔法でポンとできたものじゃない。優れた農家が何年もかけて生み出したものなんだよ」

「想像してみろ」

オリバーは私にこう言った。

「何年もかけてパソコンでこの本を書いたが、二つのボタンのうち一つを押さなければいけなくなった。押したのがハズレだったら本のデータは全部消去されてしまう、と。ウシ型結核っていうのはそういうものなんだ。これはどうしようもないことだ、できることなど何にもない」

オリバーは良い子牛を二年間育てて成熟させ、その牛は三歳になったら新たな子牛を産む。そして産まれた子牛が二歳になったら売却する。つまり、牛を育て始めてから最初の収入を得るまで五年かかるということだ。たった一つの検査で、ウシ型結核のためにこの五年間が水泡に帰すことがあるのだ。

ウシ型結核の検査によって農家にかかる精神的負担は大きい。

「二週間以内に自分の牛が検査される農家はカリカリしてるから、一緒にいて楽しいもんじゃないよ」

オリバーはうなずいた。

「それはホントそう、賭けてもいいさね」

ジルが台所の奥から口をはさんだ。

「検査は人間にとっても家畜にとってもストレスになる。良いことなんて何もないよ」

オリバーが付け加えた。

検査の前には毎回、牛たちはレースに駆り出される。レールが敷かれた通路の上をもみくちゃになりながら走らされ、着いた先では枠で首を固定されて全く動けない状態にさせられる。そこで、獣医たちは牛の皮膚の厚さを測定する。これはツベルクリン、ないし「皮膚」検査の最初の工程だ。牛たちには二度の皮下注射が行われる。活性化した結核菌と、鶏型結核菌が注射され、その結果が照合される。若い牛たちは不安に怯えている。時折滑って足を折ってしまう牛もいる。「牝牛たちが、『大人しくしてないとお腹の仔が死んでしまうよ』という言葉を理解してくれたらいいんだが……」とオリバーは言った。三日後、獣医たちが戻ってきて牛たちの皮膚の注射された部分をキャリパス（コンパス型の計測器）で測定する。皮膚にできた塊が二つとも同じ大きさだったら、その牛には何の問題もない。ウシ型結核菌の塊が鶏型結核菌のそれより4㎜を超す大きさだった場合、その牛は「陽性」とされる。結核検査に反応があり、ウシ型結核菌を保有している可能性があるということだ。この時点では二通りの可能性が考えられる。牛の感染は決定的であるとして移送され殺処分されるか、もしくは未確定とされる場合だ。未確定の場合は、その牛は隔離され二週間後にもう一度検査される。それでも確定しなければ、より正確な血液検査が行われるか、殺処分されてしまう。

紛らわしいことに、牛が陽性とされ殺処分された場合でも、研究所での検死の結果、最初から結核などなかったという結果が出ることがよくある。これは「偽陽性」である。獣医の検査をクリアしたから自分たちの牛は大丈夫だろうと思っている農家たちが、より警戒しなければいけない「偽陰性」というものもある。結核に感染している牛が皮膚検査に反応しないケースだ。皮膚検査は不正確で、20%の確率で感染した牛を見逃している。こうして見逃された牛たちが、牛から牛への結核感染の原因になっているのかもしれない。

壊れた銃でやるロシアンルーレットみたいだ。検査に最後まで引っかからなかったらその獣医をハグしたくなるね。オリバーはそう言った。

どうしてアナグマはこの悲劇に首を突っ込むことになったのだろう。イギリスでのウシ型結核による人間の死者は、一九三〇年代から四〇年代の間に牛乳の殺菌処理を開始したことで実質上いなくなった。次は牛から牛への感染を減らす番だ。一九三〇年代の半ばから、酪農家には自分たちの牛を病気の検査にかけることが奨励されていた。強制的な検査や、感染した動物の殺処分、そして感染した牛や検査を受けていない牛が市場に出るのを防ぐための規制が一九五〇年代に行われるようになった。こうした措置が功を奏し、戦後の酪農家経営も多角的に成長していった頃、ウシ型結核は劇的に減少していった。

そして、一九七一年の夏、グロスターシャー州、ソーンベリーの農場でアナグマの死骸が見つかった。それ自体はごく普通のことだった。アナグマは近くでよく見かけるものだったのだ。だがその区域では数年にわたり、近隣の乳牛たちがとりわけひどくウシ型結核に感染するようになっていた。地元の農家たちが疑いの目を向けたのは、*Meles meles* であった。アナグマがウシ型結核を広めている犯人なのだろうか？

そのアナグマの死骸は農漁食糧省の獣医たちにより調べられた。そして、体内からウシ型結核菌が検出された。アーネスト・ニールは「世界中のアナグマに暗雲が立ち込め出した」と書いていた。彼はこの事がすぐに「政治的問題」に移り変わっていったことに「失望」していた。アナグマとウシ型結核に繋がりがあるという可能性は新聞により広まり、BBCラジオの4チャンネルのソープオペラ『*The Archers*』（狩人たち）にも登場した。ソーンベリーで見つかったアナグマの死骸を他にも検視した結果、結核に感染していたものはもう三匹見つかったが、ほとんどの死骸に結核菌はなかった。


アナグマとウシ型結核の歴史は苦々しい皮肉に満ち溢れている。そもそもアナグマにウシ型結核を媒介したのは牛だったのだ（今もアナグマへのウシ型結核の感染は続いている）。そしてアナグマが法的な保護を受けることが決まったわずか数か月前に、ウシ型結核がアナグマの体内で発生したという奇妙な偶然が起きた。

「最初に見つかったアナグマの死骸のおかげで、結果的にアナグマ掘り禁止法が通る前よりもずっと大きな脅威にさらされることになってしまった」

一九七九年、祖母はそう書いていた。ニールと同じように、祖母は「すべての問題が根こそぎ吹き飛んでしまった」と感じていた。これと時を同じくして、ブロードキャスターであり地方人のフィル・ドラブルは、乳牛はウシ型結核といった病気に弱くなってきていると主張していた。牛乳の生産量をより増加させ、早い成長を促すことを目的とした選択的な交配により、牛の身体が弱くなっていったというのだ。

「自然は価値なきものを認めはしない」

一九七〇年代、ドラブルはそう記していた。

アナグマが乳牛にウシ型結核を感染させているという確たる証拠もないまま、農漁食糧省はウシ型結核の流行地域に生息する *Meles meles* を駆除することを決定した。

「農漁食糧省は藁にも縋る思いで魔女狩りを開始してしまった」

ドラブルはこう述べた。問題が一つあった。一九七三年のアナグマ掘り禁止法だ。一九一一年の動物保護法で巣に毒ガスを流し込むのが違法になり、新しい法の下では官僚がアナグマを罠にかけるのを推奨するのも違法になってしまったことだ。農漁食糧省の官僚たちは、農家は法に基づいてアナグマ駆除の許可を得られるようにするべきだと提案し、一九七四年にはコッツウォルズで農家たちに一番効率の良い罠の仕掛け方を実演してみせた。これに世論が強く反発したため、農漁食糧省は急遽その後のアナグマ駆除の実演を中止した。アナグマを愛するルース・マリーは、農漁食糧省とその官僚に対し、アナグマ殺害の罪で個人的に訴訟を起こした。訴訟は上手くいかなかった。アナグマは「疾病の拡大を防ぐために」合法的に駆除されたというのだ。アナグマ掘り禁止法に書かれていた重要な部分である。しかし、その判例によって締め付けが防止されないくくり罠は法的に見て非人道的であるということが立証された。

一九七五年、懲りない政府はアナグマ掘り禁止法を改正し、許可を得れば巣に毒ガスを流し込んでも良いとした。最初の駆除は、ウシ型結核に感染した乳牛のいる農場の近くにあるアナグマの巣で行われた。サイマグと呼ばれる白い粉が巣の入り口に置かれた。これは空気中の水分と結合することで有毒なシアン化水素を放出するものである。シアン化水素は巣の内部に広がり、おそらくアナグマを昏睡させてしまうのだろう。一九七〇年代、ある根絶計画がソーンベリーで実行された。そこはウシ型結核と診断されたアナグマが最初に見つかった場所である。一九七六年より以前、40マイル四方の範囲内で三十九の乳牛の群れがウシ型結核に感染していたことがあった。政府側にとって都合のいいことに、この区域はアナグマにとっても「強固な」境界線に囲まれていた。セヴァーン河口とM5である。このため、毒ガス攻撃を受けてアナグマがいなくなっても、余所のアナグマは巣が空いたことにすぐには気づかなかった。最後にウシ型結核に感染した牛は一九七七年、毒ガス攻撃が終結した一、二か月後に見つかった。

政府による最初の大規模なアナグマ駆除が行われたソーンベリーでは、乳牛に対するウシ型結核の感染率の低下が記録された。それも100%。農家たちはこの話を、徹底的なアナグマの駆除がウシ型結核のリスクを減らすことに繋がった成功例として引き合いに出した。農家たちにとっては不運なことであったが、イングランド南西部地方やウェールズでのより広範囲にわたるアナグマの駆除は、そこに住む多くの人々の怒りを買い、そしておそらくベルヌ条約に違反していたことだろう。これは、イギリスを始めとするヨーロッパ諸国に自国の野生動物を守らせる条約である。駆除が行われたこうした場所に新たに住み着いたアナグマも、遺伝的な問題を抱えていたかもしれない。こうしたアナグマは自然淘汰によって得られるはずのウシ型結核に対する免疫力を持っていないのだ。

「率直に言いますと、ソーンベリーで行われたことを称賛している人間は頭の病院に行った方が良いと思います」

クリス・チーズマンはそう言い切っていた。コッツウォルズのウッドチェスター・パークに政府のアナグマ研究所を設立した生物学者であり、二十五年にわたりアナグマの病気を研究し続けてきた人物である。

一九八二年までに、四千ものアナグマの巣にシアン化水素が流し込まれた。十年足らずの間に、アナグマを殺すのは個人の違法な娯楽から、公的な需要へと明確に変わってしまった。アナグマを殺していたのは闘犬を好むガラの悪い下層階級の人間ではなく、大学教育を受けた獣医や官僚、科学者という新しい種類の人間であった。

「毒ガス攻撃は、無力な被害者に対する大量殺戮と無差別攻撃を目的として行われる。大勢の人々はこれに本質的な嫌悪感を覚えるものだ。官僚たちに毒ガス攻撃の権限を持たせるのは危険性をはらんでいる」

ロバート・ハワードは一九八一年、『*Badgers without Bias*』(偏見なしで見るアナグマ)でこのように書いている。アナグマに対する政府の毒ガス攻撃に反対する世論の動きは急速な高まりを見せた。一九七九年の総選挙を前に、『ウェスタン・デイリー・プレス』紙は「アナグマを救おう」キャンペーンを行った(アナグマ駆除を助長する、その後の二〇一二年の姿勢とは全く対照的である)。保守党政権は毒ガス攻撃を延期し、一九八二年には国会で毒ガス攻撃の禁止が決まった。官僚たちは国防省の謎めいた研究所が行ったと言われる科学実験の噂に怯えていた。迷宮のように入り組んだアナグマの巣は、毒ガスで完全に掃討することができず、たくさんのアナグマが長引く苦痛の中でじわじわと死につつあるのではないかと。

一九七一年以降、アナグマを殺せという声はウシ型結核の感染爆発に伴って大きくなり、終息に伴って小さくなっていった。そして、アナグマとウシ型結核の関連性についての議論は一九八〇年代にはなりをひそめていった。その後、乳牛が感染した農場でアナグマが見つかった場合、許可を得た人間がそれを殺していった。これまでと異なるのは、アナグマはまず生かした状態で罠にかけられ、それから射殺されたことだ。これは毒ガス、ないし普通に射殺するよりも人道的だと考えられていた。暗闇の中では、機動性があり皮膚が分厚いアナグマを確実に仕留めるのは困難だからだ。だが、処分されるアナグマや乳牛の数があまりにも少なかったので、ろくに議論もされなかった。一九八一年までに、検査で陽性反応が出たイングランドやウェールズの乳牛は、たったの0・5%となっていた。乳牛たちの移動と検査に、より厳しい規制が課せられるようになったのが大きい。

一九八〇年代から九〇年代、そして二〇〇〇年代にかけて、アナグマの生息数は再び着実に増えていった。警察官は野生動物関連の犯罪に対する訓練を受けるようになり、積極的にアナグマ掘りや闘狢を止めようと動き出した。そして、それらの参加者も処罰されるようになった。一九九二年、アナグマの巣に対するいかなる干渉も犯罪とするアナグマ保護法が新たにできたことにより、アナグマは更に守られるようになった。政府の許可がない限り、宅地開発業者や農家はアナグマの巣を撤去したり「封鎖」したりできないようになった。さらに、それらの実行には新種の職業であるアナグマコンサルタントによる、内部のアナグマに一切の危害を及ぼさないという保証が必要だ。アナグマコンサルタントは親しみの持てる人たちだ。

アナグマ愛好家たちは、アナグマの生息数の急増ぶりを低く見積もっている。アナグマはウサギのようには個体数が増えないし、大きい巣にいるアナグマでさえ十四にも満たないだろうと強調している。そして毎年五万四、成熟したアナグマのおよそ五分の一が道路で轢き殺されていると言われている。だが、農家はアナグマの生息数は人間の手でどうにかなるものではないと固く信じている。自然保護に対する意識の高い農家であるマイケル・ドッグデールは、シュロップシャーにある自分の土地に私を案内してくれた。そこにはいつもアナグマがいるという。一九六八年、ドッグデールがそこに来たばかりのころにはアナグマの巣は一つしかなかった。しかし今では巣の数は二十二もあり、古い巣はどれほど広がっているのかもうわからないという。

「アナグマは珍しいってみんなまだ言うんだが」

ドッグデールはそう言った。彼は、アナグマが地面に巣を作る鳥やハリネズミを捕食することに憤慨していた。

「肥やしぐらいありふれてるのに」

アナグマ愛好家の主張とは異なり、農家はアナグマの数が増えたと言っているが、科学的な研究もそれを裏付けている。私がアナグマを見つけるのにこんなに苦労しているにもかかわらず。二〇一四年、Ｄｅｆｒａの出資による科学的調査によると、イングランドやウェールズだけでも七万一千六百の群れがあるということだった。ウェールズのアナグマの生息数に変化はないが、一九八〇年代以降イングランドにおける生息数は１０３％も上昇していた。二〇〇九年のスコットランド、および二〇〇八年の北アイルランドの類似の調査結果を合わせたところ、イギリス全体で八万八千六百もの群れがあるという結論に達したと研究者たちは述べている。このことは、一九九七年の国による調査で五万二百四十一の群れが見つかってからの十六年の間に、イギリスにおけるアナグマの生息数が76％も上昇したということを示している。群れの大きさはそれぞれ異なっているので、正確な数を推定するのは困難である。だが一つの群れにつき平均五匹とした場合、イギリスにおけるアナグマの生息数は四十四万二千八百五十匹ということになる。これを八匹とすれば、七十万を超えてしまう。ワイサムの森では、群れの大きさは拡大しつつあるという証拠が見つかっている。

こうしたアナグマの急激な増加は、喜ばしくも迫害が減ってきたことによるものだろう。だが、都会のアナグマの数もまた増えつつある。アナグマ研究家のティム・ローパーは、アナグマに餌をやる人間が増えたからだと教えてくれた。ワイサムにおいては、アナグマの生息数が増えた主な理由は人間による迫害が減ったからではない。クリス・ニューマンとクリスティーナ・ブエスチングはそう主張している。戦後、森のアナグマは人間に干渉されなくなったが、顕著な生息数の増加を見せたのは一九九〇年代に入ってからだという。これまでと同じようにアナグマが狩りの対象になっている南フィンランドでは、ここ十五年の間に生息数が倍になっている。アナグマたちは北へと移動を続けており、現在は北極圏にまで入ってきている。ニューマンは、アナグマの生息数の増加は気候変動によるものだろうとしている。暖冬が続いたことで、アナグマが餌を探す機会に恵まれたためだということだ。成熟したアナグマは次の年に子どもを産むが、メスの健康状態が良くなったために毎年春を越すことのできる仔はより多くなる。

アナグマの生息数増加の最後の要因は、皮肉なことに農場経営者たち自身にあった。近代化された農業は、不覚にも *Meles meles* をも育てていた。これまでなら洪水に遭っていたような土地から水気がなくなったことで、その土地にも巣が掘れるようになったのだ。夏の干ばつで多くの仔が死んでいたものだったが、セイヨウアブラナやトウモロコシがたくさんあることで食いつなげるようになった。トウモロコシは秋という一番いい時期に実をつける。その頃は冬を乗り切るために脂肪を付けなくてはならない時期なのだ。

一九八〇年代以降のアナグマの増加と、乳牛のウシ型結核の感染率のグラフを並べてみると、この二つが急激に上昇しているところがあるのがわかる。これは科学的な証拠とは程遠いが、この二つが繋がっていると信じている農家は多い。

「一九七〇年代に保護されるようになってから、アナグマはものすごい勢いで急増し出した。なんてこったろうね」

エクスムーアで、オリバー・エドワーズは台所のテーブルを挟んでそう言った。

「ウシ型結核の事は別にしても、これまで俺たちが地元民としてなんとかしていたアナグマの増加が抑えられなくなっているんだ。手に負えなくなってしまったら、奴らはハリネズミや地面に巣を作る鳥たちやマルハナバチを食ってしまうぞ。病気が蔓延してるアナグマの巣があるのは、アナグマが増えすぎたからだ。アナグマはイギリス固有の動物で、地方の一部でもあるんだ。アナグマが苦しんでるのは残念なことだとも思ってるよ。個体数が減りさえすれば、たくさんのアナグマが健康でいられるんだ」

ほとんどの農家は乳牛にウシ型結核を広めているのはアナグマであり、病気が再び流行し始めたのもアナグマの生息数の増加が原因だと信じて疑っていない。私の祖母と、一九七〇年代におけるアナグマ愛好家たちは、アナグマたちがスケープゴートにされていると思っていた。現在まで続いている Badger Trust（アナグマ財団）も含む、アナグマをこよなく愛する人間たちは未だにこう主張している。アナグマがウシ型結核の感染を拡大させている張本人だというのは、極端に誇張された事実だと。どちらが正しいのだろうか？　農家が初めに信じた、アナグマの数が増えているということは科学による裏付けがされているが、もう一つの、アナグマがウシ型結核を広めているということについての裏付けはない。ウッドチェスター・パークにあるクリス・チーズマンのチームが長期にわたって集め続けたデータによると、アナグマの生息密度とウシ型結核の流行には何の繋がりもないという。ウシ型結核の感染率は、アナグマの生息密度が高まり、停滞し、やがて低くなっていく動きとは全く無関係に変動していた。

ウシ型結核を牛に感染させているのは別の牛である可能性が一番高い。アナグマがいないはずのマン島の牛たちも、ウシ型結核に感染した。にもかかわらず、「自然界における」ウシ型結核の感染源として最も疑い深いのはアナグマであるという科学的証拠が、今なお存在している。ジョン・クレブズ上院議員は優れた動物学者で、アナグマ天国であるワイサムの森の外にある研究所の名前は彼にちなんだものだ。一九九六年、彼は乳牛とアナグマにおけるウシ型結核の証拠に関する独立した審査を主導していた。ジョンは「ほとんどの証拠は因果関係を立証するものではなく相関関係による間接的なものでしかない」と認めてはいるが、アナグマが乳牛の「主たる」感染源であるということを全ての証拠が示していると結論付けていた。こういった論法は今日でもよく使われる。

二〇一二年に北アイルランドで行われた二十六頭の牛と四匹のアナグマから検出されたバクテリアの遺伝子研究により、乳牛とアナグマの間でウシ型結核が伝染しているという最も直接的な証拠が出てきた。研究者たちはウシ型結核菌が動物から動物に伝染する際の変異の過程を追っていたが、アナグマと、近くの農場の乳牛の中に「まぎれもなく同じ」タイプの菌が見つかった。その研究では感染のルートを確証することはできなかったが――乳牛からアナグマなのか、アナグマから乳牛なのか――研究者たちは確信している。アナグマが乳牛に感染させるのであり、逆もまたしかりであると。

「本音を言うと、アナグマは乳牛のウシ型結核の伝染に一枚噛んでいるのだと信じて疑っていません」

クリス・チーズマンはそう言った。

「アナグマを排除すれば、乳牛のウシ型結核の感染拡大の勢いを弱めることができるでしょう」

ウシ型結核は野生動物の「病原巣」に存在し、一定の間隔を置いて乳牛に二次感染するものとして知られている。群れごと根絶したとしても病気は再発するし、流行地域、主にイングランド南西部地方で今も見つかっている。研究により、ウシ型結核には異なる遺伝子を持った菌株、言うなればスポリゴタイプが見つかった。そして数十年が経過しても、こうした菌株は特定の地域と関連付けられる。ある種の結核菌はデボンで、また別の種はグロスターシャーに集中し、さらに別の種はコーンウォールで見つかっている。ウシ型結核が牛から牛にしか伝染しないとしたら、こうしたスポリゴタイプの病原菌はあっという間に混ざりあっていたはずである。現代における農業では乳牛の通商が盛んに行われるからだ。そして、スコットランドやヨークシャーのようなウシ型結核とはほとんど無縁な地域でも、ウシ型結核が見られていたことだろう。

病原巣があるという説を裏付けているのは、イギリス国外での話だ。ニュージーランドでは、オポッサムがウシ型結核の病原巣であり、カナダではバイソンがそうだ。ウシ型結核を保菌している野生動物は多いが、科学的な研究によると、アナグマほどはっきりと乳牛に伝染させている動物はいないという。アナグマの感染率が比較的高いのは牧草地に現れて牛に遭遇する機会があまりにも多いためである。最も広範囲にわたる野生動物における結核の再調査で判明したのは、理論上では、アナグマに匹敵する脅威となるのはアカシカやダマジカだけだということだ。どちらも感染率が高く、地方で乳牛に出くわす可能性が高い。だが実際は、過去にウシ型結核に感染した乳牛の分布を説明できるほどアカシカもダマジカも数が多くないし、あちこちに住んでいるわけでもない。

しかし、クリス・チーズマンと他の研究者たちにとってはまだ重要な疑問が残っている。アナグマが乳牛に結核を移したケースはどれぐらいなのだろうか。獣医学から疫学まで、学会における様々な部門が何十年にもわたり研究を続けてきたが、はっきりとした答えを出すことのできた研究者はいない。

「だいたい平均30％ぐらいだというのが最先端の専門家の意見です」

チーズマンはそう言った。ティム・ローパーもこれに賛成だが、一番精度の高い試算でも信じられないほど幅が広いと言っていた。「15〜75％です」彼は渋い顔をしていた。

一九九八年、データが採られた最後の年には、アナグマの死体の23％からウシ型結核菌が見つかった。だが、結核に感染したすべてのアナグマがそれを媒介するわけではない。結核の伝染を科学的に証明する最善の方法は、病原菌を研究所で培養し、どのように広がるかを確認することである。ローパーはこのように言っている。

「これがネズミであれば研究所にいる二百匹のネズミで実験を行い、数週間以内に結果を得ることができるだろう」

だが牛やアナグマは実験用のネズミと同じようにはいかない。

アナグマとウシ型結核の科学的調査で最大のものは、一九九八年にクレブズ上院議員によって推奨された「無作為抽出によるアナグマ駆除実験」（ＲＢＣＴ）と並行して行われた。七年にわたり政府が資金を提供したこの事業では、４９００万ポンドをかけて一万九百七十九匹のアナグマが処分された。アナグマを殺すのは、乳牛のウシ型結核感染を減らすのに効果があるのか確かめるためである。より小規模な、科学とは無関係の殺処分とは異なり、ＲＢＣＴはアナグマを殺したことにより乳牛の結核感染を減らせたという文句なしの証拠を出すことはできなかった。せいぜいこの殺処分で乳牛のウシ型結核の感染リスクが九年間にわたり12〜16％減ったことが分かったぐらいだった。当時の労働党政権は、ジョン・ボーンの勧告に注意深く耳を傾けた。彼はRBCTを主導した研究者であり、アナグマの殺処分はウシ型結核を抑制するのに「何の役にも立っていない」と提唱していた。労働党から取って代わった連立政権は二〇一〇年、これと同じ実験から真逆の見解を示した。理解に苦しむ話だ。こうして、イギリスの地方で再びアナグマが殺処分されるようになった。

数か月前、「農家によるもの」と思われる殺処分が、ウシ型結核の流行地域であるサマセットやグロスターシャーで行われようとしていた。私が話をしたほとんどの農家は、理想的な解決方法は自分たちでアナグマの数をコントロールできるようにすることだと言っていた。引退した酪農業者、エヴァン・トーマスはその典型だ。彼はカーマーゼンシャーの出身で、ウシ型結核が流行し、収束し、また再び流行する様子を目の当たりにしてきた。自分のところに結核が直撃したら、巣に毒ガスを流し込んだり、くくり罠を仕掛けたり（アイルランドのアナグマ駆除業者たちが使っている罠で、駆除対象外の生物を逃がすことができる）、一匹一匹撃ち殺すなど、農家は自分の土地のアナグマの数を各自でコントロールできるようにした方が良い。キツネの数は今でもそんな風にコントロールし続けているのに。そう彼は主張していた。また別の農家は簡潔に述べていた。

「法的な保護を剝奪しろ」

そして、感情に任せてこのように話していた。

「剝奪するだけならタダだろ。農家だって別に一晩中アナグマを撃ちに行ったりはしないんだ。

俺たちにそんな時間はないし、夕方になったらクタクタに疲れてるんだから」

農家はみんながみんなそう思っているわけではない。昔ながらの農家たちが「にわか」と呼んでいる、都会から来たよりよい生活を求めて農家に転職した人たちもたくさんおり、そうした人たちがアナグマの駆除を好まないのはもちろんだ。だが「本職の」農家のなかにも、アナグマが殺されるのを嫌う者たちがいる。

デイビッド、およびパッツィー・マレットはウシ型結核の中心地、ダートムーアの片隅に進出し、160エーカーの土地を所有している。彼らはそこで食肉用の牛を育てており、八十頭の牝牛と二頭の牡牛、三百頭の交配用の雌羊を飼育している。私が出会ってきた他の多くの農家たちと同じように、二人は普通の人よりも満ち足りた生活をしているが、限界ギリギリまで頑張っているように見えた。風通しの良い納屋のような家屋に住み、その台所は綺麗で、家じゅうどの窓からも原野を見渡すことができた。二人には余裕あるスペースときれいな空気があり、自宅とその敷地内で働いていたが、仕事内容は、土地に根差していない我々の仕事以上にずっと過酷であった。

三代目の農家であるデイビッドは、小柄で活発な男性で、赤い作業着に身を包み母羊や子羊の間をせわしなく行き来していた。羊が仔を産む時期は一年で最も忙しい時期であり、マレット夫妻は屋外で仔を産ませていた。これは屋内で産ませるよりも難しいことである。デイビッドの妻であるパッツィーは、快活で、素直な女性だった。私は彼女のような農家の妻を他に見たことがない。彼女は幼い娘のソフィーを連れて、ケンブリッジシャーからイングランド南西部地方にやってきた、美しい金髪の女性だった。ある日、彼女はデイビッドが隣人の土地にいるのを見かけた。「あれは誰かしら？」彼女は思った。それから二人は結ばれた。ソフィーは今大学に通っている。

デイビッドの父親が言うには、「満ち足りている農家がいたら、撃ち殺してやればいい。そいつは他のみんなをイラつかせるだけなんだから」だそうだ。デイビッドとパッツィーも完璧には満たされてはいなかった。現在結核のために農場を閉鎖させられてしまっていたのだ。にもかかわらず、「上手くやっている」と言っている。中国がイギリスの牛肉を大量に購入しており、市場価格が高騰しているのだ。農家たちは不景気と戦争の間は儲かるように仕組まれているのだ。

マレット夫妻が結核検査で経験した緊張状態は、他の農家すべてが感じていたそれと同じだった。

「この検査に意味なんてないのです。私たちの牛は処分されましたが、陽性が出たわけではありません」

パッツィーはそう言った。

「今回のことで私たちは大打撃を受けました。苛立たしいことであり、許されていいことではありません。私たちは、自分たちの牛を、結核に感染していたわけでもないのに殺され、補償金を手に入れました。もはや血に濡れたお金と言っていいでしょう。ただでさえきつい仕事がさらにきつくなってしまいます」

結核の直撃を受けた農家たちはみな同じ不満を抱えていたが、マレット夫妻は真逆の結論に到達していた。

「私たちは自然と共に仕事をしていかなくてはいけません。ある動物を悪者にするのは自分の仕事を省みるよりも簡単なことですから」

パッツィーはそう言った。

「食肉や牛乳を生産するために大量の野生動物を殺すのは、倫理道徳に反することです」

アナグマはマレット夫妻の所有地に住み、ガガンボの幼虫を求めて草を根こそぎ掘り起こして牧場にダメージを与えてきた。

「私たちはアナグマが可愛いから駆除に反対しているわけではありません」

パッツィーはそう語る。

「私は野生のアナグマを抱っこしたいわけでも、ハリネズミになりたいわけでもありませんが、アナグマを悪者扱いするつもりもありません。アナグマにはアナグマの、私たちには私たちの生活があります。互いに協力できるようにならなければなりません。我々はウシ型結核を制御する必要があります、それも正しい方向に」

マレット夫妻は、目に見えて上昇しているアナグマの生息数については懸念してはいなかった。デイビッドは語る。

「私たちが共に暮らせるすべての野生動物と同じように、アナグマもウシ型結核を拡散させます。それはシカでもウサギでも牛でも同じことです。ウシ型結核の侵入経路は山ほどあります」

自然界は自力で自身の調節を行っている、そうパッツィーは述べた。動物の生息数は餌の多寡によって決まり、農家は運命のいたずらに生活がかかっている。マレット夫妻は自分たちの土地に入ってきたキツネを生かしておいているが、それで羊たちが脅かされたことはない。パッツィー曰く、健全な羊たちは仔を守るそうだ、それが自分の仔でなかったとしても。父性溢れる良い農家は、飼っている家畜に目を配り、家畜と捕食者の両方を守っていた。マレット夫妻は、原野に転がる羊の死体を片付けている暇などない農家がいることも知っていた。死体を放っておけば直ちにキツネの害に悩まされるだろう。農家の多くは夜間にキツネを撃っている。そうすると、今度はウサギの数が爆発的に増える。そして牧草地はかじりつくされてしまうのだ。「ランピング」（強い光で動物の目をくらませる狩りの方法）は、夜中にウサギを撃つスポーツだ。ウサギの死体は多くの場合そのまま放置され、キツネの餌となる。パッツィーは言う。

「餌の供給というのは、食物連鎖です。デイビッドとお義父さんの牧場でそのことを学びました」

　私はマレット夫妻のような農家はごくごく少数派だと思っていた。だがマレット夫妻は、アナグマを射殺することの正当性に内心疑問を抱いている農家は、相当数に上ると信じている。みな自分たちの村の中で広まっている意見、ないしアナグマ駆除に大賛成している全国農業者組合の意向に背くことを恐れて口に出せないでいるのだ。パッツィーは、「田舎の愚鈍なアナグマ駆除業者」に「心底恩着せがましく」アナグマ殺しのゴーサインを出していた連立政権は、アナグマを駆除することが「地方における票の獲得」につながると考えていたのだろうと語る。デイビッドはこれにより農家が世間の反感を買うことになるのではないかと恐れている。

「費用が掛かり過ぎるし、世間はそのための援助は一切してくれそうにない」

デイビッドはそう言っている。

「ビジネス的に見ても良くないことです」

パッツィーが付け加えた。アナグマ駆除によって、イギリスの畜産は反道徳的な営みになってしまうと。

「私たちはヨーロッパでも屈指の社会保障を受けていますが、これでアナグマの駆除を行えと言うのです」

その他のアナグマ駆除反対派は、ウシ型結核は言われているほど畜産の障害になるのかということを疑問視している。二〇一二年にイギリスで殺処分された牛の数は二〇一一年よりも10・2％上昇している。このうちの5・7％は結核検査によるものだが、国中の八百三十万頭のうちでみればほんのわずかなものである。人間に対する健康被害のリスクはほとんどないと言っていい。イギリスにおける結核患者のうち、ウシ型結核の患者は1％以下という状況が続いている。ウシ型結核で殺処分されている牛の数は、早死にしたイギリスの牛の全体数でみればごくごく小さな割合である。ある畜産における産業調査で二万頭の乳牛を調査した結果、二〇一一年における牛の殺処分の主な理由は、牛が妊娠しなかったから（24・88％）であり、次に高いのが乳房炎、または体細胞の異常な増加である（牛乳の質が低いという指標であり、これは17・64％に上る）。足が動かなくなったとか、年齢、乳房の問題、出産の際の負傷、事故、そして「農場での死亡」という一般的なカテゴリーに入る数々の死因の方が、「感染症」による死より、早死にの原因としてはずっと多かった。調査ではウシ型結核やウイルス性の下痢といったその他の「感染症」は、乳牛の死亡原因全体の3・23％しか占めていなかった。二〇一二年、イギリス乳牛動向管理団体は、原因不明の死に方をしている成熟した乳牛は、毎年二十四万頭に上ると記した。

アナグマ駆除に関しておそらく最も興味深いのは、議論がかなり分かれているということだ。野生動物の数を実際にコントロールすることに何も感じていない国は多いだろう。必要とあれば銃を使ってでも。私は両陣営に似た質問をぶつけてみたかった。病気を抑制するために、ごく少数の農家が比較的少ない数のアナグマを撃とうとしていることに対して、なぜそんなにも気にかけるのか？　徹底的な科学的調査の結果のほとんどが、アナグマの駆除により減らせる乳牛の結核感染率は12〜16％しかないと言っているのに、なぜアナグマ駆除の許可が下りるかどうかをそんなにも気にするのか？

地方の実態に即していない組合によるアナグマ駆除に反感を持っている農家は多い。

「ロンドンやブリストルにいる人間に地方のことが分かるか？」

サマセットの農家であるニック・リーの父、マイケル・リーはそう言った。

「世間はこう思ってるみたいだ、俺たちが農場経営を止めるのは素晴らしいことだと」

ウェールズの年老いた酪農業者、エヴァン・トーマスは語る。

「自然をそのままにしておいたらめちゃくちゃになってしまうだけなのに」

この世代は現代人の自然に対する考え方に困惑している。

「ちょっと前までは大きなお屋敷には大抵森番がいて、肉食動物が近寄らないようにしていたもんだ」

マイケルが振り返る。

「アナグマにイタチ、テンやキツネが塀に吊るされてたよ。森番は自分の職を守らないといけないし、雇い主もその動物たちを見て、『いい仕事ぶりだ』って思うからね」

当時は夜明けのコーラスで何も聞こえないぐらいだった。たくさんの鳥が歌っていた。今ではもう、それがない。

「全部肉食獣が保護されるようになったからだよ」

マイケルの妻、フィリスが付け加えた。首を振りながら。しかし農家たちの記憶に残っている地方と「害獣」に対する接し方は、森番が支配していた頃のごくごく短い歴史の産物である。現代人の肉食獣に対する甘い姿勢も、現代特有のものであるように。我々が認識する地方の現実、そして、人間と共に生きることを許された動物と許されない動物、これらはやがて確実に変わっていくことだろう。

農家たちは病気を抑制し生活を守るためにアナグマを撃つ必要があると主張している。アナグマ駆除によりウシ型結核の蔓延が12~16%減ったというのは控えめな言い方にも聞こえるが、これが問題となるのは利鞘がごくわずかしかなく、結核による殺処分の補償金が損失を補塡しきれていない場合だ。ナチュラリストかつブロードキャスターであり、学生時代五年間にわたりアナグマについて学んできたクリス・パッカムと話をしたとき、彼は駆除の効果には懐疑的であったが、農家に圧力がかかっているということを強調していた。スーパーマーケットの進出は物価にこれまでにないほど大きな影響を与えた。労働はさらに過酷なものになった。そこにウシ型結核がとどめを刺した。

「田舎の経済圏は生活が困難なところになってしまった。私たちは何もしない。私たちは安価な食べ物を求め、物を買うのは海外からだ」

彼はこう言った。

「我々がもっと自国の農家から物を買い、他のヨーロッパ諸国もそうすれば、こうした問題も少しはましになるだろう」

エヴァン・トーマスは長期的な見方を示している。政治家たちが新興しつつある工業都市への食糧供給を優先することを選び、穀物法が廃止された一八四六年以来、イギリスの政府が農家を大切にすることはなかったと彼は思っていた。二度の世界大戦の時代は別として。大英帝国が最盛期を迎えたのは、安価な穀物が輸入されるようになった時代だった。

「それによりイギリスは強大になった。経営者は、自国で生産された食物を買えるだけのまともな賃金を労働者に与えなくなった。海外からもっと安価な食物が手に入るからだ」

トーマスはこう述べた。そして今なお食物は安いままだと、彼は言う。

「全体の30％を無駄にする余裕がある。これが食物の安価さを計る目安の一つだ」

そうだとしても、アナグマを殺したいという欲求は単に経済的な問題というより本能的なものに近いように思える。政治的な観点において、農家は権力者たちに無視され、愛されず、信用されていないように感じてきた。政府の規制と生き馬の目を抜くグローバル経済によって自分たちの権限と独立性を剝奪されていた。良くて彼らの仕事は我々の目には見えないようになっていたぐらいで、下手をすると無知で愚かな田舎者として嘲笑の的になる。アナグマ駆除は、政府が彼らにほんの少しだけ自主性を返還した稀有な例だ。その土地で働く人間に銃を与え、必要だと思ったらやると良い、君たちのことは信頼している。そう言ってのけたのだ。

結局は、二つの質問——多数派であるアナグマ愛好家は、なぜごくありふれているアナグマを保護しようとしているのか？　そしてアナグマを殺すことで自分たちの問題が解決すると信じている農家の根拠はどこにあるのか？——に対する答えの一部は、その土地で働く人間とそうでない人間とを隔てる亀裂の中にあるのだ。

農家のものの見方は他とは異なる。グレート・ウェスタン鉄道のロンドンへと続く線路は、サマセットの牧場が織りなす絵に描いたような緑のパッチワークを抜けていく。多くの乗客がこの美しさに魅了されてきた。

「ロンドン行の電車に乗って思うのは、あんまり動物が見当たらないとか、乾燥してるなぁとか、あの小麦にはもう少し肥料を与えた方がいいなとかそんなことだ」

オリバーはそう述べた。彼を見ていると、一九六九年にロナルド・ブライスがサフォークの村を描いた『*Akenfield*』（エイケンフィールド）に出てくる教師が頭をよぎった。その教師は、そこに昔から住んでいる村人がどれだけ自然と共に生きてきたかということについて語っていた。

「みんな歩いてるだけで全てを見通せるんだ。あんまり遠くに行かないから、狭い場所の隅々にまで目が行くようになってる。みんな言うんだ。今年は豆がなる位置がちょっと高いな、とか」

パッツィー・マレットは、私たちの地方に対する無知について似たような指摘をしていた。

「農場を見てすごいと思っても、実際にそこで働くことの大変さは分かりません」

彼女はそう語る。その土地で働いていない人間が農場や生垣を見たところで、そこにあるものを本当に認識することはできない。地方とは我々にとって避難場所であり、遊び場でもあるのだ。私たちはもはや、青々とした草が生い茂る牧草地、もしくは雑草だらけの放棄地に費やされた資金や労働力について考えもしない。カラスやアナグマの対策にどれだけのコストがかかっているのか、顧みることもない。田舎暮らしを美化していると言うより、農場に関わる言葉を失ってしまったと言うべきだろう。我々は地方に憧憬を抱き、知ったような気になっているが、地方というのは量子力学や国際銀行の仕組みのように複雑で分かりにくいものなのだ。

人々が地方を離れ、田舎暮らしに対する理解を失ってしまって百五十年が経つが、私が話をした農家たちはここ二十年ほどでより力強くなったように感じた。

「フランス人は土地と食料の繋がりをずっと保ってきたんだよ」

ジル・エドワーズはそう言った。

「大体ほとんどのフランス人は、地方に親戚がいる。フランスじゃイギリスみたいに都会と地方の人間が分断されてはいないんじゃないかな」

パッツィー・マレットは農家に嫁いでから二十年の間にこの土地で働く人間がだいぶ減ってきていることに気づいた。収穫期には、出稼ぎで手伝いに来てくれた人たちのために昼食を用意していたものだった。

「もうみんな面倒くさいことはしたがらないんです」

彼女はそう述べた。農場での季節ごとの仕事はポーランド人やポルトガル人、リトアニア人の労働者たちの領分だった。

「人々は自分たちに都合良く小分けされた地方を求めているのです」

パッツィーはこのように考えていると言う。

「みんな郵便番号が地方を指しているから自分たちは地方にいると思っているんです」

ぐうの音も出なかった。私が訪ねた農場や腰を下ろした台所は、私にとって理想の天国だった。私は地方の景色や音、匂いが大好きだった。だが私は、自身の五感を楽しませるためにやってきた観光客に過ぎなかった。私はこの土地で実際に働いたわけではないし、住み着いたわけでもない。

「可哀想に、何て重荷を背負わされて……」

ある農家の妻が言った。自分の農場を継ぐ子どもたちを憐れんでいるのだ。私と自然界との間には深い溝があり、自然について書こうとするたびにそのことがひしひしと感じられた。私の自然界の描写は十九世紀のジョン・クレアや、二十世紀のヘンリー・ウィリアムソンのそれのように、自然との近しい交わりと深い知見が見て取れるようなものでは決してないだろう。二人はプロの作家でありながら農場を購入し、様々なことから逃避して地方に隠遁していた。私は人と交わらない、疎外された人間の一人だった。私には、本物の地方人みたいにアナグマを見ることができなかった。

8　ハッカ飴

サマセットやシュロップシャー、デボンやウェールズのようなアナグマの生息地で探しても駄目だったのに、ウェストミッドランズの運河沿いなどは全くもって見当違いなのではないかと思える。だが、オフィスで共に働く私の同僚、ジュリア・カミンスキーと、そのパートナーのミックは、土曜の夜を返上してまで私をある場所に連れていってくれた。ウルヴァーハンプトンの運河沿いにある乾ききった峡谷である。私は、野生下のアナグマを見るためには専門家の案内が必要だと確信していた。私のガールフレンド、リサとの約束が来週末に延期になり、長々と文句を言われることになったとしてもだ。

昨年のある夜、ジュリアとミックの友人、アンディが仕事の帰り道に運河の曳船道を歩いていると、アナグマに遭遇した。近くにアナグマの巣があるのではないかと考えたアンディは、とうとう大きく広がったアナグマの巣を発見した。その巣はなぜか開発の手を免れたごくごくわずかな面積の土地に掘られていた。最初にアナグマが現れた時点で、それは別にありえないことではなくなっていた。アナグマはイギリス中の運河の土手のあちこちに穴を掘っている。これはアナグマにとっても運河にとっても危険なことだ。私はかつてバーミンガムのグランド・ユニオン運河から上がれなくなったアナグマを見たことがある。ずぶ濡れになったそのアナグマは動物病院に担ぎ込まれたが、私はその後わらの山の下で縮こまったアナグマが回復していく様子を見届けた。運河沿いにいるアナグマはジャニ・ハウカーの作品、『はしけのアナグマ』の中で永遠に生き続けることになった。それは繊細な子どもたちの物語であり、少女が変わり者の老女、ミス・ブレイディーと友人になる話である。老女は船に住み、「甲板を跳ね回って、小さな馬がえずいたり鼻を鳴らしていないないているような音を立てている」、太ったクマにそっくりなアナグマを飼っている。

私は普段同僚たちがオフィスで仕事をしている所しか見ていないので、彼女らの職場以外でのリラックスした一面が見られるのはとても楽しいことだ。ジュリアは魅力的で年齢を感じさせない女性で、プライベートでは動物たちに情熱を傾けている。彼女はアニマルレスキューセンターでボランティアをしながら、ミックと同居していた。ミックは重工業地帯の出身で、歯に衣着せないところもある楽しい人間だ。美しい野生動物の写真が天井から吊るされているコテージに住んでいる。彼はバードウォッチャーで、あれを見たこれを見たと鳥のリストにチェックを入れるのをやめるべきだと主張しているが、自分たちの庭に来る五十三種類もの鳥の写真を撮るのは認めていた。

我々は八時過ぎに運河のそばに車を停めた。太陽が、二戸建ての家々と、市民菜園と、きっちりと草が刈られた運動場のある一九六〇年代の学校の後ろに沈みかけた頃、二羽のズグロムシクイが藪の中に入っていった。アナグマのホットスポットであると言われているその場所は、ブラックソーン（北米原産の、桜によく似た花をつける低木）とサンザシとニワトコの茂みが生い茂る急な峡谷であった。

運河沿いに生えている大きなブナと巨大なトネリコが、こちらを見下ろしていた。その木の葉っぱの下には草がほとんど生えておらず、積み重ねられたレンガと、古いペットボトルが転がっていた。若者たちがたき火をしていた証だ。峡谷の底には曲がりくねった道があり、夕暮れ時に犬を散歩させる人たちによってできたいわゆる獣道のようなものだ。その場所は人の手がよく入っており、自然の場所ではない。そしてこの急勾配の土手にはいたるところにアナグマの掘った穴がある。

我々は日の光が差す中、峡谷の縁の上を誰にも見つからないように歩いた。八時を数分ほど過ぎたころである。少しの間、我々の作戦はずいぶんいい加減なものだと思っていた。ミックが静かに姿を消した。そして十分後に戻ってきて、我々をブラックソーンの茂みに連れていった。そこではツグミがけたたましく三拍子を繰り返していた。

バーミンガム近辺の重工業地帯に生息する活動的なアナグマは、峡谷の縁に入り口を五つ作っていた。どの穴の周辺の土もアナグマが出入りする際にすり減り、穴を中心とするクレーターが出来ていた。むき出しになった土はバラ色をしており、風で切り裂かれた若葉が散らばっていた。桃色の地面にゴミが散らばっているようだった。幸運にも、我々の匂いが土手の巣に届かないよう風が吹き飛ばしてくれていたので、我々は巣の上方で身をかがめて待っていた。寝ずの番になるだろうと思われた。雹のような音がしたと思って辺りを見まわすと、ミックがピーナッツの入った袋に手を入れ、巣の方にピーナッツを放り投げていた。夕暮れ時から真っ暗になるまでの間に沸き起こる「地方特有の安らぎという感覚」というものを書いたアイリーン・ソパーが、目をつけたアナグマをピーナッツでおびき寄せていたことを思い出した。ソパーの匂いはアナグマの中で「珍味への欲求」と結びつき、手から餌を食べさせることに成功したのだった。

「あれを初めて見たらきっと大声出すわよ」

ジュリアが警告した。

「みんなそうだもの」

我々のいた場所は視界が開けていた。峡谷のてっぺんにいるということは、アナグマを見下ろしているということだった。穏やかな時間の中、高級な双眼鏡を手にウォッチャー仲間と座っているのは、私の孤独なアナグマ探求の旅とはだいぶ違っていた。夜中一人でいるときの陶然とした情趣には欠けるが、愉快な気分だった。そこは陰気な木陰であり、陽は今しがた沈んだところだったが。これまで私はもっと夜が更けてからアナグマウォッチングに出かけていたが、それでは遅すぎたということに気づいた。

五分後、ジュリアが指をさした。みな彼女の視線を追った。だがただ葉っぱが動いていただけで、思い過ごしであった。

車が幹線道路をのんびりと進み、二羽のクロウタドリが夕暮れ時の歌を止め、澄んだ歌声はピーチクパーチクとやかましい鳴き声に変わった。この二羽は南国のオウムのような金切り声を上げながら戦いを始めた。羽をはためかせながら気取って歩くオスにはよくあることだ。アナグマはクロウタドリの警戒声を気に留めただろうか？　私たちの居所を暴露されてしまっただろうか？　峡谷の底で、犬が木々の間を逍遥していた。姿は見えないがどこかに飼い主がいるのだろう。私はアナグマを目にする希望を静かに諦めた。人間に飼われた犬は、この土地のアナグマが唯一恐れるものだ。

　その後すぐ、私たちのいるところから二番目に近いクレーターの中心から、何か白いものが指人形のように突き出たのに気付いた。それは数秒の間、上下に動いていた。そして、さらに出てきた。紛うことなきアナグマの小さな鼻だった。私は声を上げたいのをこらえ、ジュリアとミックの方を振り向いた。二人は双眼鏡の焦点をその穴に合わせていた。しばらく鼻を上下させた後、二つのビーズみたいな目と細い顔が出てきた。アナグマがその全身を現したのは、日没から十五分経ってからだった。むき出しの地面に鼻をふんふんふんと押し当て、何かを探していた。

　アナグマが立ち止まった。夜行性の動物特有の近眼で、こちらを睨んでいるように見えた。立派なオスだった。背中から伸びた二本の黒い縞が、小さな耳とニワトコの実のような目の上に走り、鼻孔の手前で下に回って口元に届いていた。この縞模様は私が思っていたよりもずっと自己主張が強く、際立っており、シマウマのようにエキゾチックで、ハッカ飴（イギリスのハッカ飴は白黒の縞模様が特徴）のように鮮やかであった。そのアナグマはハンサムで目立つ顔をしており、俺を見ろと言わんばかりだった。その黒灰色の毛皮はふさふさしており、まるでサロンで乾かしてきたばかりのようで、悪臭漂う巣穴で長い眠りから覚めたばかりとは思えなかった。尻尾は奇妙だが優美さがあり、あるアナグマウォッチャーが言うように「長い身体を締めくくる可笑しな結末、まさに竜頭蛇尾」であった。アナグマの尻尾はよくぶら下げた布巾のようだと言われるが、この尻尾は小さく完璧な形をしており、「ここにいたんだよ」と言っているかのように下を向いていた。これぞアナグマが匂い付けをするときの紛うかたなき尻尾だった。

クレーターの中から、アナグマがもう一匹現れた。鼻がひょいと突き出た後、完璧な白黒模様の頭が出てきた。こちらのアナグマの体色は薄く、細身の体をしており、しなやかな動きで現れた。物語や詩や歌や漫画の世界を次々と掘り進むようにして現れるアナグマは、森の中を騒がしくうろつき回っている。メスとおぼしきこのアナグマは、精巧なミニチュアのホバークラフトのごとく、しなやかかつ優雅に坂を上っていった。短い脚は美しい毛皮の下に押し込まれていた。その動きは『*The Magic Roundabout*』（魔法のメリーゴーランド）に出てくるドゥーガル（子ども向けのテレビアニメに登場する犬のキャラクター）によく似ていたが、それよりもずっと滑らかだった。

　メスの方は地面の匂いを嗅ぎながら、オスについていった。何をしているのだろうかと思ったが、すぐにピーナッツのことを思い出した。二匹は整然とした動きで巣の周囲を回り、ピーナッツを一つ残らず吸い上げてしまった。アナグマが近づくと、匂いを嗅ぐ音が聞こえてきた。ふんふん、ふんふん……むき出しの地面に夢中になって鼻を押し付ける音だ。ピーナッツ探しが始まって十分も経つと、三匹目が出てきた。これは気が弱く、細身で、もっと薄い灰色をしていた。何年も夏の陽に焼かれ続けた、田舎道の乾いたアスファルトの色だった。去年の春に生まれた、一歳になったばかりの仔だった。

　犬の咆哮が聞こえた。それも、そう遠くない場所で。しかし、アナグマたちは怖がる様子を見せなかった。「おーい！」若者が遠くで叫んだ。それでも動じはしなかった。アナグマウォッチャーたちは、脅威となる物音とそうでない音を聞き分けるアナグマの能力についての記録を残していた。アナグマは上空でヘリコプターが耳をつんざくような音を立てていても無視するけれど、人間が靴で小枝を踏み折る音を聞けば一目散に駆け出してしまう。郊外に住むアナグマは、人間の立てる幅広い種類の騒音をどのように区別しているのだろうか。私は不思議に思っていた。都会の騒音をいちいち気に留めていたら、巣から出ることなどできなかったはずだ。

光は弱まりつつあったが、それでもアナグマの姿ははっきりと見ることができた。私はこの目で見ているものを頭で理解するのに必死だった。道路を行き交う車、周辺のごみ、犬の吠え声やアナグマを怖がらせようとする若者、どれも郊外では珍しくもない。それでも、キリンやライオンの溢れるサバンナを初めて見た時のように、何もかもが目新しく、新鮮だった。このアナグマたちは、異国の動物のごとく珍しいものに見えた。この土地でどのように生きてきたのだろうか？　私はこれまで野生のアナグマを一度も見たことがなかったのに、イギリスのどこかには、何十万匹もいたのだ。ここはアナグマの故郷であり、父祖の地だ。アナグマはずっと昔からこの巣に住み続けてきた。百年ほどの歴史しかない近くの住宅地とは比べ物にならない。人間と同じように、アナグマにはアナグマの家族のドラマがあった。人間という名の非常ににやかましいご近所さんがいたが、アナグマたちは脅かされているようにも、何かに抑えつけられているようにも見えなかった。無力な犠牲者などではなかったのだ。筋肉や腱の動きの一つ一つが、俺はここにいるぞと主張していた。

ミックはもう足がしびれたと言って、だんだん薄暗くなっていく峡谷から引き揚げていった。私はその場から動くことを拒んだ。目の前で動いているアナグマという、普段人が気づくことのない光景から目を離すことができなかったのだ。アナグマにはアナグマの世界があり、私たち人間には何の関わりもないものだ。私はその世界に足を踏み入れたかった。子どもじみてはいるが、人間にとって根源的な衝動だ。水面に小石を投げ入れたい、鳥を追い回したい、ハエを叩きたいというようなものだ。私は、今ここで口笛を吹いたり、声を上げて挨拶をしたりすればアナグマはどう反応するのかを試してみたくなった。

私が静かに立ち上がると、アナグマの一匹が振り返り不審な匂いを嗅ぎ取った。気づかれる前に立ち去らなければいけないと分かってはいた。アナグマが毎晩私たちにそうしているように。恐怖の対象である私がいなくとも、アナグマの暮らしは過酷なものだ。私は恐怖を与えることしかできないのだ。アナグマと人間との関係は、こうしたものになってしまっていた。

アナグマ国へ向けての旅を始めた時、私はウシ型結核を伝染させているのがアナグマなのかどうかということを、感情に左右されずに研究したいと思っていた。そして、他の野生動物の数をコントロールするのと同じように、アナグマも駆除されてしかるべきだと考えている人間に公平な聴取を行うつもりでいた。バーミンガム近辺の重工業地帯のアナグマの寛容さに驚き、彼らにすっかり惹きつけられてしまった私は、これは考えていたよりもずっと困難を極めることだと気が付いた。アナグマは純朴で可愛らしく、ストイックで、独立独行かつ辛抱強い動物だった。この夕暮れ時に、アナグマをそっとしておくのは人間として当然の礼儀ではないかと思われた。アナグマには、私たち人間の悪意にも、善意にも干渉されない暮らしが与えられて然るべきなのだ。

9　デインティー、大将、そしてエレイン

陽が落ちると、どこからともなく樫のテーブルが大窓の前に移動してきた。テーブルの中央には食器洗い用のボウルが置いてあり、その中は水気をたっぷり含んだ犬用のビスケット、ソーセージの脂肪で煮込んだパンの塊、刻んだ林檎や梨、バナナなどでいっぱいになっている。ボウルの横には古いアイスクリーム用の4ℓの容器と、2ℓの容器があった。これらの容器の中には小さな四角いサンドイッチがぎっしり詰まっている。サンドイッチは茶色いパンと白いパンが使われ、どれもすりつぶしたピーナッツの具でパンパンだ。また別の容器は乾燥ピーナッツで満杯。最後の容器には冷やしたソーセージが丁寧な切り口で縦にスライスされているなど、細やかな気遣いに溢れていた。

「最近は三つに切っておかないといけないんです、とても高いですから」

ジュディー・ソールズベリーは、ご馳走を並べながらそう言った。まるで司祭が聖餐式の聖餅とワインを並べるような厳かな手つきだ。

静かな一日の終わりだった。ひんやりとした静かな家の片隅で、大きな振り子時計が針の進む音を立てていた。家はコーンウォールの丘の中腹に半分埋まっており、丘のふもとには曲が

りくねった小道があって、その道の真ん中には草がモヒカンのように生えている。

「毎日これを楽しみにしているんです」

ジュディーはそう言ってやかんを掴むと、パティオの階段をとても慎重に降りて行った。水入れ用のボウルを満たすためだ。そして家の中に戻ると、入り江を見下ろす窓にかかったカーテンを半分だけ閉めた。私たちは居間に戻った。椅子は景色の方を向いており、互いをよく知らない二人が並んで座る。年配の女性と、女性よりは若い男。二人とも青い作業服を身にまとい、潮が泥の上をひたひたと静かに満ちていくのを見つめる。

　ジュディー・ソールズベリーの家はキャメル河口の端にぽつんと建っており、典型的なイギリスの田舎の風景を見渡すことができた。牧草地や町外れのような、様々な自然が広がっている。その左には岬があり、向こう岸にはパドストウの片隅に建つ漆喰のコテージが見える。右には富裕層の観光地として有名なロックの街に沿って、川が蛇行している。まっすぐ行くと、三つの柵で構成された金属製の橋がある。フォース橋（有名なスコットランドの鉄道橋）のミニチュア版だ。水上を古い線路が走るその場所には、高い崖がいくつかあり、崖と崖の間には大西洋に繋がる海がある。地平線は、ところどころ泡立っていたり、平たくなったりしている。ジュディーの家の正面には、階段のあるパティオと年を経た庭があった。庭は河口の端に追いやられた低木により、有害な西風から守られていた。木々は何年にもわたり丁寧に剪定されていた。遠くの平原には馬がおり、近くの平原からは人々の声が聞こえてくる。鉄道橋の上を、二人の自転車乗りがふらふらと走っていた。

　ジュディーはスレンダーな女性で、もう八十歳にもなるが、気品のある長身を保っている。

カールがかかっている灰色の髪は、未だに白くなってはいない。ジュディーのこの家は、彼女の二番目の夫の家族が、休日に泊まる別荘として建てたものである。一九三〇年代のことだ。当時は何もない土地のど真ん中に良い地所を買い、自分だけのコテージを建てることができた。ジュディーはロビンとの出会いをきっかけにここに引っ越してきた。ロビンは数年前に病でこの世を去った。彼がヨットに乗っている写真の前で、私が足を止めると、

「私たちはとても幸せでした」

彼女は続けた。

「本当に優しい人でした。あなたもきっとそうだと思いますけれど」

　私たちは出会ったばかりだったが、ジュディーは私を信用しきっていた。一週間前、私は山ほどのアナグマに餌を与えている女性がコーンウォールの北の方にいると聞き、彼女に手紙を送った。ジュディーは繊細で、よく分からない人間と関わり合いになりたがらないタイプの女性だと思っていたので、特に返事は期待していなかった。だが、彼女は私の手紙を受け取るとすぐに電話を寄越し、秋になって散り散りになってしまう前にアナグマを見に来たらいいと言ってくれた。私がここにいるのはそういう理由だ。台所からはカネロニ（円筒形のパスタの一種）の匂いがした。ジュディーは私に夕食を振る舞ってくれた上、一晩泊めてくれるというのだ。

「みんな思うんです、私の頭がおかしいんじゃないのかって」

彼女はそう言った。

「アナグマたちを見るまではね」

アナグマが農場で問題になっているのなら、街や都市部でなら安住の地を得られるかもしれない。少なくともここには、アナグマのことが大好きで、援助をしている人間たちがたくさん住んでいる。農場から遠く離れて、私たちはアナグマとこの時代特有のセンチメンタルな関わり方をしている。アナグマを眺め、敬意を払い、名前を付けている。近くに来てもらえるように、餌という名の貢ぎ物を捧げている。

アナグマはブリストルやブライトン、バーミンガム、エジンバラ、エクセター、ノーサンプトン、ノッティンガム、スウィンドン、サウスエンド＝オン＝シーといった街、ないし都会で数を増やしている。都会のキツネとは異なり、アナグマは人家の庭に現れて食べ物を乞うような暮らしはしていない。郊外には余所から移ってきたアナグマも少しはいるかもしれないが、大抵はずっと昔からそこにいて、道路と道路の隙間や、近くに建った家の敷地内で生きてきたのではないだろうか。都会のアナグマは、そこが田舎だったはるか昔から住んでいたものがほとんどだ。

「人は都会のアナグマと言うが、俺は都会化されたアナグマと呼んでいる。人間が土地を開発する前からそこにいて、それでもそこに残って生き続けようとしているからだ」

ドン・ハンフォードはそう言った。エセックスの郊外に長年住んでいる住人で、裏庭でアナグマに餌を与えている。

「アナグマたちは完全に都会化されてしまった場所に巣を構えている。引っ越したくないんだ。先祖伝来の巣にこだわってるんだろうな」

郊外はアナグマたちの激戦区だ。人間が全体主義的なルールで環境をコントロールしようとしても、競合する哺乳類の存在が脅威となり、邪魔になることもある。郊外の住人は、頑張って育てた野菜が掘り起こされたら本能的に農夫に変身する。サヤインゲンを盗むアナグマを撃ち殺したいと望む菜園の所有者は多い。シェフィールドでは、住民たちが「色情狂のアナグマ」への対策の必要性を叫んでいた。アナグマは交尾の際にうなったり叫び声をあげたりするし、戦いの際には「身の毛もよだつような恐ろしい声」をあげるのだ。二〇〇七年、イブシャムでは「閑静な郊外ではぐれアナグマが四十八時間も暴れ続け、五人の人間を襲った」という報告があった。毎年、政府の認可の元で何百ものアナグマの巣が封鎖されたり撤去させられたりしている。新しく行う開発を妨げ、道路や線路、家の基礎にすらダメージを与えるからだ。こうした逆風にもかかわらず、街に住む土着のアナグマは増え続けている。ジュディー・ソールズベリーのような、アナグマに餌をやる人間が原因の一つかもしれない。

ジュディーが二十六年前にその家に引っ越してくるまで、ジュディーもロビンもアナグマを目にしたことはなかった。ある日の夕方、ロビンがニュースを見ていると、大窓の前に座っていたジュディーがアナグマを見つけた。アナグマは我が物顔で芝地を横切っていった。どこから来たのか。また来るのだろうか。ジュディーは考え込んだ。夜の帳が下りると、またアナグマが現れた。ピーナッツをいくつか投げてあげると、あっという間に食べてしまった。それから数か月の間、アナグマは姿を消した。

「戻ってきた時には、二匹の子どもを連れていました。双子です」

ジュディーはそう言った。

「そのアナグマは子どもたちを大窓の前にまっすぐ連れてくると、そのまま行ってしまいました。私は木製の長いスプーンでアナグマに餌をやることにしました。少しずつ少しずつ、スプーンを手前に持っていくようにしていきました。やがて、子どものうちの一匹が私の手から餌を食べるようになりました。デインティーは母親の名前です。アナグマの仔たちには『どったん』『ばったん』と名前を付けました。その仔たちの振る舞いそのものだったからです」

ジュディーは私を書き物机の前に連れていった。片膝を曲げられなかったため、軽くふらついていた。ぎこちなく手を伸ばし、重いアルバムを引っ張り出した。表紙には整った字で「デインティーへ捧ぐ」と書いてあった。一九八〇年代後半の写真は色あせていたが、ジュディーはその頃と全く変わっていなかった。写真の方だと髪の色が少しばかり黒いぐらいだ。そのアナグマは一九八七年の十月から目撃されるようになり、翌年の春に二匹の仔も見られるようになった。さらにその翌年には、デインティーは四匹の子どもを連れていた。バーティー、ガート、デイジーとピップスクイークである。ジュディーにとって彼らを見分けるのは簡単だった。個体によって性格や模様、体色が異なるのだ。茶色いものもいれば、灰色のものもいる。ある時群れの中にいた一匹の仔、フロージョは盲目で、どう見ても親がいなかった。ジュディーは何かがおかしいことに気が付いたが、他の若いアナグマたちがこの仔を受け入れた。

「アナグマたちはあの子の面倒を見ていたんです。あの子を一緒に連れていって、餌のある所に押し出していたんです。その後長生きしました」

急速に拡大するアナグマ一家のために、ジュディーとロビンは自宅を開放した。その様子が写真に写っていた。冬なのに大窓が開けられており、ジュディーがパンを口移しでアナグマに与えていた。ロビンは肘掛椅子に座り、アナグマの一匹がロビンのスリッパに顔を押し付けていた。アナグマたちは居間で滅茶苦茶に遊びまわったり、靴を巣に持って帰ったりしていた。

野生の動物と友達になるなら、いつ別れが来るか分からないという覚悟をしなくてはいけない。アナグマは私たちの仲間ではない。自分のバスケットに収まって飼い主の手をなめ、そこでずっと眠っていてくれたりはしない。ただ、いなくなるだけだ。祖母はボジャーがいなくなったことをずっと受け入れられずにいた。悲観的な祖母は、ボジャーが何か悲惨な目に遭ったに違いないと思っていた。ジュディーの所のアナグマの場合、デインティーの子どもたちはさっさと出て行くと、それっきり二度と戻らなかった。それは主に冬の時期だった。デインティーは少なくとも十三歳まで生き、子どもを五組、産み育てるまではジュディーの所に通い続けていたが、やがて腰に異変が起きた。

「デインティーは痛そうにしていて、下半身をひきずりながらやってきました。私にできることは何もありませんでした。野生動物を獣医に連れていくわけにもいきません。自然に任せておくのが一番いいんです」

ジュディーはそう振り返る。一年以上にわたり、デインティーはジュディーの庭を毎晩ほっつき歩いていた。足が不自由なデインティーは草が生い茂る急な庭の土手を登ろうと四苦八苦していたので、ジュディーはコンクリート製のスロープを用意し、庭に入って夕食にありつけるようにしてあげた。

「デインティーが食事をしている横で座って見ていました。ある晩からデインティーは姿を現さなくなりました。巣の中で仲間に埋葬されたのでしょう」

ジュディーはしばらく黙った後、次はアナグマ用の道具を持ってくると言い、私を置いてどこかに行ってしまった。ジュディーの家の匂いは、私の祖父母の家を思い出させるものだった。前世紀の中ごろに作られたある種の家具の匂い、湿気の具合、位置は変わってないが清掃は行き届いている物の数々。もっと現代的な家にたくさん溢れている、かすかに聞こえるコンピューターや充電器、Wi-Fiの音などで乱されることのない平穏。ジュディーの家の台所にはラジオが一つ、そしてテレビが一つあるが、テレビは一日中スイッチがオフになっている。外ではセグロカモメが河口の向こうから鳴き声を上げ、モリバトが生垣で何やら騒いでいた。

戻ってきたジュディーは、青い作業服に身を包んでいた。アナグマに餌をやるときの服装だ。もう一着差し出されたので、何だか着なければいけないような気になった。実際、これを着ることで異質な自分の匂いをアナグマに気づかれなくなるのだ。

「あっという間に潮が満ちてきたことに気が付きましたか?」

着替えを終えて準備が整うと、ジュディーがそう聞いてきた。青いナイロンのスーツをやっとの思いで着たのは、子どもの頃農場で遊んでいたとき以来だった。まばたきをする間に見逃してしまったのだろうか。泥だらけだった河口は海水でいっぱいになっていた。風呂桶を満たすような速さだった。

宴の準備が整ったので、私たちは座ってアナグマを待つことにした。潮が満ち、太陽が沈むのを見ながら、とりとめのない話をした。ジュディーはコーンウォールで育ったわけではない。生まれはコッツウォルズだ。アナグマ国の非公式の首都とおぼしき場所である。四歳の時、寄宿学校に送られた。

「まだ小さすぎましたね、本当に」

ジュディーはそう言った。古い世代に特有の控えめな表現であった。六歳年上の姉がいるが、互いのことをよく知らずに育った。ジュディーは実家の農場を継がずに銀行に勤めていた父親が大好きだった。

「父に会うことはあまりありませんでした。第二次世界大戦のためです。父はオックスフォードにある銀行の頭取をしていましたが、火災監視員をさせられていたのです」

ジュディーはいつも野生動物と共にあった。

「生まれながらに持っていた、ある種の才能なんじゃないかと思ってます。子どもの頃は一人ぼっちで、森の中に行っては小さな小屋を作っていました。他の子どもたちがするように。周りにはキツネやノウサギがいて、私はそんな自然に慣れ親しんでいました」

コッツウォルズの森の中で遊んでいたにもかかわらず、アナグマを見たことはなかったという。

ジュディーは最初の夫と共にコーンウォールに移住した。夫の名はピーターといい、軍人であった。二人の出会いはとてもロマンチックなものだった。ジュディーは深刻な病気を抱えていたので、療養のために姉と姉の夫がいるドイツに向かった。姉の夫は現地の情報部隊の隊長だった。ジュディーのドイツ滞在最終日の夜、大隊長の妻が別れのパーティーを開いてくれた。ピーターの任務は、ジュディーを拾ってパーティーに車で送っていくことだった。

「ピーターにはガールフレンドが居ましたが、大隊長の奥さんはそのガールフレンドが嫌いでパーティーに招待しなかったので、ピーターはそういう全体の流れにうんざりしていました」

ジュディーはそう振り返った。ピーターはただ淡々と任務をこなし、ジュディーを無事パーティーに送り届けた。パーティーの間、会食室に全員が集まり、誰かがピアノを弾き始めた。ジュディーにはパートナーがいなかったので、ピーターはジュディーを恭しくダンスに誘った。

「ピーターが私を腕の中に引き寄せた瞬間、私たちの身体に電流が走りました。二人ともダンスを止められませんでした」

ジュディーはそう語る。

「それは夜中の十二時にまで及びました。会食室でのパーティーの帰り、私とピーターはナイトクラブに向かいました。二人ともダンスが大好きで、それから朝四時まで踊り明かしました」

ジュディーは午前十一時デュッセルドルフ発の飛行機に乗った。翌日のことである。ジュディーがドイツを去る直前、ピーターは帰国したらジュディーに会いに行っても良いか尋ねた。ジュディーの姉はジュディーを一瞥し、

「あの人と結婚するのね」

と言った。その後ピーターとオックスフォード駅で再会したとき、ジュディーはショックを受けた。ピーターはとても背が高くハンサムではあったが、縞模様のスーツに傘、ブリーフケースのほかに大量の荷物を持っていたその時の姿は滑稽だった。ジュディーにとって何より最悪だったのが、山高帽を被っていたことだった。車に愛着を抱いているジュディーは、(ピーターがこれに関心を抱くことはなかったが)天井が開いているBSAに乗ってきていた。二座席のスポーツカーである。

「彼の方を見て思いました。こんな人を隣に乗せてオックスフォードのど真ん中を運転できな

い、周りに見られてしまう、と」

恥ずかしさのあまり、ジュディーは裏道を猛スピードで走っていった。山高帽なんて被った、悪目立ちする紳士と一緒にいるところを見られないように。こんな恥ずかしい思いをしたにもかかわらず、二人は一九五三年に結婚した。ピーターが朝鮮半島での軍務を終えた後だった。二人はコーンウォールで引退生活を送り、ピーターの死後、ジュディーはロビンと出会った。ロビンは家族の別荘を引き継ぎに来ていたところだった。ジュディーに子どもはいなかった。

「私はとても幸運でした」

ジュディーはそう言った。

「幸福に満ちた結婚を二回もすることができたんですから」


「もうすぐです」

ジュディーは振り子時計を見てそう言った。八時五分前だった。トリークルという名の野良猫がパティオにやってきた。餌がもらえると思っているのだ。アナグマが来なくなるのではないかと心配だった。ジュディーが立ち上がり、猫にアナグマ用の餌を少しばかり与えると、猫は礼を言うかのように片足を上げた。人間とハイタッチがしたいように見えなくもなかった。

猫はいなくなった。それから数分経ったが、外はまだまだ明るかった。突然、乳白色のニワトコの花を押しのけてアナグマが現れた。そして、早足で駆ける小さな馬のように芝地の上を飛び跳ね始めた。

ジュディーはパティオの扉を半開きにした。

「いらっしゃい」

震えるような声だった。

「こっちにおいで。そこにいるんでしょう」

アナグマは足を止め、こちらに振り向いた。両耳がミニチュアのパラボラアンテナのごとく前に突き出していた。

「さあ、これを持って行きなさい」

ジュディーはそう言うと、サンドイッチを放り投げた。

「見つけてごらん」

二匹目が現れた。これは年老いた庭師ががに股で歩くような足取りでパティオに続く道を進んできたかと思うと、突然しなやかに向きを変え、疾走し始めた。その動きはアナグマというよりはむしろウサギのようだった。十五秒後、もう一度弱気に走ってくると見せかけて、どこかに消えてしまった。フィル・ドラブルはかつてアナグマの「クマのように軽快な足取り」に驚嘆していた。「緩慢なようで効率的」な動きであるが、アナグマはあっという間によたよた歩きから駆け足に切り替えることができる。

ジュディーは、緑色をしたプラスチック製の子ども用シャベルを使ってサンドイッチを次々と放り投げた。ほんの一瞬、ヘッドスカーフをたなびかせ、無謀とも思えるスピードでスポーツカーを飛ばす若かりし日のジュディーが見えたような気がした。アナグマに餌を放るその姿は、まさに豪胆そのものだった。

満ち行く潮のように、四匹のアナグマが気づかないうちにパティオに入り込んでいた。デインティーの子孫たちだった。中でもウィロウは現在の女家長であり、ジュディーが一番よく知っているアナグマである。ウィロウは他よりも色が薄く、茶色がかっており、鼻に伸びる縞模様が太い。今年の仔はそれぞれソルト、ペッパー、マスタード、ビネガーといい、鼻を上げて立ち止まるその姿は、庭においてあるシュールな置物のようだった。

「ソーセージ食べる？」

ジュディーは甲高い声でそう尋ねた。アナグマに語りかけるときの声である。

「ウィロウ、ソーセージよ」

ウィロウは我々から4、5m離れた場所から頑なに動くことなく、ジュディー特製のアナグマフードをクチャクチャと音を立てながら食べていた。その音は犬がガツガツ食べる音と、猫が綺麗に食事をする音の中間のようだった。

「ウィロウ、こっちおいで」

ウィロウは慎重に大窓の方に歩み寄ってきた。ジュディーが手を伸ばした。そして一瞬のうちに、ジュディーの手から奪い取るようにソーセージを歯でくわえて持って行ってしまった。

「また来ると思います」

ジュディーはそう言った。

「あなたも餌をやってみますか？」

私は三分の一に切られたソーセージを差し出した。ソーセージは風でわずかに揺れ、震えていた。ウィロウが階段の一番上に戻ってくると、私の貧弱な鼻でもアナグマの濃厚な匂いをかぎ取ることができた。ウィロウはその立派な鼻を少し伸ばしたようだった。そして驚くほど口を正確に動かして私が差し出したソーセージをくわえ、まばたきをする間に持って行ってしまった。ウィロウが頭を上げ、戦利品を高く掲げながら階段を軽やかに降りている間、私はまだ動けずにいた。

陽が落ちつつある空をコウモリが飛び始めると、九匹のアナグマがパティオで合流した。集まったり離れたりさざめいたりする様子は、さながら灰色の波のようであった。

「みんな可愛いでしょ?」

とジュディー。わしづかみにしたピーナッツを手慣れた動きで草の上に放り投げている。ジュディーはこのアナグマ一家の絆に魅了されていた。つがいとなったアナグマは夫婦一緒に行動するが、どうやら夫は女房には甘いようだ。

「アナグマの母親が仔に接する様子や、アナグマ同士が毛づくろいをする様子を見ると、本当に愛し合っているんだなと思います」

人間に飼われている動物のようだった。ある時はその辺を嗅ぎまわる子豚、またある時はこそこそと去っていく面目をつぶされた犬。一匹がサンドイッチをくわえて走り去ろうとすると、もう一匹が横について奪い取ろうとする。その様子は子犬がじゃれ合うようであった。

九匹のアナグマが渦を巻くようにして、あちらこちらに動き回っていた。アナグマの形をしたおもちゃの電車が繋がっているような光景だった。自然のワンシーンとは思えなかった。アナグマはイギリスではオスメス入り混じった群れで暮らしているが、本来、餌を探すのは単独行動のはずである。こうした「過干渉」を嫌う農家が多いのはもちろんだが、動物愛好家にもアナグマに餌をやることを良く思わない者は数多くいる。こんなことで自立できるようになるのか？　ジュディーがいなくなったらこのアナグマたちはどうなるのか？　ジュディーのもとで夜ごと開かれる宴会は、アナグマと人間の関係性の極端な形である。一人暮らしの老女、ジュディーとこのアナグマの一家は固い絆で結ばれており、それはもはや別世界の領域だ。アナグマ国は、そういったもので満ち溢れている。

「たった独りでこんなところに暮らしていて寂しくないのって、いろんな人に言われるんです」

ジュディーは語る。

「人生で寂しいと思ったことは一度もありません。むしろこんなところにいて寂しいわけないじゃないですか」

ジュディー・ソールズベリーの夜ごとの宴により、トレーラーハウスキャンプ場や犬であふれかえるこの小さな半島では普通ありえないほどの多くのアナグマが命をつないでいるのだろう。餌をやることと、人に気づかれずにいたことで、アナグマが生きられるようになった。都会で十六年も暮らしていたがために、私の五感はすっかり鈍り、野生動物を見ることもほとんど諦めてしまっていた。街中にアナグマを探しに行こうなどとは考えもしなかった。マウリーン・デイビスも、当初は、都会に住む野生動物に気づかずにいた。三年前、マウリーンは外においてあるゴミ箱にちょっとごみを捨てようと戸を開けて外に出た時、アナグマが塀の上にいるのを見かけた。一体全体あれは何？　最初に思ったのがそれだった。結構大きかったので、マウリーンは恐怖を覚えた。急いで家の中に逃げ込み、夫のチャーリーに知らせた。夫はこう言った。

「何怖がってるんだ、ただのアナグマじゃないか」

マウリーンとチャーリーは、ブリストルのさびれた一角にある石造りの長屋式住宅に住んでいた。近くにはM32の高速道路が走っていて車の騒音がやかましく響いており、ブリストル・テンプル・ミーズ駅行きの電車も通っていた。家の向かいには墓地がある。マウリーンはブリストルのこの地に住んで七十年にもなるが、それまで一度もアナグマを見たことがなかったのだろう。アナグマは公園の片隅の植え込みにある巣から出て、ずっと周りにいたにもかかわらず。マウリーンは、自分をここまで驚かせた見慣れない動物をむしろ好きになり、玄関ドアの反対側にある墓地の塀の上に餌を置くようになった。

ここ三年の間に、マウリーンはアナグマにとって喜ばしく、都合のいい習慣を作り上げていった。ブリストルのアナグマは、毎晩平均1・2kmの範囲を散策するが、これは観測されている他のアナグマよりも短い距離である（ポーランドでは、アナグマは平均7kmの範囲を散策することが確認されている）。おそらく、近所を回るだけで必要な分の餌を食べられるからだろう。

「全部ごちゃ混ぜにしてるだけですけどね」

マウリーンはそう言うと、大きなフライパンを見せてくれた。

「古くなったパンに野菜、お皿の上の残り物、リンゴ、キュウリ、ジャガイモ、ニンジン」

健康食品店に勤める彼女の友人は、賞味期限切れのオート麦のビスケット三十六箱（もちろんオーガニック）を提供してくれた。アナグマたちはそれにとどまらず、ドッグフードとマウリーンが特別に買ってきたピーナッツも食べている。健康食品店の友人は辛いピーナッツも寄越したが、アナグマはそれも食べてしまった。

塀の上に餌を盛り付けていると、マウリーンは墓地の塀の向こう側に座っているアナグマが何匹かいるのを発見した。緑豊かで騒々しい谷底に落ちたものたちだ。

「私が餌をやるのを見計らって塀を登ってくるつもりでしょう」

マウリーンはそう語る。習慣化しているというのはそれが安全だということであり、アナグマは変わった出来事を好まない。昨晩は誰かが路上に古いバンを停めており、アナグマはそれを快く思わなかった。

「たくさんの人や車が行き交うようになると、アナグマは来なくなってしまいます」

マウリーンは語った。しかし、マウリーンが餌をやるようになってから大抵のアナグマは大胆になってきたはずだ。特に、「大将」は。

十月のある涼しい夜、私は友人のジェズと共にマウリーンの元を訪れた。ジェズは近所に住んでおり、アナグマの写真を撮りたいと思っていた。ガスコンロの上には、大きなフライパンが置いてあった。その中はラムの骨と、様々な果物や野菜でいっぱいだった。アナグマ用のシチューである。ウェールズ盆地出身のチャーリーは、子どもの頃に出会ったアナグマのことを思い返していた。

「アナグマ狩りに行った人の話はしょっちゅう聞いていました」

アナグマ狩りに行く狩人は靴とゲートルを履き、その中をザルガイの殻でいっぱいにすることで、アナグマの凶悪な牙から身を守っていたという。アナグマが食らいついたら、まず殻が壊れる。

「アナグマは骨は食べないんですよ。歯が骨に当たったら口を離してしまう」

チャーリーはこう語った。アイルランドで似た話を聞いたことがある。狩人はウェリントンブーツの中に枝を入れておくものだというのははっきりしている。狩人の足を噛んだアナグマは、ブーツの中にある枝が骨のような音を立てて砕けるや否や噛むのをやめてしまう。

「あぁ」

チャーリーは枝とザルガイの殻を比較して言った。

「ウェールズ人は洒落者なんです」

ウェールズのザルガイの殻の方が、アイルランドの枝よりオシャレだと言いたいのだろう。

チャーリーがマウリーンと出会ったのは、チャーリーがブリストルで「ビーチング博士の弟子」として働いていた時のことだった。彼は英国鉄道における悪名高き会長リチャード・ビーチングが、一九六〇年代に廃止する目途を立てた路線の撤去作業に従事していた。バロウ通りには百十もの入換線があった。「二年で全部一掃したよ」とチャーリーは語る。その後、彼は刑務所用のプラスチック製の灰皿を作り、シマリスと外来種のウサギを育てていた。シマリスは良い資金源になった。また別の事業で、自宅の裏庭をアトリ科の鳥の飼育場にしていたこともあった。彼らはもうこのビジネスからは引退している。居間はテレビや家族写真、古い暖炉、満ち足りた表情のブッダのコレクションで溢れ返っていた。

「これらを掃除しないよう妻には言ってあります」

チャーリーは言った。

「妻は楽ができて嬉しそうですよ」

マウリーンはこう言った。

「私もそういうの、大好きなんです、おかしいでしょう」

マウリーンとチャーリーは、私がこれまで出会ってきたアナグマ愛好家たちの中ではおそらく一番まともな部類に入るだろう。祖母のように、動物を最優先にして人間を後回しにはしていない。餌をやる人間は、アナグマを自分の子どものように扱っているのではないかと思っていたが、浅い考えであった。壁にかかっているマウリーンとチャーリーの写真には、アナグマではなく孫たちと五人のひ孫が写っていた。

「私にはこの家族が全てです」

マウリーンはそう言った。それでも、アナグマは家族の一員であるペットの代わりのようなものだった。餌をやっていたのは、二人が愛していたクロエとキングというスタッフォードシャー・ブル・テリアが死んでからの習慣の延長線上である。

「もう犬を飼うことはないでしょう」

マウリーンは語った。

「いなくなった時があまりにも辛いですから」

夕暮れにマウリーンがフライパンいっぱいの餌を持って、玄関の階段を下りて道路を渡っていったとき、この秋最初の霜が降りたようだった。マウリーンは鉄製の柵を登ったところの、街灯の真下にある墓地の塀の上にラムの骨を置いた。それから柵と柵の間に、約20mにわたって餌をばらまいた。遠くから、M32を車が走っている音が聞こえた。

「アナグマが塀を登ってくるときの爪の音が聞こえてくるはずです」

マウリーンが期待に声を震わせながら言った。

「顔を出すところがすごく良いんですよ。とてもわくわくしてきました」

私たちは座して見張ることにした。玄関のそばにある低い塀の上に腰を下ろした。そこからは小さな道路を挟んだところにある墓地が見える。チャーリーはジェズが座れるように折り畳み式の椅子を持ってきた。それから私たちの背後、明かりのついている出入り口のところに立っていた。

五分ほど経って、キツネが塀の上に飛び乗ったかと思うとあっという間にいなくなってしまった。飛行機が耳障りな音を立てながら旋回し、二匹目のキツネがマウリーンのシチューを食べにやってきた。チャーリーによると、いつもやってくるキツネの中には「ジャーマンシェパードのように」大きいやつもいるという。そのそばを車が通り過ぎ、驚いているキツネの顔にライトが当たった。早めの祭りの花火があがり、轟音が鳴り響いた。

「これでどこかに行くはず」

マウリーンはそう言ったが、キツネは顎をなめ、塀の上を忍び足で歩いていた。柵の向こうから自分がキツネであることをこれ見よがしにアピールしていたが、明かりのついた玄関口に固まっている四人の人間を見て困惑していたようだった。

塀の上に集まった動物たちの最高記録は、アナグマが五匹にキツネが三匹だった。みんな仲良く餌を分け合っていた。

「面白かったのは、みんな互いを恐れてなかったことです。みんな塀の真ん中で食事していました」

マウリーンは手を広げ、合わせてみせた。

衛生管理にうるさい人たちが、マウリーンが毎晩開いている食堂を敵視していたわけではないことに私は驚いていた。『*Autumnwatch*』（オータムウォッチ）というテレビ番組に彼女が取り上げられてからは特に。自治体は「鳥に餌をあげないでください」という看板を立てていたが、マウリーンは別に鳥に餌をあげていたわけではなかったので、餌やりを止めなかった。夜が明けようとする頃、数羽のカササギが食べこぼしをいただこうとやってきてはいたが。アナグマに会おうと隣人たちが一緒に餌をやりに来ることもたまにあった。マウリーンに「罵り合い」をしかけ、ネズミに餌をやっていると責めたてた地元民は一人だけだった。

「ここでネズミを見たことは一度たりともありません」

そう話すマウリーンの口調は確固たるものだった。

研究の結果、都市部に生息するアナグマの栄養の50％はごみあさりによって賄われていたことがわかった。市民菜園でトウモロコシを食い荒らすのはブリストルのアナグマだけであったという。

「みんなアナグマに怒り狂っているんです」

チャーリーは真顔だった。

その時、笑ってしまうほどに白い鼻が出てきた。周囲の空気と塀の上にある餌の匂いを嗅いでいる。

「塀にしがみついているんでしょう」

チャーリーがささやいた。

「あれが、大将です」

ガリガリと引っ掻く音と共に、そのアナグマは石塀の上に身を乗り出した。そして、墓地から1m以上せり上がっている石塀を登ってきた。アナグマには素晴らしい登攀能力があることはあまり知られていない。アナグマは夏が終わりに近づくころ、プラムの木に登って果実にありつく。5mも登っているところを目撃されたこともある。木に登るのは主にナメクジを取って食うためであるが、ある時は鳥のエサ台を横取りしていたこともあった。研究者たちはかつて、牛用の飼い葉桶に伸縮自在の脚部を取り付け、アナグマがどれぐらいの高さまで登ることができるのかを確かめたことがあった。あるアナグマは鋼鉄製の脚を115cmも登り、前足を飼い葉桶の端にひっかけてそのまま乗り込んだ。農場の牛たちをアナグマから遠ざけるのは実際容易なことではない。

墓地の塀の上を凱旋する大将は、実に大きなアナグマであった。アナグマウォッチングについて書かれたどの本にも、作者が「自分の」アナグマたちに名前を付けている様子が描かれていたが、私はそれが少しばかり気に入らなかった。名前を付けることでアナグマたちを貶めているような気がして、申し訳ない気分になることがよくあった。それはつまり、アナグマとの関係を通して、私たち書き手はアナグマが得るよりずっと多くのものを得ているということだろう。餌はずうずうしく支払われる友人料であり、アナグマに本来の性質と警戒心を放棄させ、唯一の恐ろしい敵である我々のそばに来てもらうための賄賂だ。アナグマを飼い慣らすことは絶対に不可能なのに、我々は人間の行動をアナグマにあてはめ、可愛らしいものに変えてしまっている。今、私の隣にはアナグマ国の住人がおり、彼らはアナグマとの関係を保ち続けているが、どうやら見た目ほど簡単なことではなさそうだ。もし毎日アナグマの近くで過ごしていて、個性豊かなアナグマたちがそれぞれのやり方で応えてきたとしたら、彼らを個として認め、名前を与え、魂があるものと思わずにいられるだろうか？　餌をやる人間と餌を食べる動物との関係は、農家と牛とのそれのように感情のこもった関係性なのだ。

ガリガリ。ふわっとした毛並みのアナグマが塀の上に這い出してきた。二匹目である。こうした郊外のアナグマは、都会のキツネのように薄汚れてはいない。遠くの空で警察のヘリコプターが飛んでいる音がすると、ふわっとしたやつは幅の広い頭を柵の向こうからこちらに向けてきた。そのアナグマの頭と体が分かたれたように見え、私は気が動転した。飾り板の上に取り付けられた剥製のようであった。

墓地の片隅を二人の男がうろついていたが、その間も二匹は休むことなく食べ続けた。

「麻薬の売人じゃないと良いんですけど」

とマウリーン。バイクの眩しいライトが目に入り、これにはアナグマも逃げるだろうなとマウリーンは思った。自転車が走り去り、振り向いてこちらを見たが左にいるアナグマには気が付かなかった。アナグマは安全な高みにいた。ほんの数歩分の距離を、車がエンジンをうならせ走っていった。大将は凍り付いたが、車が行ってしまった後、何事もなかったかのように食事を再開した。道路にヒールの音が鳴り響き、二人の女性が通り過ぎた。またしても、アナグマは意に介さなかった。その次は、夜の散歩に出かけた犬のカチカチと鳴る足音だった。ペットと飼い主は、塀の上にいるアナグマから3mしか離れていないところを通り過ぎていった。犬は突然振り向くと、空気の匂いを嗅ぎ始めた。アナグマは動きを止め警戒態勢に入ったが、逃

げ出したりはしなかった。マウリーンは、

「大将は動かない、そういう決まりなんです」

と言った。チャーリーは、

「行く時はあれが先頭になるんです」

と述べた。

　ブリストルのアナグマは通行人や車には慣れてしまっている。マウリーンとチャーリーは、アナグマは自分たちを塀の上から追い落としたりしない見知った犬と、追い落とそうとして来る見知らぬ犬を区別できるのではないかと思っている。マウリーンの声を聞き分けられるのは確かだ。だが、別にアナグマを飼い慣らしてはいない。このアナグマたちは、地方のアナグマと同じように不審な物音には敏感だが、違った技能を持っているというだけだ。ある時、ジェズはカメラのシャッターを押した。二匹のアナグマは動きを止めて振り返り、小さくも聞きなれない音の正体を探ろうとした。私がティーカップを受け皿のかすかな音と共に塀の下に置くと、アナグマたちはまたも凍り付き、この音がどこから来たのかを探ろうと空の匂いを嗅いだ。大将は、我々を全くもって気に入らない奴らだと思ったらしい。スローモーションのように、慎重に向こうの墓地へと消えていった。その後、アナグマたちがどこへ行ったのか探ろうと道路を忍び足で渡っていくと、灰色の塊が灰色の墓石の間にうずくまり、こちらを見ていた。都会の墓地に、異界の住人がいた。

　だが私が一番驚いたのは、郊外に住むアナグマの危険を判断する能力ではなく、通り過ぎた人々の方であった。男がタバコを吸いながら、大将から１ｍと離れていないところを通り過ぎていった。もし左腕を伸ばしていたら、アナグマに当たっていただろう。男が通り過ぎると、二匹のアナグマは墓地の方、丸まったプラタナスの落ち葉が敷き詰められた絨毯の上に飛び降りた。その重く乾いた音は、男にとっても聞き逃しようのないものだった。ようやく男は振り向いたがそれも一瞬のことで、歩みを止めたりはしなかった。

現代人の鈍麻した感覚を如実に表している光景であったが、これは私たちがいかに脆弱であるかということも示していた。野生動物の中で最も敏捷性と気品に欠けた間抜けなものと比べてさえ、我々の反射神経は鈍っている。いかに自然界から遠ざかってしまっているかということだ。

しかし、私たちは自分たちが危険にさらされない限り、アナグマに対して全くもって無関心になってしまう。もし大将がこちらを襲ってくるようなことがあれば、さすがに気がつくであろうが。もう一人歩いて来た。その男は、道に停めてある私の車の中に座っているジェズのおぼろげな姿には直ちに気が付いた。より近くでアナグマを見ようと移動していたのだ。まるで張り込みでもしているかのようだった。しかし、通りすがりのその男は目の前にいるアナグマに気づきはしなかった。人間は他の人間には気がつく。自分にとって脅威になり得るからだ。その点を責めることはできまい。結局のところ、我々もまた、動物としての本能に従っているに過ぎない。

テムズバレーのロンドン粘土層はあまりにも重く、洪水を起こしやすいので、安全な巣を作るのには向かない。だが東に行くと、バジルドンからベンフリートに、サウスエンドを抜けてシューベリーネスに続く曲がりくねった崖があり、そこは森になっている。そこの良質な砂質土はアナグマにはうってつけだ。

ブリストル旅行から数週間後の夕暮れどき、私はドン・ハンフォードの家を訪れた。玄関口をよろめきながら入ると、そのまま穴に落ちて地下にあるアナグマの部屋に転がり込んでしまったような気分になった。家の中は真っ暗で、どこで台所が終わっており、どこから壁が始まっているのかもわからなかった。ドンは、テーブルの向こう側、そのどこかにいる。彼は元々科学の教師であり、何十年にもわたり裏庭に来るアナグマを見てきた。他のどの研究者よりもアナグマの生態に詳しいと言われていて、私は彼に会うことを切望していたが、ドンからは私に対する疑心がにじみ出ていた。薄闇の中で、自分よりずっと物が見える人間から、見定められているかのような気分だった。明かりをつけてくれることを期待していたが、そうしてはもらえなかった。台所からは傷んだリンゴの匂いがしており、私の目は少しずつ薄闇に慣れ、物の形が見えるようになってきた。

台所のテーブルの上は物でいっぱいで表面が見えないし、この大きな部屋の中のどこもそうであった。何だかわからない埃っぽいものが架台式テーブルの上に積み上げられ、ぐらついていた。さながらやりかけのジェンガのようであった。まだ配られていない保護活動の小冊子のくさび、小動物を生きたまま捕らえるアルミニウム製の箱罠、ワイヤーにボールペンといったものである。お決まりのピーナッツや懐中電灯、コルクがいっぱいに詰まった箱が、いくつもその辺に転がっていた。壁の高い所にアナグマの写真が飾ってあったように思うが、黒と白の目立つ模様にもかかわらず薄闇の中でははっきり見えなかった。

ドンはベンフリートにある、ブレッド&チーズ・パブの近くの、粗い砂利道に面した家に住んでいた。そこは区画整理された土地であった。その土地が放棄されたのは、一八七〇年代における農業恐慌から数十年後の事であり、耕されていない大量の痩せ土がそのまま打ち棄てられた。荒廃した農場は出血大サービスの安値で売られた。当時、大勢のロンドン在住の労働者たちは、毎年ほんの数日しかない貴重な休日を十分に味わおうと、値下がりが続くエセックスの小さな土地を購入し、そこに別荘を建てることを夢見ていた。計画規制以前の時代、区画は何度となく小分けされ、オンボロなシャレー風の小屋が建てられた。ロンドンっ子やジプシー、民主主義者や夢想家たちがベンフリート、クレイズヒル、ジェイウィックサンズ、キャンベイアイランドに住み着いた。それから過ぎ去った百年の年月も、建築法規、資産的価値、そして巨大な建築企業のありふれた建売商品をもってしても、こうした複数のコミュニティーを均質化するには至っていない。拡張され、粉飾された、こうしたものに伝統的な意味での魅力はなかったが、これらは丁重に扱われるべきものであり、建てた人間の個性を表すものであった。

ドンはエセックスで生まれたが、やがてコッツウォルズに移住した。そこで彼はアーネスト・ニールの母校の近くで数学と物理学を教えていた。アナグマ国の住人はことごとくコッツウォルズに縁があるようだ。一九五〇年代のある時、ドンは夜間のアナグマの写真を撮ろうと試みた。それ以降、彼には新しい目標ができた。後に仕事でエセックスに戻った時、ドンはそこに定住することを決意した。周辺の森にはアナグマがいると分かったからである。数年後、ドンの旧宅は地盤沈下により大きな穴が開いたという。ニワトコやフジウツギ、茨の巨大な茂みに隠され、既に老朽化したように見える「新居」がたったの築十二年であったと知った時、私は仰天した。ドンは年齢よりもずっと若く見えるが、家はすっかり年老いて見えた。私は計算もせず、当初彼を六十代半ばだと思っていたが、実は八十六だと聞かされて驚いた。若く見える老人が、老いて見える家に住んでいる。

家の周囲にある森は「自分の土地から砂金が出ると思っていた住民の地所の一部」であるとドンはつぶやいた。言葉を飲み込むように話すので、言っていることを聞き取るのがとても困難であった。三十年前、彼は家の隣にある6エーカーの荒れ放題の果樹園と、オークの森を買い取った。これでアナグマウォッチングにいそしめるというわけだ。ジュディー・ソールズベリーやマウリーン・デイビスのように、ドンも毎晩アナグマに餌を与えていたが、彼が与えていたのはパンやチーズといった、より質素なものだった。もちろんピーナッツもだ。だが、ドンはリッチティー・ビスケットも数枚ばらまき始めた。ドンの中では本来ルール違反である。

「ビスケットを与えるのはちょっとどうかと思ってはいるんだ。奴らは歯医者には行けないわけだしな」

ドンはそう言った。

「でもアナグマたちは、これが餌の時間に最後まで付き合ってやった褒美だと思っている」

ドンは、家を覆う森の中に入っていった。少し坂を下っていくと、夕日がオレンジ色に輝いている場所に着いた。ドンの家の反対側にある大きな屋敷――シャレー風の小屋が、ローマ風の柱を備えたサッカー選手でも住んでいそうな邸宅に建て替えられた――の常夜灯の光が、木々の合間を抜け、森を郊外の色に照らした。プラタナスの落ち葉を踏みしめると、背後でカサカサと音が鳴った。振り返ったが、そこには何もいなかった。自分たちが見られているのではないかと思うとわくわくしたが、その感覚はすぐに消え失せた。また音がしたので、もう一度振り返った。綺麗な身体をしたアカギツネだった。ふさふさした尻尾は何かを待っているかのように直立しており、我々から二歩離れたところにいた。無意識のうちにウェールズの森に棲むフクロウに気づいた時のように、自分の内側にある動物的な本能のごくわずかな片鱗を感じ取ることができた。

「あれはいつものキツネだな」

野生のキツネがすぐ近くまでやってくるのは、至極自然なことであるかのような口ぶりだった。

「ピーナッツが欲しいんだな。もらえるって分かってるんだ」

ドンの薄暗い世界は、もう一つの並行世界だ。前方には、切り開かれた土地に緑色に塗られた箱型の木造建築物が建っている。ドンの正確な規格に基づくその頑丈なアナグマ観察用の隠れ家は木製の大きなシャッターが特徴で、開くと180×120㎝の窓が開放される。そこからは、森の地面を見下ろすことができるのだ。ドンがシャッターを開けるのを手伝おうと、私は暗い隠れ家の中に入った。

「余計なことをするな」

叱られてしまった。私は祖母の事を思い出した。物事は然るべきやり方で行われなくてはならず、他の人間はよく方法を間違える。もしかするとドンは祖母の事を知っていたのではないかと思えてきた。

「ジェーンとは哺乳類協会で会ったのを覚えているよ」

ドンはうなずいた。かつて彼は哺乳類協会の総会で「アナグマにまつわる迷信」という発表を行ったことがあるが、それ以上は何も教えてくれなかった。私はドンからもっと祖母の話を聞きたいと痛切に思ったが、何かがそれ以上の質問を許さなかった。

隠れ家に入って三十秒と経たないうちに、窓の下にアナグマが現れた。

「ジェーンみたいだ」

ドンがうなずいた。祖母ではなく、ドンのところのアナグマの名前だ。

「おお、エレインもいるぞ」

小声で言う必要はなかった。アナグマたちはドンの声を恐れたりはしない。近くに寄ってきた。エレインは子どもたちの中でも一番小さかったが、今では七歳になる。エレインは木製の隠れ家の壁に足をかけると、縦に体を伸ばした。ドンは身を乗り出し、手ずから餌を与えた。それはジュディー・ソールズベリーのところのアナグマのように餌をとってすぐに逃げたりしなかった。チーズの欠片を慎重に受け取り、それからがつがつむしゃむしゃと食べ始めた。ドンはピーナッツを少し手に取り、放り投げた。それらが全部吸い上げられてしまったころ、オスカーという名の若いオスが横たわり、地面に鼻を置いた。隠れ家の窓の下で、おあずけをくらった犬のようにV字形を描いている。

「あいつらは餌を待ってるんだよ」

こんなにリラックスしたアナグマを見たのは生まれて初めてだった。

アナグマの数は増え、ドンは二か月前にアナグマたちの間で大きな喧嘩が起こったときのことを話してくれた。それ以降、ホッピティーの姿を見ていないという。ホッピティーというのは、おおかた車にでもぶつかったのか、後ろ足を引きずっている様子からつけられた名前だ。

喧嘩は日常茶飯事というわけではないが、

「みんな警戒態勢に入った」

とドンは言う。

「そのうちの一匹、ハニーの首にはあの中で一番惨たらしい傷ができてしまったが、今では順調に治りつつある。キャンディーはハニーがいると未だに心穏やかではいられないようだ。この前はジェイクが現れた途端さっさと逃げ出してしまったがな。ジェイクは攻撃的ではないのは確かなんだが他人の物を盗るんだ。盗める餌があれば盗んじまう」

その話を聞いていると、『*The Only Way Is Essex*』(エセックス流で行こう)というテレビ番組のエピソードが頭をよぎった。ただし、ドンはただアナグマのメロドラマを追っているというわけではない。何年にもわたって観察を続けた結果、ドンはアナグマの行動に関する鋭い見識を得ていた。彼は一般的に信じられているあらゆることに疑問を抱いた。その中には敬愛するアーネスト・ニールの提唱するいくつかの説も含まれている。例えば、群れの中で交尾するのはアルファオスとアルファメスだけ、といったものだ。ドンはこの仮説は他の動物から来たのだろうと考えた。

「俺が見てきたものとはどう考えても合わないんだ。たまたま適齢期のメスが一匹か二匹しかいなくてあんまり交尾が出来なかった時だったか、強いオスとメスの組み合わせに出くわしたかのどっちかだろう。一つの群れの中で一年のうちに生まれた仔の最高記録は十三匹だった」

ドンは、常に群れを支配している「アルファ」の存在に気づいたことはなかった。そうではなく、彼が言うには餌の時間にはゆるやかな早い者勝ちのルールがあるという。厳しいヒエラルキーがある動物は、服従のサインを持っているのが確認されている。群れで暮らすオオカミや犬が縮こまるのは昔から知られている事例だ。ドンは語る。

「そういうのはアナグマで見たことがない。争いを避けたいときは逃げ出す。だが、それは犬が強者にするみたいに仰向けに寝転がって媚びへつらうってことじゃない」

ドンのところのアナグマはアルファオスやメスに毛づくろいをすることで機嫌を取ったりはしない。ジュディー・ソールズベリーも気づいていたことだが、群れのアナグマはみな他のメンバーの毛づくろいをする。

陽はすっかり落ち、今は八匹のアナグマが隣家の常夜灯の薄明かりに照らされていた。ドンが懐中電灯をさっと照らすたび、アナグマたちの様々なポーズが見えた。まるでパントマイムの芸人のようだ。エレインとキャンディーは互いに毛づくろいを始めた。それから、キャンディーはデニスの方へ行き、キスするかのようにそっと毛玉を取ってあげた。

「これが群れの繫がりってものだ。互いに毛づくろいをしてるだろ。しょっちゅうやっている」

ドンは穏やかな口調で説明した。明らかな社会性を持っているこのアナグマたちと、学者の言う「原初的な社会性を持つ」とされるアナグマとを脳内で一致させるのは困難であった。アナグマが集まってくるのは自分が餌をやるからだとドンは思っていたが。郊外自体がそうだが、このアナグマの群れは作られた自然であり、人工のものだ。我々人間はアナグマの行動すらも変えてしまったのだ。

ドンはやおら立ち上がると、よたよたとした足取りで隠れ家の外に出て行った。アナグマのそれと似ていなくもなかった。もっと直接アナグマに餌をやろうとしているのだ。二匹が飛びあがり、前足をドンの膝に乗せた。そして、彼の手の平からパンとチーズを受け取った。半分闇に覆われたそのシルエットは、見入ってしまうような絵面だった。私はうらやましくてたまらなかった。私だって『*The Magic Roundabout*』のドゥーガルのようにアナグマを周りに集まらせたかったが、ドンが一つのアナグマの群れのために費やしてきた年月にかなうわけがなかった。異質な匂いを放つ私が外に出たりすれば、アナグマたちは散り散りに逃げてしまうだろう。

「よしよし」

ドンはアナグマたちに声をかける。一時間の間に、容器の中身は八匹全体につましく行きわたった。

どうしてアナグマなのだろうか？

「もし俺が余所の国に住んでいたら、餌をやる相手はヒョウやトラやガラゴだったかもしれないな。社会的な動物だからっていうのが好きな理由の一つだな。群れで暮らしてるっていうのが人間そっくりじゃないか。今ではでかくなりすぎたがね」

ドンはとても不機嫌そうな顔になった。でかくなりすぎたというのは人間の群れのことであって、アナグマのことではない。ドンのアナグマに対する振る舞いは、毎年のように生徒を受け入れては送り出す気だるそうなベテランの教師のようだが、この仕事に対しての情熱はまだ十分にあり、特に記憶に残っているアナグマもいる。

「本当に可愛いやつもいるんだぞ」

ドンはそう言った。

「ハニーが首に大けがを負ったとき、俺は本当にいたたまれない気持ちだった。あいつは生きとしていて、自信に満ち溢れたやつだ。そしてエレインのちびだ。俺はあいつを生まれた時から知っている。あいつは子ども時代は涙ぐんだ目をしていて、顔に腫物があった。辛い幼少期を送ったやつだったが、もうすっかり良くなったよ」

ぎこちなく差し出されたお茶をいただき、私はドアの方へと向かった。アナグマの行動をこんなにたくさん見られたのは魔法のようであったが、私はドンのプライベートな世界に入ってしまってよかったのだろうかと思っていた。荒家《あばらや》の敷居を越えて外に出ようとすると、ドンから驚くべき言葉が飛んできた。

「また来ないか？」

私は虚を衝かれたが、一瞬の後、

「もちろんです」

と答えた。

「春になったら、ぜひ喜んで」

10　餌食

パリッとした爽やかな冬の日曜日のことだった。パラダイス・ファームで悲鳴が上がった。ロバート・フラーはヨークシャーにあるダーウェント川の川辺を友人とぶらつきながら、カワウソを探していた。そこは歴史的な名所で、近くにはスタムフォードブリッジの戦いの跡地がある。1マイルほど向こうから金切り声とたくさんの犬の吠え声が聞こえてきたので、フラーは階段を駆け上った。

犬は互いに会話をする。その様子はまるで四本足の人間のようだ。多くの飼い主がそう思っているだろう。そして、闘っている時の吠え声と何かを見つめながらキャンキャン言っている時の声には明確な違いがある。フラーが聞いたのはその両方だった。近づいてみると、もっと背筋が凍るような音が聞こえた。痛めつけられている豚のような、悲鳴や金切り声が入り混じった狼狽の声だ。フラーは野生動物をテーマに活動する有名なアーティストであり、ウォルズの自宅近くにある緩やかな凹凸のある田園地帯で二か月以上もの間、夜間のアナグマウォッチングを続けていた。そんな彼は、すぐさまアナグマが命がけで闘っている声だと判断した。

生垣にたどり着いて、地に伏せて中の牧草地の様子を覗き見た。だがその前に、何が起こっているのか理解してしまった。胃が締め付けられ、吐き気がこみ上げてくる。

「自分が提出した警察調書を読むたび、鳥肌が立つんです」

最初に会ったとき、彼はそう言っていた。

「何が起こっているのか想像はつきました。それから生垣を潜り抜けたんですが、そこで実際の光景を目の当たりにして、ひどくショックを受けました」

フラーが見たものは、闘猲であった。それも日曜の昼日中、イギリスの田舎の公道に近い場所で。この二十一世紀に。

血まみれの大きな犬が二匹——フラー曰く、『ハリー・ポッター』に出てきそうな——アナグマと残虐な激闘を繰り広げながら遊んでいた。そのアナグマは宙を舞っていた。まだ息があり、怯えたかすれ声を上げながら、反撃を試みていた。テリアが何匹か周辺を走り回りつつ、牙を突き立てていく。毛皮がちぎれ飛んだ。最も衝撃的だったのが、八人の男が周囲に立ち、その様子を眺めていたことだった。一人がアナグマに犬をけしかけ、他は後ろに下がってショットガンを構えながら、笑ったり冗談を言い合ったりしつつ、血が流れているのを見て高揚していた。

フラーは芸術家であったが、農場で育った大柄で屈強なヨークシャー人でもあった。以前ノウサギ狩りを阻止したこともあった。「イカれた悪ガキどもでした」そう語っている。

「要は数の問題でした。まさに野生動物でしたよ」

そこにいたのはフラーと友人だけだった。だがその日の朝、川にカワウソの写真を撮りに出歩いていたところだったので、自由に使える武器を持っていた。４００㎜のレンズである。リュックサックからカメラを取り出し、警察にこっそり通報した後、生垣の方ににじり寄りながら写真を撮り始めた。緑のフリース地の狩猟用ジャケットを着て、迷彩帽を被った男が、犬をけしかけている所を写真に収めた。他にも、後ろに立っている男たちがリードに自分たちの犬をつなぎ、この状況を楽しんでいる様子も撮った。フラーはそのアナグマが攻撃され、嚙まれ続けている様子を十分間にわたり見ていた。男たちが犬を引き戻そうとすることはなかった。しまいには、アナグマは反撃できないほどの深手を負い、犬たちも興味をなくしてしまった。犬を駆り立てていた男は犬たちを引き戻し、そしてハンチング帽と地元民らしい分厚いコーデュロイのズボンを穿いた二人目の男が前に出て、アナグマを撃った。金切り声はついに途絶えてしまった。

「お楽しみ」は終わりを告げ、男たちはお喋りをしながら荷物をランドローバーに積み込んだ。その中には発信機の付いた首輪もある。これは穴居棲の動物を追い込むために地下に潜ったテリアの居場所を狩人に正確に伝えるためのものだ。そして、男たちの一人がフラーに気づき、腕を伸ばして顔を覆った。他の男たちはフラーを指さし始めた。

しばしの間、両方の陣営はどちらが狩る側でどちらが狩られる側なのかを考えていた。フラーは生命の危険を感じて恐怖におびえ、友人は素早く川に沿って走りだした。しかし、闘猪を行っていたならず者たちもまた、自分たちが厄介な状況にあることを理解していた。彼らは証拠の隠滅に取り掛かった。撃ち殺したアナグマを生垣に放り投げ、掘った穴を土で埋め、その中に毛皮の断片も一つ残らず入れてしまった。穴の奥底には、闘猪で命を落とした別のアナグマの死骸があった。メスの身重のアナグマで、その腸は荒れた牧草地に飛び散り、そのそばには三匹目のアナグマの尻尾と、四匹の薄桃色をした胎児が転がっていた。男たちは散り散りになった。何人かは二台の車に乗り込み、その他は牧草地を駆け抜けていった。警察がもうすぐそこまで来ているとも知らずに。

この二十一世紀において、闘狢などは全くもって時代錯誤なものだと思っていた。あるいは、こうした残酷な地方の習わしは法による規制で完全になくなったわけではないにせよ、てっきり風化していたものだと。これは、まぎれもなく人間が自然から遠ざかったことによる結果の一つだ。しかし、一九七三年にアナグマ掘り禁止法が制定されたにもかかわらず、アナグマ掘りや闘狢は存続していた。アナグマウォッチャーであるクリス・フェリスは、『*The Darkness Is Light Enough*』（暗闇など何するものぞ）という本で、一九八〇年代にケントでアナグマ掘りに遭遇した時の恐ろしい体験を記していた。同じころ、ノースヨークシャーのパトリーブリッジで育った友人は、自室のケアベア（クマのキャラクター）の壁紙が過激な政治思想を持った姉に汚されていたと回想していた。姉は「セックスピストルズ」とか「闘狢を止めよう」などと壁紙に落書きしたことでひどく叱られていた。アイルランドに目を向けてみると、全アイルランドハーリング選手権最終戦の日に、マンスター闘狢選手権が違法に開かれている。その日はアイルランド国家警察もダブリンの群衆を抑えるのに忙しいのだ。

アナグマ愛好家に会うたび、私はアナグマ掘りや闘狢について尋ねている。イングランドの南や西の方では、もうそんなことは行われていないと人々は言っている。少数の専門家——元警察官のボランティアや、傷ついたアナグマを診たこともある動物保護活動家たちは、アナグマ掘りや闘犸は未だに行われているという。主に北の方だ。王立動物虐待防止協会（RSPCA）のある会員は、『*Earth Dog, Running Dog*』（潜る犬、走る犬）というラーチャーやテリアの愛好家のための雑誌に目を光らせているという。この雑誌の中で、私はアナグマ掘りを弁護する近年の論者の中でもひときわ扇動的な人物を発見した。一九八〇年代、デイビッド・ハークームがクラフツ・ドッグショーの審査員だったころ、この上品な雑誌の編集者でもあった彼は、『*Badger Digging with Terriers*』（テリアといっしょにアナグマ掘り）という本を執筆した。彼が振り返って言うには、「頭のイカれた」国会議員がその本を発禁にしようとしたり、「新聞やテレビの流行に乗せられたホモどもに糾弾」されたり、最終的には裁判に持ち込まれたという。人々をアナグマ掘りに駆り立て、アナグマを傷つけ虐待することを促したことに関しては、グウェント州の判事は無罪という判決を言い渡した。ハークームは後に出した本で、このスポーツを守り抜いたことを繰り返し語っていた。ウィキリークスによって公開された昔のBNP（英国民族党）の党員リストからハークームの住所と電話番号を見つけた私は、電話をかけてから一筆書いた。彼の口から直接アナグマ狩りの話を聞いてみたかったのだ。残念ながら、梨の礫《つぶて》であった。彼の本を読んで分かったのは、ハークームはジャーナリストを相手にするぐらいなら「蛇蝎と一緒にいた方がずっといい」と思うようになったということだ。私は自然を愛する『ガーディアン』紙のライターなので、特に邪悪な存在だと思われたに違いない。

幸運なことに、ハークームは何年もの間、自費出版で出した本でアナグマ掘りの世界に光を当て続けてくれた。テリアはハークームにとって大きな生きがいであり、テリアを繁殖させ、訓練し、売却し、田舎での狩猟を円滑に行うため、キツネを追い出すのにこうした「小さくも偉大なる戦士」を使っていた。違法になるまでは、アナグマ掘りもやっていた。人と犬の親密な関係の下に成り立つスポーツであったからだ。テリアを育てるのは、「洗脳して舞台の上で気取った歩き方をさせる」ためでも、ただネズミやウサギを取ってこさせるためでもない。ハークームは著書『*The World of the Working Terrier*』（働くテリアの世界）でそう語っていた。働く犬にとっての最高の名誉とは、地下の穴倉でアナグマと対峙することだ。

「テリアは地下に潜り、留まり、暗い土の下でたった一匹で闘い続けなければいけない。シャベルを持った男たちが辿りつくまで、どれほどの働きをしていたことか」

ハークームはそう記していた。

「よく分かっているとは思うが、テリアにはアナグマと対峙しなければいけない道理など全くない。6kgから10kgぐらいしかないテリアが勇気を振り絞って地下深くに潜り込み、12kgから20kgはあろうかという化け物に立ち向かうのだ。傷をつけることも止めることも対処することもできない相手に。そんなことは全く不可能だ。だが、この小さな英雄は見事やってのけたのだ」

自分のスポーツが受け入れられ、人気になっていたころ、ハークームは「アナグマ掘りブームの年」を思い起こしていた。ハークームの文章の多くはジョサリン・ルーカスといったアナグマ掘りを擁護した歴史的人物の言葉に酷似していた。特に、テリアにとって圧倒的不利である――「敵が何でもできるような状況下にある中で小さい犬を単独で立ち向かわせている」――ことが立派なスポーツになっているという主張が特にそうだ。ハークームには独自のアナグマ掘りのやり方があった。たくさんの犬を送り込むというやり方を好まず、テリアとアナグマは一対一で闘い、ラーチャーにアナグマを八つ裂きにさせてはいけないと考えていた。ハークームはアナグマ掘りを賭け事の対象にすることを批判しており、アナグマ掘りの作業員は夏の禁猟期には活動を休止し、アナグマに休息を与えるべきだとしていた。中でも強く主張していたのが、掘り出されたアナグマはリリースされるべきだということだ。アナグマが重傷を負っていて殺すしかない場合、銃殺により終わらせるべきである、と。

ハークームも他の多くの老練なアナグマ掘り作業員と同じように、「ビリー」（アナグマを指す方言）についてはは私よりずっと多くのことを知っていた。ハークームはあるアナグマ保護団体の無知を非難していた。その団体はアナグマの巣の撤去を委任されていて、授乳中のアナグマのメスを掘り出したがその周囲に仔が見つからなかったので、メスが仔を全て食べてしまったのだろうという結論を出していた。仔は生きている可能性が高く、隠されているだけだろうとハークームは述べていた。アナグマのメスは包囲攻撃にさらされた時、生存の可能性を最大限に高めるために巣の周囲に仔を隠し、そのまま見捨ててしまうことがよくあるという。また、ハークームは年齢を重ねるにつれ、あらゆる命をどれだけ大切に思ってきたかを悲しげな論調で書いていた。

「人命だけではない。我々の周りに生きる動物たちの命もだ。テリアにキツネ、アナグマ。皆等しく価値があり、世界の枠組みの中でそれぞれの位置を占めている。その命を終わらせる、または終わらせた我々人間は、相手をできる限り肉体的、精神的苦痛が少ないやり方で殺すことの責任から目をそらしてはならない。アナグマに対しては大いにその責任がある。それが人間としての責任だ」

ハークームの望みは、イギリスで最年長の現役テリア使いになることだった。死後は自分の遺灰を大好きな動物の巣穴に撒いてほしいと思っていた。

「キツネやアナグマたちには私のことをいつまでも忘れないでいてほしい」

そうハークームは述べていた。

「私の上を楽しそうに歩き回り、私の遺灰を『土の中に』踏み固めてほしい」

動物を愛する風変わりな世捨て人、長い夜間の外出、湿った土の匂い。デイビッド・ハークームと私の祖母は同じ時代を生き、大勢にとっての「普通」とは異なる道を歩んでいった。類似した精神の持ち主である可能性は高い。イギリスでアナグマを認識していない他の人々よりも、この二人の方が共通点は多かったのではないだろうか。しかし、もし仮に娯楽のために動物を殺すのが許されるとして、私がそれを受け入れ、地方の粗暴な風習を擁護するハークームの論をとことんまで許容したとしても、ハークームのアナグマ掘りの擁護論には穴がある。実際に捕まったアナグマがどうなったか、そうしたアナグマが毎回どれほど日常的に殺されてきたかについて、ハークームは触れてこなかった。また、自分の勇敢な犬が惨たらしい傷を負っていること、またその犬こそが残酷性が問われる原因になっていることを分かっていないように見受けられた。ハークームは自分はルールの範囲内でアナグマ掘りを行っていると主張している一方で、アナグマ掘りには共通の規律はないとさえ公言している。明確なルールがなくては、自制心を保つのは困難だ。ハークームは「不公平な」アナグマ掘り禁止法を憎んではいたが、同時に「現在行われているアナグマ掘りを抑制する必要は確かにある」と認めてもいる。

アナグマ掘りというスポーツの世界には「原始人」のような人間が多すぎるとハークームは

書いていた。こうした「愚か者」どもがアナグマ掘りを「狩猟スポーツ界の嫌われ者」にしてしまっていると。ハークームは「仲間たちの面汚しであるテリア使いの屑」を助長するつもりはなかったと述べていた。しかし、そうした連中と大いに関わっていたようにも思えた。ハークームが最初に出版したアナグマ掘りの本は非常に高値がついてしまい、ネット上で100ポンドで取引されている。今ではすっかり年老いてしまったが、ハークームは未だに自分の月刊誌を世に出しており、その内容は移民に声高に反対する意見や昔のアナグマ掘りを懐かしむ話だ。その雑誌はネット掲示板も運営しており、高慢な男たちが自分たちの犬や、掘り出して追い回し、殺した野生動物の画像を見せ合っている。その中には女性も数人いた。

ロバート・フラーがパラダイス・ファームで闘狢に遭遇してから一年近くが経ち、闘狢に参加した被告人たちはスカーバラにある治安判事裁判所に召喚され、公判に付された。スカーバラは港町である。細々と経営を続けている海辺のリゾートホテルの周辺に憎悪が渦巻く中、被告人たちはアナグマに対する殺害の意思があり、またアナグマ掘りおよびアナグマの巣に対する破壊行為を行い、犬を用いて野生動物を狩り、不必要な苦痛を与えたとして告訴された。今回追い込まれているのは人間だ。被告人たちは法廷の第一室に追い込まれ、それを地方裁判所判事が高みから見下ろしている。今回の事件の調査官であるポール・スティーブンソン巡査部長は、ひっそりと法廷の後方に座っていた。その横には地方新聞のジャーナリストが座っており、速記で細密なメモを取っていた。そしてロイヤルブルーをあしらった二列の席には、老年に差しかかっている五人のアナグマ愛好家が座っていた。針の筵のような状況で被告人たちのそばに立つ身内の女性が二人いたが、アナグマ愛好家の数の方が多かった。裁判は一週間にも及んだ。

「殺人事件の裁判でもこんなに長丁場になることはそうありません」

ある警察官はそう述べていた。

「これは殺人事件だ」

裁判所の職員の一人はそうつぶやいた。

フラーは裁判所に向かう途中で渋滞に引っかかったため、被告人の一人が停めていた車のそばに駐車した。その被告人は四輪駆動車から身を乗り出し、フラーに中指を突き立てた。反抗的な態度だが、被告人はフラーを見てうろたえていたことだろう。事件をはっきりと目撃していたこの証人が持つ証拠に裁判のすべてがかかっているということは、被告人たちも理解していた。フラーの証言と写真がなければ、事件性はないと判断されていたことだろう。この七人の被告人は、家族を大切にしているこの農家の息子が仕事で忙しいか、怯えて出廷できないことに最大の望みをかけていた。

だが、彼は来てしまった。被告人たちは二つのグループに分かれた。ヨークにある流行りの新興住宅地に住むクリストファー・ホームズ、二十八歳。そしてマルコム・マリー・ウォーナー。同じく二十八歳で、ホームズの近くに住む隣人だ。被告人のうちこの二人は、試合は終わったと判断し、朝の部で自分たちの有罪判決を求めた。こう宣言することで、刑期が三分の一に減るかもしれないということがわかっていたのだ。裁判所で他の五人が一張羅の黒いスーツとネクタイに身を包み、列を作っている間、二人は判決を待っていた。

列の最初にいたのは、アラン・アレキサンダーだった。背の低い、三十二歳の男だ。短く刈った黒髪に、眼鏡をかけていた。他の者からは、「ボック」というあだ名で呼ばれていた。裁判の休憩時間にはいつも笑っていて、社交的な人間のように思えた。彼はフラーが最初に見た人物であり、犬をけしかけてアナグマを八つ裂きにしようとしていた男だ。その次はウィル・アンダーソン、二十六歳。濃くてカールがかかった髪、そして膨らんだもみあげ。何もかもが大きい。アンダーソンはピカリング在住で、「スピリット・オブ・アドベンチャー」という自営業のビジネスをしており、オフロードのランドローバーを改造していた。彼は裁判の進行を真面目に聞きながら、「VAT領収書」と書かれた光沢のある青色の箱型ファイルに入れてある事件のノートを、指ではじいていた。

次に来たのは、中でもひときわ風変わりな男だった。ジェームズ・ドイル、三十四歳。灰色の髪をしていて、ひどく怒られている子どものような素振りを見せていた。彼はもっと遠く、ウェストヨークシャーに住んでおり、自分はこの中に加わっていただけでそれ以上の事は知らないと主張していた。最後はポール・ティンダル、三十三歳。体格の良いナイトクラブの黒服で、薄茶色の短髪に、幅の広い顔。その物腰は落ち着いており、頼もしい雰囲気だった。

たった一人、自信たっぷりに辺りの状況を把握しているように見える男がいた。被告人グループの最年長、リチャード・シンプソン。猟場番人としての訓練を受けた地元の人間で、頭を剃り、そのまつ毛は漆黒を湛えていた。彼はレッド、ブランブル、ジンという名前の三匹のテリアに、チャーリーという名のメスの白いラーチャーを飼っていた。シンプソンは犬が大好きで、所有する銀色のランドローバーのナンバープレートには「DOG」と書いてあった。冬の間は狩猟の勢子《せこ》を務め、キジを駆り出す手伝いをして小銭を稼いでおり、狩猟シーズンの終わりにはフリーの狩人をやっていた。夏の間は、彼と、裁判を傍聴しているその妻は、自分たちの飼っているテリアを地方のドッグショーに出していた。妻は犬の毛の手入れを、彼は散歩を担当していた。シンプソンの目が私と合った。それからスティーブンソン巡査部長とも。そして彼は振り向いて、辺りに鋭い視線を向けた。自分は誰の餌食にもならない、そうした意思表示だった。その妻もまた、裁判の間同じように率直に振る舞い、夫のそばに立って呟いたりうなずいたりしていた。

シンプソンとその妻は、一九五〇年代に作られたヨーク西部の公営住宅団地にある二戸建ての家に住んでいて、友人のティンダル、シンプソンの片親違いの弟であるアレキサンダーの自宅とも近かった。そこはまさに、あの一月の日曜の朝に彼らが集まっていた場所であり、シンプソンが「荒っぽい射撃」を計画していた日であった。シンプソンはアンダーソンの助けを借り、パラダイス・ファームの「害獣」を撃ち殺す許可をもらったと言っていた。シンプソンがもし、数匹のアナグマの死を気に掛ける裁判官たちを不愉快に思っていたとしたら、それを表に出していなかったのは凄まじい自制心であると言うほかはない。あの日曜日、警察官たちに無線が入った。ただちにパラダイス・ファームに向かい、撃たれたアナグマの捜査報告を上げろとのことだった。そのことをスティーブンソン巡査部長が法廷で話すのを聞いていると、私はこの熱心なハンターたちが何を考えていたのかふと気づいた。彼らにとって、これは車に轢かれたハトを警察が先を争って調査するぐらい馬鹿馬鹿しいことなのだ。アナグマのようにありふれた動物がなぜ法で保護されなくてはならないのか理解できない狩猟愛好家は数多い。

スティーブンソン巡査部長はパラダイス・ファームから半マイルほど離れた場所で車を停めた。そこでは二人の同僚がアレキサンダーのランドローバー・ディスカバリーを牽引していたところであった。ティンダルもその中に乗っている。アレキサンダーの手には血痕が付着していた。アレキサンダーの飼い犬の一匹で、アナグマを八つ裂きにしたオスのラーチャーは、鼻先に新しい傷をつけていた（『*Earth Dog, Running Dog*』誌では、こうした傷は「勲章」と呼ばれている）。巡査部長が、その犬はどのようにしてそんな怪我をしたのかと尋ねた時、アレキサンダーは、「あのクソ犬にやられたんだよ」と言って車の後ろの方にいた三匹目の犬を指さした。

「あれはろくでもない犬なんで捨てようと思っていたところだったんだ」

しかし、犬たちが一緒にされた時、その「駄犬」は暴れたりはしなかった。巡査部長は、ランドローバーの中に発信機付きの首輪を見つけた。それは湿っており、泥まみれだった。アレキサンダーによると、それはウサギを巣穴から追い出したフェレットの位置を把握するために使われるという。巡査部長はその首輪を冷たい目で観察し、フェレットの首どころか腰に巻くにも大きすぎると判断した。

巡査部長が来てみると、パラダイス・ファームではシンプソン、そしてアンダーソンも他の警察官により拘留されていた。アンダーソンは地主の許可を得ており、朝にはノースヨークシャーの警察にも電話をかけ、その土地でウサギの狩猟を行うと伝えてあったと、そう巡査部長に話した。これはハンターたちの習慣であり、銃声を聞いた一般人が警察に通報してもすでに警察の方は了解済みなのだ。アンダーソンはアナグマを撃ったことを認めた。

「そのアナグマが犬の前に飛び出してきたから、犬たちが襲い掛かったんだよ。犬を引っ張って止めようとしたけど止まらなかったから、いっそひと思いに殺してやろうと思ったんだ」

巡査部長に対し、彼はそのように語った。

「俺は闘猪士じゃねえよ」

フラーは現場からしばらく行ったところで引き返した。そして、知り合いの漁師とばったり出くわした。二人は、ジェームズ・ドイルにクリス・ホームズ、マリー・ウォーナーの三人が川辺で「こそこそと」隠れていたのを見つけた。この三人はすぐに警察に自首した。

現場を捜査し始めたころに警察が見つけたものは、生垣に放り込まれていた、射殺され、バラバラになった血まみれのアナグマだけだった。次の日、警察は警察犬と、RSPCAと、ジーン・ソウプという怪我をした野生動物を救うレスキューセンターを営む中年の女性を連れてきた。友人が言うには、ヨークシャーの人間は直截な物言いをするが、ソウプはもっと歯に衣着せない言い方をするという。ソウプは威風堂々たる白髪の女性で、精力的にアナグマ掘りや闘猪の痕跡を辿り、記録し、追及し続けてきた。警察官に訓練まで施し、鑑定人として法廷に立ったことすらある。

パラダイス・ファームで、一匹のアナグマの死体が見つかった。

「二匹目が必要です」

ソウプは語った。

「一匹までなら勘違いかもしれませんが、二匹目はあり得ません」

ソウプの鑑識眼により、警察は二匹目のアナグマの尻尾を発見し、さらに別の場所で散乱した胎児を見つけた。そして埋められた穴の底には、妊娠した血みどろのアナグマの死骸があった。

一週間半に及ぶ裁判で、クリスティーナ・ハリソン地方裁判所判事はフラーと警察官、ジーン・ソウプから話を聞いた。判事は被告人たちの言い分にもきちんと耳を傾けた。あの殺戮に対する弁明の話を、みな食い入るように聞いていた。被告人たちは全員自分を信じているような口ぶりで、数日後には私も彼らを信じてしまいそうになったほどだ。

被告人たちは、あの日曜日の射撃を以下のように説明していた。彼らはその週末にウサギ狩りを楽しんだ後、シンプソンの家から出て、朝の間じゅうススキ野原を歩いていた。ススキは外来種で、その葉は触ると手が切れやすく、3m近くにまで成長する植物だ。ウサギをそこから追い出しに来ていたのだ。森の中では四羽のキジを獲っていた――日曜日のキジ撃ちは違法である――それから、パラダイス・ファームに向かった。シンプソン他二名は納屋の近辺にいたハトに向けて発砲したが、一発も当たらなかった。そうこうしているうちに、アレキサンダーの飼い犬二匹がたまたまアナグマに食らいついた。アレキサンダーは必死に犬を引き離し、楽にしてやろうと引き金を引いた。ドイルはこの現場を見ていなかった。ティンダルは自分の犬をリードに繋いだ。シンプソンは遅れてやってきて、自分の飼っている白いラーチャー、チャーリーも、アレキサンダーが引っ張るまでアナグマを押さえていたことを認めた。チャーリーの口にも血がついていたが、シンプソンはススキの葉で切ったものだと言い張っていた。ジャケットについていた血はキジのものだろうと。

八つ裂きにされていくアナグマを見たときの彼らの説明はホームコメディーのようだった。

ドイルはその日コートを忘れてシンプソンのランドローバーの中におり、クロスワードを解いていて見ていなかったという。それから、今どうしているか心配で妻に何度も電話をかけていたが、繋がらなかったと。ティンダルは、足元が湿地だったのでウェリントンブーツの中に水が入っているのが気になっていて、そこで起きていることに気づいていなかったという。シンプソンはハトを撃ち、犬を運動させたかっただけなので、苛立っていたそうだ。

だが、その事件の核心は謎に満ちていた。いなくなった犬のことだ。フラーはベドリントン・テリアを目撃していた。プードルの毛皮とアメリカン・ピットブルに近い鼻を持つ、特徴的かつ攻撃的な犬種だ。警察が被告人たちと十三匹の犬を撮影した時点で、その犬は消えていた。逃げ出したのか、被告人たちがうまく隠し通したのか。それとも、元々別の誰かの犬だったのか。漁師を始めとする他の証人たちは、「八、九人」の男たちを目撃していた。そして、被告人たちの荒っぽい狩猟パーティーに飛び入りで入ってきた謎の男。誰もその男を呼んではいないと言う。男は銀色のダイハツに乗って現れたとされている。被告人たちが言うには、ベドリントンを飼っていたのはその男のようだ。アレキサンダーとアンダーソンはその男の「ある噂」を恐れていた。シンプソンは別にその男を恐れてはいなかったが、男はシンプソンのことを知らないし、シンプソンも別に男のことを知りたいとは思っていなかったという。一体この危険人物は何者なのか？　そもそも実在したのだろうか？　ソビア・アーメドという検察の若い女性は疑念を抱いていた。

「それは訴訟手続きが終盤を迎えるにあたって、被告人たちが自らの行いから注意をそらすために用意したでまかせに過ぎません」

彼女は裁判官にそう伝えた。

ウェールズ出身の魅力的な事務弁護士、クライブ・リースは、「野生動物及び地方における犯罪の弁護」のプロだ。アレキサンダーとアンダーソンの弁護を担当した彼は、「彼らは闘猪をやっていたわけではありません」と、私に対し法廷の外でぶっきらぼうに告げた。

「闘猪で有罪になった人間なんて見たことがありません。アナグマを囲いに入れて犬と闘わせたってだけじゃないですか」

闘猪が再び行われていたようだと私がコメントした時は、穏やかな口調でこう言われた。

「再び、ということはありません。私の少年時代、谷に住みテリアを飼う男はみな週末には闘猪に出かけていたものです」

だが、このケースにおいては彼の弁護も完璧なものではなかった。判事には「悪の度合い」を見定める「読心術」が求められると言ったうえで、

「故意にアナグマを殺すことが良いことだなんて誰も言ってないじゃないですか」

そう認めていたからである。彼の論拠は、狩りは偶然に行われるものではなく、検察が被告人にアナグマを殺す意思があったことを証明できていないということだった。

ドイルは別の事務弁護士を雇っていたが、彼は微妙に異なる話を論拠としており、他の被告人よりも悔恨に基づいたスタンスを取っていた。

「あの日は私にとって悪夢になってしまいました」

ドイルは柔和な顔をしていたが、今にも崩れ落ちそうだった。ドイルとシンプソンは数年来の友人同士だったが、ドイルは今ではウェストヨークシャーで妻と子どもたちと共に暮らしてい

る。そして犬を二匹飼っていた。細身のホイペットに近い犬で、紛う事なき愛玩用のペットだと主張していた。妻や子どもたちと共に犬を散歩させるのが何よりも大好きで、一か月に一度ウサギ狩りに行くと言う。

「じいちゃんはフェレットを使った狩りに連れていってくれたもんだった。だからウサギの扱いにもこういうことにも慣れてるんだ」

法廷でドイルはそう語った。

他の者は皆パラダイス・ファームの建物のそばに車を停めていたと言っていたが、ドイル曰く、自分はシンプソンの銀色のランドローバーの中に座っていたとのことだ。そこが重要なポイントである。ランドローバーは農場のタイヤ痕の真上に停まっていて、そのタイヤ痕はアナグマの巣に続いていたという。他の者はそんなところに停めていないと言っていた。停めていたとしたら、ハトよりもアナグマが目当てだったということになる。アナグマの巣のそばに停めていたのだから。ドイルは、自分が車の中にいたのは寒かったからで、たくさんの犬が吠える声が聞こえたのでタバコを吸おうと外に出たという。

「これまで聞いたことのないような声も聞こえたよ」

ドイルは言った。

「小さい犬か何かの動物が苦痛にあえいでいるみたいだということしか分からなかった」

心配になって、妻に電話をしようとしたとドイルは言う。

「正直言うと、不安になったから気を紛らわそうと思って電話をしたんだ。最初に頭に浮かんだのは妻だったよ」

応答が得られなかったので、辺りをうろつきまわっていたとのことだ。

「何か良くないことが起きているのは分かってたよ。だから見たいとも思わなかった。その声がどこから聞こえてるのかも分からなかったし、犬か他の動物が傷ついているんだとしたら、耐えられなかったと思う。どうすることもできない。目を背けていたかった」

そうドイルは供述した。それから、携帯で音楽をかけた。耳にイヤホンを入れ、声を遮断したのだ。犬がウサギを殺すのはよく見ているはずなのに、こんなことで胸が悪くなるというのはおかしい。ドイルの事務弁護士は、この申し開きをきっちりと要約した。

「彼は（闘狢の）一味に加われなかったんです」

それからドイルの方を見て、「ドイルさん、こんな言い方をしてすみませんが」と前置きした上でこう言った。

「彼には勇気がなかったんです」

　シンプソンはドイルの方針にも乗らなかったし、アンダーソンが射殺する前に「可哀想」とか「苦しんでいる」とか言ったように、アナグマが残酷な死に方をしたことについても触れなかった。シンプソンはカントリースポーツ（狩り）に昔から情熱を注いできたことに対し、罪悪感を抱いてはいなかった。

「俺の友人の父親はハト撃ちやらフェレットを使った狩りやら何やらをやってきたし、俺もあのころから一緒になって楽しんでたよ」

彼は法廷でそう語った。シンプソンはアスクハン・ブライアン専門学校で猟場番人としての訓練を受け、青少年訓練計画（YTS）でパトリーブリッジ近くの小さな屋敷に最初の職を得た。

シンプソンにとって、動物愛好家の皮を被る必要性などなかった。外に出れば、「ハトやカラス、キツネにイタチにテン、害獣ならなんでも狩る荒っぽい狩猟ばかりしていた」

彼はこう語っていた。

検察のアーメドは、なぜシンプソンがラーチャーのチャーリーを連れていったのか尋ねた。

「チャーリーはうちで一番いい犬なので連れていった」

とのことだった。

ではなぜ銃を持っていったのか。

「チャーリーはハトは獲れないんだ」

即答だった。後ろの席でシンプソンの妻がにやついていた。

アーメドはチャーリーが他の犬と一緒になってアナグマを八つ裂きにしていたのかと尋ねた。

「そんなにやってねえよ。押さえつけてただけだ」

シンプソンは答えた。そして自分の顎を摑むと、血管が額に浮き出た。

チャーリーはアナグマを襲っていたのか？

「いいや」

じゃあ襲っていたのは他の犬か？

「そうだ」

アナグマだと気づいていたのか？

「ああ」

シンプソンはこう答えた。

「俺はそこにはいたけど、言うほど現場をちゃんと見てたわけじゃないんだ」

「あなたのジャケットには血液が付着していました。アナグマのものでしょう？」

アーメドはこう言った。場数を踏んだ検察の鋭い追及だった。

「分からない。キジのものだったと思う」

そして、シンプソンは相手の質問に対して少し楽しそうな素振りを見せた。

「ではＤＮＡ採取もされてないんですね？」

被告人たちは科学捜査がなされていないことを知っていたに違いない。あまりにも金がかかるからだ。それに、警察はもう十分な証拠を持っていると思っていた。犯人は捕まっていたし、その手は文字通り血塗られていた。


一週間後、ハリソン地方裁判所判事は判決を下した。ドイルは無罪になった。だが彼以外の全員は有罪だった。アナグマを故意に殺害したこと、犬を用いて狩りをしたこと、アナグマ掘りを行ったこと、そしてアナグマの巣の損壊。これらすべての容疑に関してだ。それからさらに数週間経った後、四人全員に対して懲役四か月の刑が言い渡された。

闘犬に関しての罪を立証するのは驚くほど難しい。警察も、ＲＳＰＣＡも、ジーン・ソウプもはっきりとした判決が下されてほっと胸をなでおろした。狡猾なクライブ・リースによる「事故だった」という弁護はごく普通に行われることで、その成功率は高いという。

自分が撮った写真により犯罪が立証されたロバート・フラーは、今回ばかりは道理が通ったことを喜んでいた。

「私は散弾銃の免許証を持っています。ずっと地方で暮らしてきたので、これまでたくさんのものを見てきました。子どもの頃、このあたりのアナグマは淡々と毒ガスで処分され、誰もそれを恥じることはありませんでした」

フラーはそう振り返っている。だが、パラダイス・ファームでの事件だけは違っていた。「直視できないような惨たらしいものでした」と彼は言っていた。

「犬たちがアナグマのはらわたを引き裂く様子を見て、彼らは笑っていました。アナグマの身体は古びた靴のように硬く、イギリス一丈夫な動物です。こうした人たちを見過ごしてはおけません。声を上げなくてはなりません。あまりにも残酷なことです」


パラダイス・ファームにおける闘狢は異常なことではない。法で禁じられているにもかかわらず、未だ存続しているアナグマ掘りや闘狢の文化について私はもっと知りたいと思った。そこで、狩りを愛するテリア使いが集まるネット掲示板に入っていくことにした。かつて闘狢士は、田舎のパブに集まり、新聞の小さな広告を使って犬や闘狢に使う道具を取引していた。これは媒体がソーシャルメディアになっても全く変わっていなかった。アナグマを痛めつけるために人がより遠くに行けるようになったと思われただけだった。

これは一般人が成果を誇る可能性も増やした。RSPCAにおける特殊作戦部隊の主任警部であり、数々の闘狢士を裁判所送りにしてきたイアン・ブリッグズは、アナグマ掘りや闘狢はアナグマを捕まえたいという欲求ではなく、自分の犬を見せびらかしたいという衝動が原点にあるのだろうと考えている。

「彼らはテリアやラーチャーに夢中になっています。『勇猛果敢』な犬として箔をつけ、イギリスで一番頑強な動物と闘わせたいと考えているのです」

ブリッグズはこう語った。

「写真を投稿して自慢しようという権利なんです。トロフィーや銃を持ち、傍らに犬がいて、十四のノウサギやら二十四のアナウサギやらが写っているような写真です」

このオンラインでのチャットは、いわゆるネット掲示板では珍しくもない。熱い議論が交わされていたり、派閥があったり、攻撃的だったり、数人の常連が支配していたりする。キーボードの前では、誰もがヒーローになれる。寒々しい平野でぬいぐるみのようにだらりと垂れたキツネの死体を高々と掲げ、そのそばには犬がきりっとした様子で立っている写真には、雄々しさ溢れるコメントがたくさんついている。はっきりと見える傷があれば高く評価される。

「この犬は良い働きをしたみたいだな」

大きな傷跡のあるテリアの写真にこんなコメントがつけられていた。

キツネ狩りを禁じている狩猟法は、犬を用いた野生動物の狩りをおおまかに規制している。ウサギやネズミに犬を差し向けるのは未だに合法だが、それ以外は違法だ。キツネを巣穴から追い出し、銃の的にするために犬が一匹使われることはある。しかしキツネを殺す手段は銃でなくてはならず、犬に八つ裂きにさせることは許されていない。掲示板のユーザーたちはこうしたかなり複雑な法律に精通しており、あまりにも法を逸脱した自慢話が投稿されることはほとんどない。キツネに対して複数の犬をけしかけているのだろう。それを示すヒントは多い。

とはいえ彼らはアナグマについて話す時は非常に用心深く、アナグマのことは「豚」という隠語で呼んでいる。唯一見つかった闘犬の写真は、韓国人によって投稿されたものだった。その投稿の後には犬を食うジョークが交わされ、みんな石だらけの地面からアナグマを引きずり出した犬たちに敬意を表していた。

大抵のイギリス人のハンターは、掲示板にアナグマ掘りの様子をアップロードするような愚行は冒さない。だが、元警察官で、全国のイギリス警察や第一線の慈善団体に影響力のある反アナグマ掘り組合、オペレーション・メレスにおけるイギリス防犯リーダーのイアン・ハッチソンによると、携帯を用いて撮影されたアナグマ掘りの映像や被疑者の自宅のパソコンから見つかる画像の数は「膨大な量」だという。これは動物虐待ポルノであるといえる。数年前、北アイルランドでアルスター動物保護協会と『サンデー・タイムズ』紙が結託し、闘犬を賛美する偽のブログを立ち上げた。これにより何人もの闘犬士を釣ることができた。だが大抵の場合、こうした残酷な画像は偶然発見されるものだ。ノーサンバーランド警察が全くの別件でウェイン・ラムズデンの携帯を押収したとき、犬同士を闘わせる闘犬の映像や、犬を猫やキツネやアナグマと闘わせている映像が見つかった。リンマス出身で二十三歳のこの男は、ソーシャルメディアにも足跡を残していた。同じく二十三歳でノーサンバーランド出身のコナー・パッターソンは、闘犬の楽しみをラムズデンとメールで交わし合っていた。二人にはそれぞれ二十一週間、十六週間の懲役が言い渡された。二〇一一年の事だった。その一か月前、サウスウェールズのトンアパンディ出身のクリスチャン・ラッチャムには十二か月の執行猶予に、懲役五か月の刑が言い渡された。闘犬の写真や映像が携帯から発見されたのだ。これもまた偶然の産物であった。

今日のアナグマハンターは自分と自分の犬をインターネットで売り出しているが、私が衝撃を受けたのは、ジョン・クレアが描写していた村ぐるみでの闘咯からほとんどなにも変わっていないことだった。違いがあるとすれば、現代ではアナグマを掘り出し、闘わせる人間は街や都市からやってくることぐらいか。大体はイングランド北部だ。パラダイス・ファームでボック、ティファー、マリーと呼び合っていたあの闘咯士たちは仲のいい友人同士なのだろう。有罪とされた者は一人を除いて皆ヨークの出身で、だいたい街の西部の公営住宅団地に住んでいる。

「ポリティカル・コレクトネスにはそぐわないとは思いますが、団地特有の文化なのでしょう」

ジーン・ソウプはこう語った。

「地方の人間は闘咯をひっそりと執り行うので、見つけることはできません。ただし団地の人間はやかましく、盛大に喧伝しながらやるので見つけやすいんです」

RSPCAのイアン・ブリッグズによると、大多数は都市の中心部から来るそうだ。

「これは労働者階級の娯楽という側面が強いです。あいつらの多くが軽犯罪に手を染めているんです」

そう彼は語った。ブリッグズが言うには、こうした人間は農場に行ったついでにそこの建物を覗き、盗めるものがあれば盗んでしまう。

アナグマ掘りを行う人間と、昔から未だに続くキツネ狩りのシーズンを楽しむ紅いジャケットを着た狩人。アナグマの保護活動家は、この両者の間に繋がりを見出せない。キツネ狩りとは異なり、社会の主流にはアナグマ掘りや闘猪の居場所はない。イギリスの傲慢な支配階級がこっそりやっているわけでもない。鳥を追い詰めて殺すのとも異なる。少数の大地主が大目に見ているというわけではないからだ。実際のやり方が書かれている本は、絶版になったデイビッド・ハークームの著作だけと言えよう。今ではこの本がネットの辺境でもてはやされるようになったが、アナグマ掘りや闘猪の手法が今日に伝わるただ一つの方法は、父親や叔父、従兄弟や兄弟から、世代を超えて伝授されることぐらいだろう。

RSPCAのイアン・ブリッグズは、闘猪は労働者階級の家族に伝わる伝統的なスポーツであると信じて疑っていなかった。

「彼らは仕事をしている犬に囲まれて育ち、親の闘猪のやり方を見て学ぶのです。自分たちのしていることが残酷なことだなんて全く思いもしません。アナグマが保護されているというのは、頑迷な野生動物保護活動家が自分たちのしたいようにさせてくれない、ということなんです。犬をペットとして飼っているのではなく、仕事をさせるために飼っていますから。犬は好きでやっている、というのが彼らの意見です。そして、テリアは飼い主のために『土に潜る』ことを楽しんでいるのだと。彼らは山ほどの抗議も意に介していません。アナグマは害獣であり、ウシ型結核菌をまき散らす存在なのです。我々は、アナグマの死骸の上に立つ四歳と五歳の子どもの写真を手に入れました。日曜の朝には犬を連れてアナグマ掘りに出かけるんです」

元警察官のジム・アシュリーはシュロップシャーのアナグマを知悉しているが、彼も存在を知らなかった巣を闘猾士が掘り出したケースがあった。どうやってその巣を見つけたのか尋ねたところ、「親父の地図」で知ったとのことだった。この闘猾士は環境保護論者よりもアナグマの巣の事を知り尽くしていた。

闘猾は支配階級に嘲笑され、偉大な詩人や作家たちに二百年にわたって弾劾されてきた。一八三五年から野生のアナグマを傷つけるのは違法になった。アナグマ掘りや闘猾を永遠に追放しようと人々が力を合わせた結果、この四十年の間に数々の新しい法案が通った。こうした法律はアナグマを痛めつけるのを野蛮な行いとみなしている大多数の意見を反映している。しかし、それでもまだ存続している。パラダイス・ファームの闘猾士を弁護したある事務弁護士は肩をすくめ、こう言った。このようなことはいつでも起こり得る。なぜなら人間は結局のところ、狩猟動物なのだから。人間のこうした本能を抑圧しようとする現代の法律こそ無駄なのだ、と。本能的なレベルで闘猾に明確な喜びを見出す人間がある程度いるのも事実だ。地方における一日がかりのきつい肉体労働。何か背徳的なことをするスリル。自分のテリアが、これまで仕込んだことをやってのけるのを見届ける興奮。本当に行動の予測がつかないし、飼い犬を殺しこちらの腕を噛み砕きかねない野生動物が追い込まれるのを見て分泌されるアドレナリン。だが、流血を求めるのが本能だというのは言い訳にしかならない。

アナグマは他のヨーロッパ諸国で未だに狩られ続けている。そこではごく普通に狩りの対象にされているのだ。例えばスウェーデンでは、アナグマはありふれていてあまり歓迎されておらず、野生のシカやイノシシのように射殺されている。しかし、テリアを用いてアナグマを掘り出し、その後他の犬に嚙み殺させる技術は、特にイギリスで重宝されている（アイルランドやフランスの一部地域でもそうだが）。こうした独特な形で残ってきたのは、おそらくイギリスの階級制度によるものだろう。密猟が美化されてきたのは、かつては――そしてこれからもそうだが――田舎の貧者が地主に対して行うちょっとした意趣返しだったからだろう。闘猾もこれと似ている。仕事と生活の中でごくわずかな力しか持ち合わせていない人間が、異なる領域においては支配権を握っている。それは言葉にできないほど残酷なものであったり、暴虐で、臆病で、スリルを好む、人間の根底にある本能の表れだったりするのだろう。だがそれは自主性と自由の象徴であり、ある階級が作った法律に対する、別の階級の侮蔑の表れでもあるのかもしれない。

11　患者

自動セキュリティーゲートの向こうには、非常に高価なワイヤーが張り巡らされていた。ここは緑溢れるサリー州だ。ゴルフコースに打ち放たれるボールの音を、深い生垣が包み込みかき消している。有事に備えて建てられたようなその建造物には、セントラルヒーティングや照明システムが完備されており、木の根で覆われたケーブルが地中を通り、そして患者を個体ごとに丁寧にモニタリングするための監視カメラが備え付けられていた。田舎に帰る前に、彼らにはゆっくりと万全の状態に戻ってもらうのだ。

このアナグマ用健康増進施設は、節度と美しさに溢れたアーツ・アンド・クラフツ運動の時代の屋敷の敷地に建てられた。建物の内壁には、温かみのあるオークの木の板が張られている。非の打ち所がないほど美しい、ある春の日のことだった。ボウリング用に設えたような質感の芝生の上に、二人の人間が石を敷いて石畳の道を作っていた。シジュウカラたちが木々の間でシーソーのように飛び跳ね、アデルの最新のバラードが建築業者のステレオから甲高く響いてきた。古びた厩舎はオフィスになっており、壁には金色のディスクが吊り下げられていた。数分後、クイーンのギタリストであるブライアン・メイがやってきて、彼のアシスタントの両頬に挨拶代わりのキスをした。

　ブライアンがイギリスのアナグマ保護運動の第一人者であったことを知ったのはほんの数週間前のことだった。あの伝説のロックスターがアナグマを可愛がっているソフトフォーカスの写真が、声明文と共に私のEメールの受信ボックスに入っていたのだ。そこに添えられていた文章は、心のこもったものだった。PRは普通もっと客観的な文章なのだが、そういう普通のPRとは違っていた。ブライアンはウェールズ議会に赴き、提案されていたウェールズにおけるアナグマの駆除を中止するよう、個人的に議員たちに働きかけようとしていた。この文章はジャーナリストたちの注意を、そのことに向けようとするものだった。

　有名なもじゃもじゃ頭に、汚れ一つない真っ白なプーマのトレーニングシューズ。ブライアンは典型的な引退間近のロックスターのように見えた。黒いズボンはぴっちりとしていて、白いシャツがはだけて綺麗な金色のチェーンと白くなりかけた胸毛が覗いていた。高級車に、金属採掘、熱帯雨林の保護。趣味に邁進する年老いたミュージシャンたちは、全く専門外の事業に自分たちの名前を付けては馬鹿にされていた。エクスムーアで私が出会った農家のオリバー・エドワーズも、このクイーンの伝説的人物に対して似たようなコメントをしていた。

「ギターに集中しろ、ブライアン」

オリバーがこう言ったのは、アナグマとウシ型結核についての我々の議論に突然ブライアンの運動が入ってきた時だった。

「あんたの生き方についてどうこう言うつもりはない。仕事の邪魔をする気もない。あんたはギターの専門家で、俺は農業の専門家だ。だから俺は環境保護活動家として、農家として、これまで通りやらせてもらう」

アナグマとブライアン・メイは、エンターテインメントとある種の大義名分のコミカルでちぐはぐな組み合わせのように見えるだろう。だが、これが気まぐれに手を出した道楽ではないことがすぐに明らかになった。

「趣味か……うーん……」

ブライアンが呟いた。侮蔑の表情を浮かべながら、その言葉について静かに考えていた。

「僕みたいなことをしているロックやエンターテインメントの人間は少ないだろう。みんな自分の名前を何かに付けてたりするけど、これは僕の人生においてかなり大きな部分を占めているんだ。他の人が何と言おうと気にしないさ。自分が何でこんなことをしているのかはわかっているつもりだ。お金が欲しいわけじゃない。有名になりたいわけでもない。動物が好きだからやってるんだよ。これは農家だけの問題じゃない。僕たちみんなの問題だ」


私が見てきた限りでは、アナグマに餌をやる人間はアナグマを家族の一員のように扱ってきた。そこからさらに進んで、野生のアナグマを救出し、リハビリさせようと邁進する人たちもいた。私の祖母はほどほどの規模で行っていたが、最近はもっと精力的にアナグマを救おうとする人たちがいる。例えばこの、数々のミリオンを達成したロックスターのブライアン・メイ。また、農家の妻のポーリーン・キッドナーのような人もいる。彼女はサマセットにある自分の農場に、「シークレット・ワールド」という動物病院を建てた。動物の一匹一匹を助けることに時間を費やしていたら、やがてその種自体を救いたいと思うのは当然の帰結だろう。祖母が寝る間も惜しんでボジャーの世話をし続け、疲弊するどころか政治活動にまで身を投じていったように、ポーリーンもブライアンも、彼らが作った慈善団体も、アナグマ駆除に対する反対勢力が勢いを増していく中、大きな影響力を持つ存在になっていった。

私がブライアンの自宅で最初に彼に会った頃、ブライアン・メイはまだアナグマ駆除反対運動の中心人物というよりは、売り上げのトップを記録した十八枚のアルバムと、「ボヘミアン・ラプソディ」から、「ウィ・ウィル・ロック・ユー」まで誰もが知っている曲のギタリストの方で有名な人物であった。だが、ブライアンは昔からロックの世界だけでなく、果てしなく広大な世界についても精通していた。彼は黄道光研究の博士課程を放棄してクイーンに尽くし、後に天文学者のパトリック・ムーアと懇意になり、共に宇宙の歴史についての論文を書いた。近年、ブライアンは一度放棄した博士課程を全うし、3D、つまり立体鏡の研究に情熱を注いでいる。

ブライアンはその燃えたつ炎のような外見からして、きっと一家言あるエンターテイナーなのだろうと思っていた。しかし話してみるとその口調は穏やかで、何かに賛同するときは「むぅーん」とハミングしていた。そして紛らわしいことに、賛同できないようなときは微妙に違う調子で「むぅーん」と言うのだ。ブライアンはオジー・オズボーンが言うところのロックの世界で昔からやってきた人間のような特異性と、プロの科学者の鋭敏さを兼ね備えていた。彼はまた、この世界の残酷さを鋭く感じ取っており、それを悲観的に眺めていた。

「外の世界にはクソみたいな奴がいっぱいいいる」

そうブライアンは言った。彼がそんな奴らに出会ったのは、ネット上だった。まだネットが出てきて間もない頃、彼は自分のブログを立ち上げ、それを「街頭演説台」と呼んでいた。

「双方向のコミュニケーションであるインターネットは、僕の人生を根本的に変えてしまったよ」

自分のファンとのネット上でのコミュニケーションにより、子どもの頃に持っていた動物に対する情熱が呼び覚まされた。

だがブライアンが積極的に動物のために動き出した理由はもう一つある。天文学を学んだことで、ホモ・サピエンスは宇宙の中心的存在などではないという結論に達したからだ。別のインタビューで、ブライアンはこう言っていた。

「何千年もの間、世界中の人間が天動説を信じていた。地球が宇宙の中心だ、そう天動説は言っていた。でも、今ではそれは違うってわかっている。でも我々こそが万物の霊長だっていう考えは今でも残ってるんだ。僕たちが生物進化の頂点に立っているって根拠は何なんだろう？そんなことを言える理由はどこにもないじゃないか。ならどうして、僕たちはとんでもなくひどい行いを正当化するためにその論理を使おうとするんだろう？」

ブライアンは常々、「動物のために何かできる」機会があるなら必ず動くと、そう自分に誓ってきた。その機会が訪れたのは、スコットランドのユーイスト島でハリネズミの駆除が企画されたという急報がやってきた時だった。ハリネズミはその島固有の鳥の生息を脅かすということで命を狙われていたのだが、ブライアンは本島にハリネズミを無事避難させることができた。ひと山越えたよ、とブライアンは言っていた。今では、クジラの保護活動から「アフリカの象のために闘うバージニア・マケナ」まで、ほとんどの動物福祉に関わりを持っている。アナグマ駆除が提唱されるだいぶ前から、自分で福祉団体を設立していた。「Save Me」（僕を助けて）という、イギリス中の野生動物を救うために奮闘する団体である。

「長い道のりになるだろう。まずは色々なことに疑問を持つことから始めるんだ。例えば、『害獣』ってなんだろう？　人に嫌な思いをさせる動物の事を言うんだろうか？　うん、そうだね。つまり、その動物には丁重に扱われる権利はないってこと？　うーん、それは違う。僕にこんなことを言った人はいっぱいいたよ。『キツネはクソを垂らしていくネズミみたいなもんだろうがよ？』って。それって、ネズミは考慮に値しない生き物ってこと？　ネズミは人間によく似ている。どっちも恐ろしいものだからね。害獣に貶めたら、その動物に対して全く何の遠慮もしなくていいような気になるよね。でも、それは間違ってると思う」

ブライアン・メイがアナグマの代弁者になったのはごく自然な成り行きだった。二〇一〇年、彼はウェールズのアナグマ駆除反対運動に参加していた。その運動は紆余曲折あったものの、最後には成功を収めた。それから二年後、イギリスにおける駆除に反対する動物の権利団体を率いる立場になった。そうした中で、何千人もの動物権利活動家と、その他の運動家ではない何百万人もの動物愛好家が動物に対して抱いている考えを代表していった。

動物の権利という概念が真剣に取りざたされ始めたのは十八世紀の事で、一八二四年にロンドンで動物虐待防止協会が設立されたことで具体的な形をとって現れた。これまで私は、動物の権利についてあまり考えたことはなかった。私はイギリスの地方と、そこに住む動物が大好きだったが、動物を個や魂があるものとしてはみなしていなかったかもしれない。私の取っている立場は多くのエコロジストや環境保護論者と同じものだ。彼らは動物たちを人間とは異なるものとして扱い、特定の希少動物や在来種に特別な保護を与えている。動物の権利のために動いている活動家たちは、ある種の動物だけに特権を与えるのは理にかなっていないし差別的であると考えている。どの動物にも一匹一匹に道徳的、法的権利があるということだ。

「僕にとっては当たり前の前提だよ。人間だって動物なんだ。この星にいる動物にはみな等しくそうした権利がある」

ブライアンはそう語った。

「ちゃんとした生と死を全うすること。それこそが自分の目標であり、他の動物たちにもそれを望んでいるんだ」

自分のスタンスは確実に感情に基づいたものではあるが、アナグマのために奮闘している理由は感情論からではないとブライアンは言っている。

「僕がアナグマを愛しているのは、アナグマがふかふかしててカッコいいからじゃないんだ。惹きつけられるのは確かだよ、それについての異論はない。アナグマは魅力的で、すごくミステリアスなんだ。アナグマは人間よりも昔からイギリスにいて、独自の社会形態を築いていた。そして、その全貌は明らかになってはいない。僕たちはこの世界にひどいことをしてきたのに、それでも生き延びてくれたあらゆる野生の生き物に畏敬の念を抱かずにはいられないんだ」

ブライアンが電話に出ようと席を外している間に、私は庭へと出て行った。アン・ブランマーに会うためだ。彼女はブライアンのアニマルレスキューセンターを経営している。そこはハイテクなアナグマの聖域であり、病気や怪我をした野生のアナグマが担ぎ込まれ、回復に努める場所だ。囲いの中で元気を取り戻したら、囲いから少しずつ遠くに離れられるよう慎重に手順を踏んだうえで、サリー州の田舎に返される。今のところ、この春に若いアナグマがやってきたりはしなかったが、代わりにアンは五匹のキツネの仔の面倒を見ていた。キツネたちは悲しそうな灰色の眼をしており、その耳はまだ自力で立てることもできないほど柔らかかった。

ブライアンはこのキツネの仔たちに「動物愛好家」にちなんだ名前を付けた。デイビッド・キャメロン、ニック・クレッグといった連立政権の政治家、環境大臣で二〇一一年にアナグマ駆除の実施を宣言したキャロライン・スペルマンなどが名前の由来になった。

庭の生垣がガサガサと揺れ、シャクナゲの中からブライアンが飛び出してきた。木の枝がカールがかった白髪に絡みついている。

「髪の毛がなくなりつつあるんだ。昔はもっとふさふさしてたんだけど」

ブライアンは悲しげにそう言った。自分の髪をなでおろし、キツネの仔たちと遊び始めた。野生の動物を飼いならすことはしない、という私の祖母の哲学が生きているのは、この国におけるレスキューセンターだけだ。ブライアンは普段、保護している動物と自分との間に一線を引いている。だが、彼は保護することで動物が人間の束縛を断ち切るかどうかを自分で決められると思っている。

「こういう幼い動物には哺乳瓶でミルクを与えないといけない」

キャロライン・スペルマンを抱き上げながら、ブライアンはそう言った。

「初めは懐かれているように見えるけど、でもある時点で、あの子たちはもう母親と一緒にいたいと思わなくなるんだ。人間の子どもみたいにね。だから自然に距離を置くようになると思うよ。その方がこの子たちにとっても良いことだ。それに人間を信用してほしくはないんだ、だって」

ブライアンはキツネの仔に向かってこう言った。

「人間はみんながみんな信用できるわけじゃない。ぜっ・た・い・に・ね」

ブライアンはウェールズやイングランドでアナグマ駆除反対運動を行い、ウシ型結核の流行地域にいる農家たちは牛を育てるのをやめ、なにか別のものを育てるか別の場所に引っ越すべきだと提案したら、そこの農家たちから激しい非難と怒りが沸き起こった。

「どうしてみんなウシ型結核の流行地域に牛を持ち込むような農家に税金を払っているんだろう?」

ブライアンはそう尋ねた。彼はこのために「ひどく叩かれ」、非難を受けてひどく傷ついているのが傍目にもよく分かった。

「こんなことを言ってる奴がいるんだよ。『ブライアンはギターが弾けないって言ってるようなもんだよな、それを喜ぶ奴もいるかもしれないな』って。はは、上等じゃないか。でもクイーンがイギリスでウケなかった時期があって、外国に行って演奏してたことがあるんだ。それで僕は家族をアメリカに連れていった。息子が小さかった頃にロサンゼルスの学校に通っていたのはそれもある。だから(農家が移転するのは)そんなに悪い話じゃないと思うんだ」

このブライアンに対する憎悪は、地方と都市の文化的な緊張関係を反映している。キツネ狩

りに関する議論に見られるように、たとえ地方の住民の大半が野生動物の味方だったとしても
だ。ブライアンのアナグマに対する意見は、金持ちの都会人が農家に対して上から指図するの
を見せびらかす新手のショービジネスだと批評家たちは指摘していた。

ブライアンは西ロンドンの郊外で育ち、現在の自宅はサリー州にある。サリー州は真剣に農業に従事している人間にはまっとうな地方とは思われてない(サリー州は富裕層が多いと言われている)。だが、地方人だけが田舎のことを分かっているわけではない、都会の知識人がそう主張するのは昔から続いている伝統である。ブライアン・メイの意見も、都会人の目線でアナグマ駆除を批判するのも、その流れの一部だ。十八世紀のイギリスで、動物に対する残虐行為について最初に声を上げたのは、牧師や政治家、都会の思想家たちであった。

「自然に対して一番無関心で、あらゆる生き物のことを一番よく知らないのは、往々にしてそこから最も近いところに住んでいる人間だ」

一九六〇年代に、ノラ・バークはそう書いていた。

「都会のナチュラリストたちは、たいていの地方人よりずっと多くのことを知っていると思われる」

ブライアンも似たようなことを言っていた。

「岡目八目、って言うじゃない」

古い諺を引用しながら、彼はこう続けた。

「伝統は時にひどい悪習になることがある。人は『私たちの一族はこの土地で生きてきた。私たちはずっとこのやり方でやってきたんだから、これが正しいんだ』って思うものだ。それが

本当だとしたら、奴隷制や魔女狩り、闘熊《とうゆう》だって今日まで続いてきたはずだ。外から来た人間が物事を新しく判断して、こう言わなくちゃいけない。『ねえ、こんなのおかしいよ。君たちがずっと昔からこうしてきたにしても、やっぱり馬鹿げてる』ってね」

ブライアンは実態をしっかりと把握していた。自分が立ち上げたブログにより、農家を含む両方の陣営と接することができるようになったと彼は思っている。

「住んでいる場所が違うからっていう古い批判は、もう通用しないよ」

彼はそう述べた。

駆除の技術に造詣が深いブライアンは、ウシ型結核の科学的な解決策を推し進めることにした。牛とアナグマ、両方にワクチンを投与するのだ。だが、ブライアンの動物に対する信条は、多くの生物学者やエコロジストたちのそれとは異なっていた。彼らの考えは感情に囚われない公正なもので、個々の動物よりも生態系や動物種全体の事を案じていた。他の動物保護活動家たちもそうだが、アナグマ駆除は地方の人間の残虐性が抑えきれずに表出したものであるとブライアンは見ており、また保守党が地方民のご機嫌を取って票稼ぎに使う口実であるということについても異論はない。連立政権に動きを封じられた結果、労働党の狩猟禁止令を撤廃するのに必要な議員数が集まらないのだ。

「これは農家に渡された免罪符みたいなもんだ。見よ、我々はちゃんと行動している。我々は君たちの味方だ。外に出て動物を殺しているじゃないか」

ブライアンはそう言った。だが、彼はアナグマ駆除と、アナグマ掘りおよび闘狢の間にある関係性も見出していた。その根拠はネットで見つかった。

「繋がりはある。こうしたウェブサイトに行くと、『殺せ、殺せ、殺せ』っていう血気盛んなコメントが巻き起こってる。狩猟法の撤廃に賛同する人間たちが異口同音にそう言ってるんだ。ショックだったよ。殺生が本当に大好きな人たちがいるんだなって」

ブライアンはあまり眠れていないようだった。仮想空間における悪意は必ずしも現実に浸透してくるわけではないのに、ブライアンはそれと戦うのに時間を費やしすぎているのではないだろうか。私は心配になった。

「相手を痛めつけなければ気が済まない、暴力性の塊のような人間の心のうちを見るのはとても辛いよ。すごく腹立たしいし、落ち込みながらも戦わないといけない。朝起きたら、これに対処するのは大変だなって思うことがあるんだ」

一呼吸おいて、

「けど、それを乗り越えるんだよ」

もっと明るく、そう言ってみせた。自分自身に対して笑ったのは、これが初めてだった。

キツネの仔たちに喋りかけたり遊んだりしているときに、私はブライアンに他の動物の駆除についてどう思うか尋ねてみた。イギリス在来種のキタリスを生かすため、ハイイロリスを駆除しなければならないとしたらどうか。するとブライアンは、ずいぶん長く黙り込んでしまった。

「動物の生息数や生態系に着目するなら、その科学的知見には欠陥がある、というのが僕の意見だ。統計にも着目してみると良い。数だけにしか目を向けず、動物福祉の観点をないがしろにしているなら、あまりいい仕事をしているとは言えないね。全ての動物には個というものがあり、ハイイロリスがこの国で生まれたのならそれはそのリスのせいじゃない。何百年も前と同じやり方で物事を復元しなければいけないというのは、とても危険な考え方だ。そうするとブリクストンから黒人を一人残らず追い出さなきゃいけなくなる。ファシスト的な思想だよ」

私は研究者などではないが、バランスの取れた生態系とは何か、それについて考えてみたいという気持ちは強い。人間によって持ち込まれ、土着のキタリスを駆逐し、キタリスにとって致命的となる病気も広めたハイイロリスは、人間の移民とは違う。これは擬人化された比較論だ。考えてみれば、イギリスの生態系があまりにも不安定なものになっている現在、外来種を駆除することによってバランスを保とうとするのは不毛な試みだった。「自然の」バランスを取り戻し、地方の病気をコントロールしようとする試みは、昔から成功したためしがないのは確かだ。

ブライアンや他の多くの人間が持つ動物の権利という概念は確かに一貫しており、かなり極端でもある。異なる生物種の利益がぶつかり合う混沌とした状況においても、その概念を当てはめることは正しいのだろうかと、私は疑問に思った。だが、ブライアンの隔離された王国に繫がるセキュリティーゲートが閉まってから、ずっと私の中に残っていた言葉がある。その言葉にはなかなか反論できずにいた。

「僕たちはキツネ狩りやアナグマ駆除といったものと戦っているけれど、その根底にあるものとも戦おうとしているんだ」

ブライアンは言った。

「それは、この地球上で人間だけが偉いんだっていう思想だよ」

ブライアン・メイのアナグマの聖域がハーレー街（首都ロンドンのウェストミンスター区にある通りで、名医が軒を連ねている）の豪勢なクリニックだとしたら、イギリスで最も大規模なアナグマのレスキューセンターであるシークレット・ワールドは、多忙な救急救命センターだ。毎年、国中から五十四ものアナグマの仔や、七十四もの成獣が運ばれてくる。サマセット平原に建つ、少し老朽化した十七世紀の優美な家屋。そこでアナグマたちはポーリーン・キッドナーとスタッフたちによる専門的なケアを受け、野生に返される。

私は、シークレット・ワールドの土産物屋でポーリーンを待っていた。どこまでも広がる建造物の林。そのほとんどは病棟や診療所、手術室に改装されているが、土産物屋もその一角にあった。ポーリーンに出会うまで、私は彼女のことを動物のためにすべてを犠牲にする決意を固めた狂信的な人物かと思っていた。しかし、出会ってすぐに良い印象を抱いた。ポーリーンは、病気の動物と毎日向き合っている人間特有の真剣な態度をとっていたが、人間そのものに失望しているようには見受けられなかった。彼女は非常に常識的な人物でもあった。車に轢かれたアナグマの死骸は実は農家に秘密裏に殺されたものだ、という都市伝説は「根も葉もないデマ」だと言っていた。農家は広い土地を持っているので、死体を捨てるならいくらでもスペースがある。わざわざ道路に置いていく必要などないのだ。ポーリーンはアナグマに餌をやる人間も良く思っていなかった。野生動物と慣れあうような人間は有害でしかないと考えているのだ。それに、ポーリーンは一度アナグマに噛まれたことがある。ものすごく痛かったそうだ。それ以来アナグマは飼いならせないものだと悟ったという。

遡ること一九八〇年代初頭、若きシングルマザーであったポーリーンは、デレクという酪農業者の出していた家政婦募集の広告に応募した。デレクも独身で、男手一つで子どもたちを育てていた。彼女はそこに引っ越し、二人は恋に落ちた。結婚後、ポーリーンは自分たちの酪農場が普通の農場から観光客に開放されたものになり、その後野生生物レスキューセンターに形を変えていくまでを夫とともに監督した。彼女は私を台所に連れていってくれたが、そこにたどり着くまでの廊下は迷路のように入り組んでいた。台所には犬の匂いが漂い、ありとあらゆるアナグマのグッズがあった。アナグマの皿、アナグマの時計、マントルピースに飾られたアナグマの装飾品。これらは彼女に対する贈り物や人々からの感謝の気持ちであり、捨てるに捨てられないのだ。お茶を飲みながらおしゃべりをしていると、デレクがやってきた。長身で、優しそうな顔をした男性だった。台所を走り回るネズミを仕留める罠をしかけに来ていたのだ。動物に対する寛容にも限度があるようだ。

ポーリーンが傷ついた動物を最初に受け入れたのは、一九八六年のことだった。

「来たのは鳥……ホシムクドリでした」

彼女はそう言った。地方自治体が家屋の屋根を改装しようとした丁度その時、ホシムクドリが巣を作っていたのだった。そのホシムクドリの周りには、無力な雛たちがたくさんいた。当時ポーリーンとデレクの農場にはまだ孵卵器があった。かつて家禽類を飼っていたときの名残だ。二人は巣を失ったホシムクドリたちをそこにかくまい、命を救ったのだった。私の祖母の場合もそうだったが、野生動物を救い、受け入れたという噂はあっという間に広まる。ポーリーンもすぐに多忙になった。そして傷ついた動物を救うことに対する情熱に火が付いたのも、アナグマのカリスマ性がきっかけだった。ポーリーンが受け持った最初のアナグマ、ブルーベルが治療に訪れたのは一九八九年の事だった。

「人はカワウソの仔が好きだと言います。確かにかわいいけどそれでも私はアナグマの方が好きです」

ポーリーンはそう言った。

シークレット・ワールドの資金は潤沢とはとても言い難いが、動物病院にかかるお金は安くはない。ポーリーンが使える予算は年間50万ポンドだ。ブライアン・メイとは違い彼女には個人的な財産はなく、運営資金は個人の寄付によって成り立っている。彼女が長きにわたるこの不況のただ中でも精力的に活動しているということは、イギリスの大衆が動物福祉に根強い関心を抱いているということだ。

ポーリーンを個人的に支援している人たちは、どんな動物でも分け隔てなく受け入れるレスキューセンターの理念に賛同しているのだ。担ぎ込まれた動物たちはそれぞれ、古いチーズ部屋の外にある日誌に記録されている。日誌には、七月の四日間にわたりこう書かれていた。

「セグロカモメ、ヨーロッパアブラコウモリ、クロウタドリ、スズメ、モリバト、モリバト、モリバト、アマツバメ、リス、カササギ、ドバト、ドバト、ハリネズミ、ウソ、ツバメ、ハタネズミ、ハタネズミ、ホロホロチョウ」

こうしたレスキューセンターを、地方へのいらぬおせっかいだと受け取る農家は多い。シークレット・ワールドが悪党どもを支援していることに疑いの余地はない、というのだ。カラスにカケス、コクマルガラスにハイイロリスも何匹か回復させていた。ポーリーンが治療した動物たちのリストを見ていると、この動物たちは野生で数を増やしているのだろうとか、この動物はペットとして人気があったのだろうとか、そんな興味深い情景が浮かんでくる。二〇〇六年まで、カワウソは一匹も受け入れたことがなかった。それから五年間、定期的にカワウソを患者として受け入れたことにより、サマセットでその個体数が回復していると証明してみせた。『ティーンエイジ・ミュータント・ニンジャ・タートルズ』が流行っていた時代には亀のための人工池も設けており、現在は非常にたくさんのペット用フクロウを治療している。『ハリー・ポッター』の影響だ。

　私の祖母と同じく、ポーリーンもまた、野生動物は健康に戻れるのなら人間のペットになるべきではないという信条の下で動いている。動物は自然のものなのだ。だが、安物のアナグマグッズのように、長年の間に野生に帰すことのできない外来種も何匹か集まってきている（例えば、ハイイロリスはこの国の在来種ではないので野生に帰すことは法律で禁じられている）。「すり込みがなされた」動物で名前と人格を与えられ、名誉人間となってしまったものもそうだ。檻に入れられ、人間としての能力に欠けているとしても。ティッカという名のバタン（オウムの一種）は、ポーリーンの小さなオフィスに住んでいる。このやかましい老いぼれ鳥に我慢できる人間は他にいないからだ。ヨウムの仏頂面夫妻。救出されたヨーロッパケナガイタチにはミンクのモーリスという名前が付けられ（のちにミンクではないと分かった）、二十七匹のミシシッピアカミミガメ（まさにミュータント・タートルズ）も彼ら用にしつらえられた人工池で飼っている。そして、締めくくりは、七面鳥のバーナードに、人に慣れた二羽のワシミミズクのデニスとダフネ。この二羽は頻繁に講演に連れまわされてとても忙しい。

そして、アナグマも何匹かいた。ポーリーンのアナグマの檻はバタンやフェレットのいるところから遠く離れた場所にあり、キツネの檻が四つ、それを包囲するように配置してある。野生のアナグマが通りがかって治療中の患者に病気をまき散らしたりしないようにだ。治療したアナグマにまずウシ型結核の検査を受けさせるという規定もなく、動物病院がイギリス中どこにでもアナグマを解き放っているという事実に、多くの農家たちが怒り狂っている。ごもっともな話だと思う。だが、ポーリーンは、自分が治療したアナグマが他の動物に病気を伝染させるリスクを最小限に減らすことを常に心がけてきた。ポーリーンとデレクも酪農業者であったため、病気を拡散されたらどのようなことになるかは分かっていた。アナグマのリハビリを始めた後、自分たちの乳牛もウシ型結核の感染爆発に巻き込まれたのだ。

「アナグマが犯人だって言われたんですけど、牛は三頭とも偽陽性（ウシ型結核の検査では陽性だったものの実際に感染しているわけではない）だったんです」

ポーリーンはそう語った。シークレット・ワールドでは、全てのアナグマが検査を受ける。陽性であった場合そのアナグマは安楽死させられ、死骸は厳密な検死を受け、本当に陽性だったかどうか確認される。受け入れてきた一千ものアナグマの仔のうち、眠りにつかせなくてはいけなかったのは六十四だった。そのうち間違いなく感染していたと言えたのは十四匹だけであったという。

「ウシ型結核は言われているほど大きな問題ではないということです」

そうポーリーンは主張した。

感染していなかったアナグマにはウシ型結核のワクチンが投与され、後ろ足に個体識別用のタトゥーが施されていた。コッツウォルズのウッドチェスター・パークでアナグマを研究している政府の研究者のアドバイスを受け、アナグマの仔は一か月おきに三回も検査を受け、病気がないか入念に確認されている。ウシ型結核はゆっくりと感染拡大し、潮のように満ち引きするからだ。

ポーリーンのところにアナグマがやってくるのはたいてい四月だ。安全な巣から出て道に迷い、混乱している仔もいれば、栄養不良に苦しんでいる仔もいるのだ。

「まずオスの仔から受け入れます。少しぼんやりしているんです。それからメスが来ます」

これは科学的根拠に基づいていると、ポーリーンはそう言った。オスもメスも同数産まれるが、ウッドチェスターにおけるアナグマの個体数調査によると、39%がオスで61%がメスであったという。オスのアナグマはメスよりも長生きできないということだ。

その年の初め、ポーリーンのところにこれまでで一番小さなアナグマが運び込まれてきた。三匹の仔で、どれも目が見えず、人間の親指ほどの大きさしかなかった。重さはそれぞれ58g、72g、76gで、その小さな耳はまだ塞がっていた。シークレット・ワールドに生きた状態で辿りつけたのは奇跡的だった。だが、これはポーリーンがいつも目の当たりにしているアナグマの生命力のごく一例にすぎない。その三匹の仔はウェールズの田舎で家を改築しようとしていた一家によって持ち込まれた。土砂降りの豪雨の翌日、建築現場のそばに置いてあった金属製のドラム缶の中から鳴き声が聞こえた。巣の中が洪水に見舞われたので、母親が子どもをドラム缶の中に移動させたのだった。一家はアナグマの仔たちを毛布で包み、巣のそばに置いておいたが、誰もその仔らを迎えには来ない。仔らはすっかり凍えてしまい、もう死んでしまったかに見えた。拾い上げて暖かい車中に移動させると、息を吹き返した。そして非常に献身的なボランティアたちが車でリレーを行ったことにより、北ウェールズからサマセットまで連れてこられた。仔らはとても小さかったが、へその緒はついていなかった。少なくとも生後三日は経っており、母親の初乳は飲んだということだ。つまり、免疫機構はもう確立していたのだ。シークレット・ワールドに到着した頃、三匹は毎時間、昼夜の別なく食事を必要とした。

三十人のフルタイム、およびパートタイムのスタッフがいたが、ポーリーンは徹夜で台所に立ち、そこでミルクを与え続けた。台所が一番暖かい場所だったからだ。スタッフの手を借りることはできなかった、そうポーリーンは述べた。仔らを看視するのは一人の親でないといけなかったからだ。

「目と耳は閉じているので、彼らは自分の身を守るために主に嗅覚に頼っています。安心できる匂いは一人だけなんです」

そうポーリーンは語った。三匹とも無事に生き長らえ、あっという間にすくすくと成長し、秋には滞りなく野に放たれた。

一度嚙まれたことはあるが、それでもアナグマは理想的な患者だった。ポーリーンは、これまでの生活の中で、イギリス中のほぼ全ての種類の動物を診てきたが、アナグマは「非常に物静か」であったと言っている。獣医たちは、行儀の悪い猫にもっとずっと悩まされている、と。

「アナグマならいつでもこっちにくださいな」

ポーリーンはこう述べた。動物を固定させる捕捉器具を使ってアナグマを拘束し、ケージ越しに注射をする動物病院のやり方を良く思ってはいない。アナグマはどんな環境でも大人しくさせておけるというのがポーリーンの考えだ。例えば、ワクチンを投与したいなら、毛布で覆った状態で投与すればいい。扱いやすいからという理由だけで動物を愛する人間などいない。しかし、ポーリーンはもっと感情的な理由でアナグマに惹かれているのだ。好きなのはその匂いだった。

「香水の多くがジャコウを原料にしていることを思えば、私たちがそれを気に入るのは自然なことです」

そして捉えどころがなく、把握することが難しいところも彼女にとっては魅力なのだ。

「謎に満ちているものに心惹かれるのです」

そうポーリーンは言っていた。

とりわけ、ポーリーンはアナグマの「個性」について理解していた。一匹一匹個性があると分かっているペットは別としても、私たちはイソップ以来、狡猾なキツネ、愚かな羊、高慢なクジャクと、ありとあらゆる種類の動物に安易に属性を当てはめてきた（ケネス・グレアムが指摘したことだが）。アナグマはみんなそれぞれ違っているということにポーリーンが気づくまで、そう時間はかからなかった。負傷したアナグマは拘束されたり、治療を受けたりするとき、それぞれ非常に異なる反応を見せるのだ。

「アナグマを生まれた時から台所で育てていても、いずれ野生に帰すことができる場合もあれば、生後三か月のアナグマを野生から直接連れてきて飼うこともできます。クリームを二日続けて目のところに塗ったら、大人しくなりすぎて野生に帰せなくなったケースもあります」

そうポーリーンは言っていた。

もし万事がうまくいき、アナグマの仔らが大きく成長すれば、ポーリーンは大きく囲われた土地へ彼らを移動させる。大体五〜八匹単位で放ち、最終的には彼らで群れを作ってもらうのだ。最適な予定地――アナグマがおらず、アナグマを放つことを了承してくれる地主のいる――が調べ上げられていた。新しくアナグマの群れができても、ただ撃ち殺されるのでは何にもならない。ポーリーンが現在アナグマを放している場所は、ノーフォークにランカシャー、それにチェシャーだ。ブライアン・メイのアナグマと同じように、ポーリーンのアナグマたちも段階的に解き放たれる。周りを電気柵で囲われ、わらを敷き詰めた巣がある土地にまずは置いておかれる。そこで二〜三週間餌を与えられ、それから完全に野生に帰されるのだ。ポーリーンが帰したアナグマのうち、確認できた中で最古の個体は、道路で車に轢かれて死んでいた。刻まれていたタトゥーにより、ポーリーンが十年も前に治療したものだと分かったのだ。

アナグマ駆除に対する反対運動が高まりを見せていく中、ポーリーン・キッドナーは、ブライアン・メイのように、集会やテレビで声を上げるようになった。ポーリーンの病院は、アナグマ駆除が予定されている場所から数マイルほどしか離れていない。狩猟の時期が始まる頃、新しい患者――銃創を負ったアナグマ――が運ばれてくるのは決してあり得ない話ではない。ポーリーンは、人間が動物によって違う態度をとることの理不尽さを鋭敏に感じ取っていた（彼女は一例として、カササギはイギリス人に嫌われているのに同じような肉食性のキツツキは好かれていることを挙げた）。だが、ポーリーンはアナグマ駆除に対する自分の意見は矛盾していないと主張している。例えば、彼女はノロジカの駆除には賛同している。なぜなら、ノロジカはイギリスの在来種ではないし、確実に射殺することができるからだ。ただし、動物を負傷させるリスクが非常に大きくなるため、夜間におけるシカの狩猟は禁止されている。

「汝アナグマに触るなかれ、というのではありません」

ポーリーンはそう言っていた。だが、駆除がうまくいく見込みに関してはとても悲観的だった。餌場に集まっているアナグマたちを全部同時に射殺するなど不可能だろう。そして負傷したアナグマや怯えたアナグマがあちこちに散らばり、病気を拡散させてしまうのだ。ポーリーンには傷ついたアナグマを救える自信があるわけではない。アナグマは地面に潜ってしまうからだ。

「アナグマは自分の巣に戻るためならなんだってするものです」

ポーリーンはこう続けた。

「死ぬと分かっていてもね」

12　ピーナッツ食らい

　007番の罠に入っていたアナグマは、大人しく首を垂れていた。これからいかなる艱難辛苦に見舞われても良いように、体力を温存しているのだ。コッツウォルズの牧草地にある穴ぐらの近くに、突如として現れた金網ケージ。そのオスのアナグマはここ七日間、毎晩その中に積まれていたピーナッツの山を貪り食っていた。だが昨晩、鼻をふんふん言わせつつ晩ごはんから帰ろうとしたとき、ケージの扉が音を立てて閉まった。罠であった。

　ケージに入ったアナグマを見ていると、地方人で激しやすいナチュラリスト、フィル・ドラブルの言葉が頭をよぎった。

「仕事をしていると、強いストレスにさらされている野生動物をしょっちゅう目にすることになる。だがこうした苦難にあえぐ動物たちが見せる大いなる威厳に、私はいつも驚嘆させられる」

彼はそう記していた。そのアナグマの鼻は土で汚れていた。ケージの網目の間から地面に鼻を突っ込み、逃げようとしていたのだ。だが私たちが近づいてくる不審な物音を聞いてもアナグマは怯えることはなく、横腹に鋭い針を差し込まれようともたじろいだりはしなかった。扉が開いた当初、アナグマは動かずにいたが、もう扉にさえぎられることなく風が入ってきていることに気づきつつあった。まずは、安全を確かめるかのように、ゆっくりと三歩歩き、そして我々の前から駆け出していった。人間が走るのと同程度のスピードの、低姿勢のダッシュだった。イラクサの中を突き進み、茨の下をくぐり、安全な自分の巣へと戻っていった。

アナグマ駆除実行の日が近づきつつあった。環境保護論者たちの多くは、アナグマにウシ型結核のワクチンを接種させるのが、駆除の現実的な代替策だと主張していた。だがイギリス政府は、アナグマを一匹一匹捕獲してワクチンを打つという複雑かつ金のかかる計画に予算を費やす用意がなかった。グロスターシャー自然保護財団は、この問題を自身で解決しようと乗り出し、二〇一一年には所有している自然保護区で、アナグマに対するウシ型結核ワクチン接種計画を開始した。独立した計画としてはこれが初である。用意できるBCGワクチンは人間用をベースにしたものであるが、実地試験を行った結果、陽性と診断されるアナグマを54%も減らすことに成功した。財団は五年間に及ぶワクチン接種計画に3万ポンドを費やしている。

赤い凧が、頭上を舞っていた。グレイストーンズでの八月、よく晴れた夜空だった。そこは財団が所有する小さな農場で、アイ川とディクラー川へと続くゆるやかな斜面だ。ジョン・フィールドはその区画における動物の記録係で（専門は川ネズミ）、グロスターシャー自然保護財団の所有地ですべてのアナグマを捕獲し、ワクチンを投与するという、気が遠くなるような仕事を任された二人の職員のうちの一人だ。彼が乗っている三菱の白いトラックの荷台には、興味をそそられる仕事道具が置いてあった。シャベルに銃、ポータブル冷蔵庫、干し草の束、ワイヤー、糸、ピーナッツの詰まった古いミリタリーバッグ、そして様々な用途に使える二本の棒。

アナグマは、新石器時代に我々の先祖が深い森を切り開き、道を作り塀を立て農業を始めるずっと前からこの土地に住んでいた。グレイストーンズはかつては丘の上に建つ要塞であった。そして後にローマ人たちはその近辺に街道を建設した。谷底は砂利の採取場となり、やがて湖と化した。はるか昔からそこにある生垣の内側で、乳牛が育っていった。コッツウォルズの経済が活性化すると、農業従事者はロンドン出身者に取って代わられ、納屋は住宅へと改築された。小さなコテージほどの大きさの、切り妻屋根のガレージが付いた家々だ。そして、財団は農場を自然保護区として買い取った。人間の活動が次々に展開していく中で、アナグマは古い生垣の下に住処を作った。絶えず変革されていく地方の様相に適応し、時折思いだしたように加えられる激しい迫害に耐え抜いていった。

ミミズが豊富な牧草地や、トウモロコシなどのアナグマが好む穀物。現代の農業が生み出したこの組み合わせが偶然にもアナグマを育てていたとしたら、グロスターシャー自然保護財団はもっと意識的にやっていたことだろう。迷路のように伸びている巣は、生垣から牧草地へと続いている。殺虫剤の影響がない牧草地は、夜間に餌を探しに行く先としては最高の場所だった。この土地の植物相や動物相の保護のほか、財団は農業も営んでおり、ついでにホルスタイン牛の面倒も見ている。子牛は十八頭おり、財団はこの子牛たちをウシ型結核から遠ざけたいと思っている。地元の生産者がグロスターシャー・チーズを作ることのできる、唯一のリソースになる予定だからだ。利益の上がる事業になる見込みもある。もしこの牛たちが病気にかかってしまったら、農場は「閉鎖」となり、結核検査で陽性となったすべての牛は殺処分されてしまう。財団はアナグマと同様に牛も保護しなければならないのだ。

アナグマを罠にかけて捕獲し、注射する。そのことで一番大きな争点になるのは、かかる費用だ。かなりの労力が必要になるため、費用もかさむのだ。スポーツマン体型をしたラグビーファンのジョン・フィールドは、環境保護論者というよりは保守的な農家のような見た目をしている。彼は手始めに、農場にある三つの巣の近くに二十個の罠を仕掛けた。これは頑丈な金網ケージで、その大きさは犬を捕らえておけるほどだ。罠はそれぞれ地面に埋めておかなければならない。ケージの金属製の床の感覚がアナグマの足に伝わると、踏みとどまってしまうからだ。七日七晩にわたり、ジョンは作動しない状態で罠を仕掛け、中にピーナッツだけ置いておいた。こうすることで、アナグマは徐々に出入りすることにためらいがなくなり、中で晩飯を貪るようになるのだ。

「とても単純なやり方なんです」

そうジョンは言っていた。

こうした準備を積み重ね、いよいよ今夜、我々はアナグマを捕らえるための罠を仕掛け、大急ぎで広い牧草地の隅に移動した。そこはベージュ色の草やあっという間に枯れてしまうアザミが生い茂り、みすぼらしいマキバジャノメが飛び交い、それらすべてが陽の光に焼けていた。隣の農場は、工業化されたごく普通の事業として稼働しており、全ての設備がこちらより一回り上だった。ばかでかい青いトラクターと赤い干し草梱包機（なぜ農場の機械というのはどれも原色なのだろうか?)が、その巨大な農場の中を疾駆していた。

我々は一つ一つの罠の前でトラックを停め、ピーナッツを補充した。ケージの中のピーナッツの奥にある重石に、麻紐が巻き付けてある。それを自在扉から、ケージの針金へと結びつけた。重石が置いてあるのは、リスやネズミといった、アナグマよりも小さな動物にピーナッツを食べられないようにするためだ。我々はアナグマがケージに入って、ピーナッツにありつこうと石を鼻で動かしてくれることを祈った。すると針金と糸が引っ張られ、ケージの扉が閉まるというわけだ。

「アナグマを捕らえる人間の技術が麻紐一本だというのは、今日び、おかしなものだと私は思いましたよ」

ジョンはそう言っていた。

「これは骨の折れる仕事ですが、効果はあるのですか?という質問の答えは出ています。ワクチンの効き目はありました。そうでなければ、認可なんて下りなかったでしょう」

罠を設置する最中、私たちは他愛もない雑談をしていた。ジョンは子どもの頃、ジェラルド・ダレルとリー・ダレルの共著である『ナチュラリスト志願』という本に強い影響を受け、その本に書かれていた通りにハリネズミの骨を組み立て直した。

「子どもの頃は、ナチュラリストかエジプト学者か火山学者、それか狙撃手を兼ねた従軍司祭になりたいと思っていました。『史上最大の作戦』が好きだったんです。私は物理学(ないし殺生)は不得手だったので、ナチュラリストとしての道を歩むことにしました」

そうジョンは言っていた。彼はアナグマを捕まえることに関しては非常に適任であった。大学で動物学を修めた後に就いた最初の仕事は、無作為抽出によるアナグマ駆除実験（ＲＢＣＴ）の研究助手だった。その際、農場におけるバイオセキュリティーの調査をしていたという。私は自分の本の話をした後、ジュディー・ソールズベリーやその他のアナグマ愛好家にはあえて言わなかったことを言ってみた。アナグマと人間との関係についての探求の一環として、アナグマを食べてみたい、と。ジョンはＲＢＣＴに携わっていたとき、コーンウォールである老女に出会ったという。

「あら、アナグマハムね」

彼女はこう言っていた。

「素敵だわ、本当に素敵」

私は目の前の作業と格闘していた。紐をしっかりと縛ろうと四苦八苦していたのだ。自分の匂いが罠の周囲に残りはしないかということも心配だった。不審な人間の匂いを避けて通るアナグマを、罠にかけるのは困難だ。ナチュラリストのＦ・ハワード・ランカムは自分の手形をとても慎重にアナグマの通り道につけたことがあった。午後三時半のことだった。それから待つこと六時間半、彼が「印をつけた」ところからアナグマが匂いをかぎ取ると、自分の巣へと一目散に戻ってしまった。私の匂いでアナグマが怖がってしまうのは間違いないのではないか？　ジョンはそんな心配はしていなかった。アナグマはジョンの匂いを気にすることもなく、この一週間餌を食べ続けていたのだ。それに、この辺りのアナグマはおかしなことには慣れっこだった。政府の研究者たちが、ここからそう遠くない場所でアナグマの経口接種ワクチンのテストをしていた。だがキツネやカワウソが間違って罠にかかってしまったらどうするのだろうか？

「まともなカワウソならピーナッツなんて食べようと思いませんよ。でも我々はこの目で実際にそれを確認したわけではありません。ですので、川沿いには一切罠を仕掛けないんです」

ジョンはこう述べた。キツネは時々捕まって、そのまま解放されるという。では犬は？　それこそが問題で、犬を散歩させている人に対する警告の看板が、保護区のあちこちに立ててある。翌朝とても早くに罠を確認しておかなければならないのは、こうした理由もある。それから私たちは一杯やりに行ったが、常に時間を気にしていた。それから午前四時に起きて、罠の確認をしに行った。

ワクチン接種は、アナグマ駆除反対派が好んで使う言葉だ。無理もない。ワクチンは魅力的な万能薬であり、アナグマの殺戮を回避する科学的な解決方法なのだから。ブライアン・メイからデイビッド・アッテンボローまで、みんなアナグマだけでなく乳牛のワクチン接種を呼びかけていた。

残念ながら、事はそう簡単にはいかなかった。罠を仕掛ける前に、私はグロスターシャー自然保護財団の理事長、ゴードン・マクグローンに会った。そこは元々グレイストーンズ農場の納屋だったが、事務所に改築された建物だ。彼は多忙な人間で、大きすぎる眼鏡と白髪が特徴的だった。マクグローンが自然保護官として財団にやってきたのは、アナグマが毒ガスで処分されていた一九八〇年代初頭の頃だった。そして、喧々諤々の論争を何十年にもわたり見届けてきた。

「欠けていたのは統率力でした。他の産業と同じようには考えられていなかったのです」

マクグローンはそう思っていた。

「駆除は幾度となく実施されてきました。どれも『ちょっとやってみるか』といった軽い気持ちで行われ、結局は事態を余計深刻化させただけだったので、中止になりました。環境・食糧・農村地域省（Ｄｅｆｒａ）は、何もしないことは選択肢にはないと言っています。ですがそれ以前に農漁食糧省は多くの事をやってしまっていたため、事態はより悪い方向へと向かっていたのです。なぜ学ぶことができなかったんでしょうか？」

ワクチン接種は時間も費用もかかり、部分的にしか効果を及ぼさない。マクグローンもそのことは分かっていたが、それでもやってみようという心意気は失っていなかった。ナショナル・トラストも同じ年にデボンのキラートン地区において、ワクチン接種五ヶ年計画を始動させた。そして二〇一二年までに、シュロップシャー、サマセット、南ウェールズや西ウェールズを含む十一の自然保護財団が、アナグマのワクチン接種計画を開始した。Ｄｅｆｒａは、アナグマにワクチンを投与する「素人」たちに訓練を施すプロジェクトにも出資していた。その規模は、グロスターシャーの100㎞四方に及ぶ。二〇一〇年までにワクチン接種を受けたアナグマは五百匹にも上る。二〇一一年には、六百匹を超えた。そして、ウェールズ政府は駆除の代替策としてワクチン接種を採用することを決定した。これはワクチン接種推進派にとって最高の励みになる出来事であり、ブライアン・メイにとっても嬉しいことだった。ウェールズ政府によると、二〇一二年、ワクチン接種五ヶ年計画の最初の年には、一千四百二十四匹のアナグマが罠により捕獲され、「無事故で」ワクチン接種がなされたという。州政府は北ペンブルックシャーにまで計画の規模を拡大することを予定していた。だが、農家たちは94万300ポンドを投じたウェールズ政府の事業に批判的だった。1km四方につき3912ポンド、アナグマ一匹につき662ポンドも費やすことになる。これは、罠による捕獲とワクチン接種には1km四方につき2250ポンドかかるとしたDefraの試算を大幅に上回っていた。

当初ほとんどの農家や政府の研究者たちは、アナグマに対するワクチン接種の効果には懐疑的だった。費用のことを差し引いても、いくつかの欠陥があったのだ。「集団免疫」を身に着けさせ、群れの中における保菌個体をごくわずかにとどめて病が定着しないようにするには、アナグマの70%にワクチンを接種させなくてはならない。アナグマがワクチン接種を受けているかどうかを年ごとに確認するには、耳にタグをつけるか、血液検査を行う以外に方法はない。だがこれは野生動物に対する行いとしては好ましくない。これはつまり、アナグマは必要もないのに繰り返しワクチンを打たれなければならないということなのだ。

「費用の面で非効率的だというだけじゃない」

ジャン・ロウはそう言っていた。彼は私が出会ったコッツウォルズの酪農業者であり、この二十五年の間に、ウシ型結核により30万ポンドもの損失が出ると見積もっていた。ロウはアナグマ駆除キャンペーンの立役者となった。政府は農家によるワクチン接種に25万ポンドの支援金を送ると約束したが、この金額でワクチン接種ができるアナグマは、せいぜいイギリスにおける100km四方の範囲内の個体にとどまるだろう。

BCGワクチンが他と比べて効果が証明されておらず、時間がかかり過ぎることを指摘しているのはロウだけではない。アナグマにワクチンを注射することで、ウシ型結核に感染する乳牛が減らせるという科学的根拠もまだなかった。農家たちが病を運んでいるのは主にアナグマだと主張しているのであれば、アナグマから病を取り除いていけば、そのうちに乳牛が感染することも減っていくのは自明の理だ。

だが、アナグマへのワクチンの効果を示す科学的証拠が出たのは嬉しいことだ。最初の実地試験によると、用意可能なBCGワクチンで73・8％の成功率が確認できたという。二〇一二年、国立自然管理センター（政府の動物衛生および獣医学研究機関の一部）の研究主幹、スティーヴ・カーターは、四年間にわたってある研究を主導していた。それは、グロスターシャーにおける感染率の高い地域のアナグマにワクチンを接種させるというものだった。研究の結果は、ワクチンを接種したアナグマは、ウシ型結核検査のやり方次第で陽性と出る割合が54〜76％も減ったというものだった。だが際立っているのは、群れの三分の一がワクチン接種を受けていた場合、ワクチンを接種していないアナグマの仔が陽性と出るリスクが79％も減るということもカーターが突き止めていたことだ。この研究成果はBCGワクチンの有効性を示す強力な根拠となることだろう。これはアナグマの「集団免疫」の確立に比較的早く近づけるということであり、アナグマを一匹残らず捕まえて注射する必要はないということだ。この研究を行った者たちは、この結果は割と短期間で得たものに過ぎないとも言ってはいるが。

政府の獣医師長ナイジェル・ギベンズは、ワクチンの発展における課題について、たいていの人間よりもよく理解していた。彼はBCGワクチンの効果を信用していなかった。

「これが実地で使用された例はそうそうありません」

彼はそう言っていた。アナグマ駆除に比べると、ウシ型結核に感染した乳牛に対処するには、ワクチン接種では遅すぎるという。すでに感染した動物には効きめがないからだ。もっとも、二〇一一年に発表された研究論文では、ワクチンはアナグマの病気の進行を遅らせ、病原菌の排出を抑えており、他の動物への伝染の可能性を減らしていると書かれていたが。野生のアナグマの平均寿命が五年だとしたら、アナグマから病気を根絶するには少なくともそれぐらいかかるということだ。そうした科学的研究の結果、イギリス全体のアナグマの群れの四分の一に七歳以上のアナグマがおり、ワイサムで記録された最高齢のアナグマは、驚くべきことに十六歳で死亡したという。ワクチン接種の五ヶ年計画は、群れ単位での免疫を作れるのだろうか？

ウシ型結核の流行地域におけるすべてのアナグマを罠で捕獲し注射するのは、挑戦的かつ手間のかかる大仕事になるだろう。真の解決策になりそうなのは、ピーナッツの中に仕込んだ経口接種のワクチンだ。より実行しやすく、安価で、効率的なのだ。一九八〇年代に野生のキツネの餌に薬を仕込んでからというもの、狂犬病は西ヨーロッパからほとんど根絶されている。二〇一一年、Ｄｅｆｒａはワクチンの開発に２０００万ポンドを投じ、なかでも認可が下りそうなアナグマ用の経口接種ワクチンに焦点を当て、二〇一五年までにはこれを実用化すると発表した。二〇一三年には、これが二〇一九年まで延期された。獣医師長のナイジェル・ギベンズは、アナグマ駆除に対抗するための経口接種ワクチンが完成する見通しについては一貫して悲観的だ。

Ｄｅｆｒａにはこの他の策などは全く存在しない。だが私が見た限りでは、経口接種ワクチンを実用化させようという政治的な意思を連立政権の内部に確認することはできなかった。前政権はアナグマに対するワクチン接種の実験を六つ行う計画を立てていたが、二〇一〇年には公共支出の削減を目指す連立政権により、そのうちの五つが切り捨てられた。ワクチンを開発するための政府の支出は徐々に減ってきており、二〇〇九／一〇年には320万ポンドだったのが、二〇一二／一三年には210万、二〇一五／一六年には32万1482ポンドまで落ち込んだ。

「汚い仕事ですよ。すっかり政治色に染まってしまいました」

これはアナグマ専門の生物学者、クリス・チーズマンの言葉だ。彼はアナグマ用の経口接種ワクチンの研究に水を差されたことに疑問の声を上げていた。二〇一五年の期限には間に合いそうもないと公表した時、研究者たちは「みなショックを受けていた」とチーズマンは言っていた。彼は、ウッドチェスター・パークで経口接種ワクチンを開発していた元同僚と連絡を取っていた。ギベンズは「彼らの研究とその進歩についてまるで何も理解していない」とチーズマンは思っていた。

「彼らは避けられない問題や予想外の事例について、目立った報告は何もしていない。ワクチンの接種、そして開発が遅れているそもそもの理由は、消化吸収する餌の種類、投薬量の割合、ワクチンが持続する適温、胃の中におけるワクチンの持続時間に関することであり、どれもこれも予想の範囲内にしかとどまっていない」

BCGワクチン注射の効果を実証してみせたスティーヴ・カーターも、経口接種ワクチンの開発チームに入っていた。アナグマが好む餌を探すのは、正々堂々とした試みと言えよう（アナグマはほとんど何でも食べるが）。だが研究者たちは、確実に効果を及ぼす量の生ワクチンが摂取されることと、その費用対効果を証明しなくてはならない。カーターによると、最大の課題となるのは、様々な環境や気温の下でもワクチンを生きた状態に保ち、十分な数のアナグマにそれを飲み込ませることだという。研究者がもう一つ証明しなければならないのは、その経口接種ワクチンをアナグマ以外の動物が飲み込んでも危害を及ぼさないということだ。一定量の薬を飲み込んでしまい、その後ウシ型結核の検査で陽性と出かねない牛などは特に。
「克服できないような問題ではありませんが、取るに足らないというわけでもないんです」カーターはそう言っていた。彼は、イギリスで経口接種ワクチンの認可が下りるのは、早くても二〇一九年になるだろうというギベンズ獣医師長の今後の見通しの改定に同意していた。それに、より多くの資金が投じられたからといって必ずしも研究の速度が上がるわけではないとも付け加えていた。

朝四時五十八分。ジョン・フィールドの小型トラックで最初に仕掛けた罠を確認しに向かっていると、柔らかな霧雨が降ってきた。ジョンはスミノフアイスの瓶やテニスボールが転がっている角に車を停め、エンジンを切った。夜明け前の静寂が辺りを包み込んでいる。物音を立てているのは、1mlの希釈剤と、BCG薬の入った冷蔵庫だけだ。一つ15ポンドのワクチンを外に出しておける期限はわずか四時間しかないため、現地に前もって用意しておかなくてはならないのだ。アナグマを見つけたら、ジョンはワクチンに希釈剤を注入し、それを注射器に入れる。アナグマには一匹一匹異なる注射針を使用し、使用済みの針は黄色い注射針回収容器に放り込まれる。このワクチン接種計画は厳重に監視されており、政府の自然保護特殊法人、「ナチュラル・イングランド」の認可がないと、罠を使用することができないのだ。罠に入れておけるのは二日間のみで、三日目になると水を飲むことができずアナグマが渇きに苦しむことになり、再び捕獲されるとアナグマにとって強いストレスとなるからだ。そして、捕獲されたものは午前八時までに全て解放されなくてはならない。これは苦痛を最小限にとどめるための一番重要な鉄則だ。ジョンは二十個の罠のうち十二個にアナグマがかかっているだろうという楽観的な予測を立てていた。自分でも罠を仕掛けたことのあった私は、彼の言葉を信用していなかったが、もしそんなにかかっていたら、朝八時までに全部のアナグマにワクチンを打つのは時間との戦いになるだろう。

私たちはトラックから降り、ジョンは保護眼鏡を取り出した（イーベイで自分の防護服を売りに出していた元兵士から購入したものだ）。これを身に着けたのは、追い詰められたアナグマがくしゃみやつばを顔に吐きかけてくることがあるからだ。そして、もしワクチンを投与する側がウシ型結核で倒れてしまったら、アナグマ駆除反対運動に対する大幅なイメージダウンにつながってしまうだろう。

「仔は出ていく際、こちらに戦いを挑もうとするものです。時折怒り狂ってつばを吐いてくることもあります」

ジョンはこう述べた。

「安全衛生に関する最大の問題は、そこが農場で、薄暗くて、鉄条網に引っかかってしまいかねないということです」

そしてもう一つ、安全にしまってある最後の装備がある。銃だ。ハイイロリスやミンクが間違って捕まった時のためのものである。外来種の動物が罠にかかっていた場合、それを解き放つのは法に反することなのだ。だからそうなった場合、ジョンはその動物を射殺しなくてはいけない。私にはアナグマに注射するのに必要な獣医学の資格がないので、地味な仕事を任されることになった。私はなりたての筆記係であり、クリップボードを手にした「医薬品安全監視員」としての役割を与えられた。注射をする前にアナグマ一匹一匹の健康状態と、解放された時刻を記録するのだ。

雨が優しく牧草地を叩き、雄鶏が朝の訪れを告げた。濡れた平野を歩いていると、防水ズボンからシュッシュッと音がした。よく見えないが、生垣の近くからガタガタと音がする。アナグマがケージの中で音を立てているのだ。ジョンは素早く青いビニール手袋を手にはめて伸ばした。

一個目の罠は空っぽだった。扉がまだ開いていたのだ。二個目の罠は作動していた。扉は固く閉まっていたのだが、なぜかもぬけの殻だった。罠を二つ確認している間に、ガタガタいう音は止んでいた。三個目の罠の中で、丸まっているものがいた。これこそが音の正体だ。だが、この灰色の塊は動かなかった。私たちは微動だにしないこのアナグマをじっと観察していた。ジョンはアナグマの耳のそばで指を鳴らした。反応はない。眠っているはずはない。あれほど激しく音を立てていた直後なのだ。死んでしまったのだろうか？　心臓発作にでもなったのだろうか？

ジョンは落ち着いた所作でワクチンを用意し、ケージをガチャガチャと鳴らした。ようやく耳がピクリと動き、鼻がひくひくと動き、ボタンのような目が開いた。無作法なやり方でたたき起こされたメスのアナグマが、目を覚ましたのだ。ジョンは身をかがめ、ケージの金網の隙間から針を入れ、アナグマの下半身に刺した。アナグマはそこに座っていた。まさしく禅の境地といえよう。

「ワクチン完了」

ジョンは宣言した。アナグマはたじろぎもしなかった。アナグマがその鼻を静かにケージの扉に押し付けるやいなや、アナグマの毛皮の一部が刈り取られ、赤いスプレーで印がつけられた。翌朝再び罠を確認する際、中のアナグマが既にワクチン接種を受けているかどうかを確かめるためのものだ。ジョンは扉を開けた。アナグマは出て行く時も、この予期せぬ展開が逃げるチャンスなのか、それとも自分の死を意味しているのか、動物的な警戒を怠ってはいなかった。安全にケージから出られたことを確かめると、一目散に走り出した。軽い足取りには見えなかったが、驚くほど速かった。生垣の向こう側にある穴の中に、勢いよく駆け込んでいった。ジョンが言うには、アナグマは閉じ込められても一向に騒ぎ立てないことは時々あるようだ。解放されてもその場にとどまり、食べ損ねたピーナッツを吸い上げているという。

次のケージに入っていたのは若いアナグマで、長くほっそりした尻尾をしていた。その性質はあまりのんきなものとは言えなかった。最初のやつは非の打ち所がないほど毛並みが整っていた。パブの庭で闘わされ、引き回され、泥まみれになっていたみすぼらしいアナグマが箱の中にこもると、数秒のうちに綺麗になって出てきたというヴィクトリア朝時代の狩人の記録を思い出した。犬に脅かされている間も、わずかな時間を見つけて入念に毛づくろいを行っていたのだ。しかしこの若者は薄汚かった。穴を掘ってケージから抜け出そうとしたため、身体が土で覆われていたのだ。そのアナグマは、意外に長い前足を金網の隙間から伸ばし、少なくとも一歩分の土を掻き出していた。ケージの周辺の草はちぎられ、中に引き込まれ、巣材と化していた。我々が近づくと、アナグマはケージ内部の、ピーナッツの奥に置いてあった重石をビー玉のように容易く動かした。そして頭を下げてその模様を見せつけ、威嚇のポーズをとった。小さな雄牛が、いつでも突進できる体勢を整えていた。ジョンがアナグマの臀部に注射をしようとすると、素早く振り返って飛び跳ねるため、押さえつけるのに苦労していた。

「結局背中に注射しましたよ。そこにしかできそうにありませんでした」

ジョンは不満そうだった。その汚らしい若造はとうとうケージの隅に追い込まれ、注射された。

勇敢な動物は数多いが、我々が出会った大抵のアナグマもそうだった。巨大な針とクリップボードを携えた、恐ろしい二本脚が二組。アナグマがそれに対して抱くのは忍耐か恐怖か、あるいはその両方か。しかし、苦境に立たされた時のアナグマの対応にこんなにも個体差があるのは初めて見た。さっきの短気な若いアナグマに比べて、我々が注射を施した二匹目の若いやつは解放されたとき、ジョンの足のそばで立ち止まり、好奇心旺盛な犬のように匂いを嗅いでいた。もう一匹はどこから持ってきたのか分からない古いサイレージの袋をケージの中に持ち込んでおり、解放されると、元気いっぱいの子犬のように私の足の間を押し分けながら入ってきた。物理的にアナグマと接触したのはこれが初めてだった。三匹目の若いのは、深刻なストックホルム症候群を発症していた。ケージの中に乾いた草でできた可愛らしい巣を作り上げており、この新居を去るのを数分間拒んでいた。

他のアナグマはもっと取り乱しているようだった。とてもきれいな縞模様をした魅力的なアナグマは、牛が鳴くような低いうなり声を上げていた。濡れた犬と湿った馬の中間のような、さらにそこにロンドン動物園の夜行性動物コーナーの淀んだ空気が合わさったような、強烈な体臭を放っていた。それに劣らず怖がっていたのは、鼻息も荒く、くしゃみをしながらケージの中を跳ねまわっていた大きな若いアナグマだった。これを優しく押さえつけて注射するまで何分もかかった。解放されると、フェンスの中にある小さな穴の中に素早く飛び込んでいった。どのアナグマにもストレスを感じている兆候は見られたが、ジョンは取り返しのつかないようなトラウマを与えたかもしれないという心配はしていなかった。

「大抵は我々が到着するまでそこで寝ているものです。捕まった時はストレスを感じますが、その後落ち着きを取り戻します。一生のうち一晩だけです。アナグマが遭遇するあらゆる出来事に比べれば大したストレスではありません」

十二匹はかかっているだろうというジョンの予測は当たっていた。罠は残り三つだ。

「牛たちよ、これはみんな君たちのためなんだよ」

ジョンは、門の向こうから悲しげにこちらを見ている牛の群れに向けてそう言った。午前八時まであと少しというところで、最後の罠にたどり着いた。それは谷底のヤナギの木の下にあった。この朝十四匹目の、ずぶ濡れの汚らしいアナグマがかかっていた。罠にかかったアナグマを近くで見ると、強い印象を覚えたことが三つあった。一つ目は攻撃にさらされても一向に動じないこと、二つ目は逃げる時の足取りの重さ、三つ目は暗闇の中でこれほど速く動く動物を確実に射殺するのは困難を極めるだろうと思えたことだった。

この計画が行われた最初の年末までに、グロスターシャー自然保護財団は七つの自然保護区で計四十二匹のアナグマにワクチンを接種させた。以後四年間、毎年七月に行われる予定であった。ウシ型結核菌を保有している年老いたアナグマが死に絶え、群れ全体で免疫ができることを願ってのことだ。これはワクチン接種がそれなりの規模で行われたケースだ。だがアナグマをたくさん捕らえ、その身体に注射針を差し込んでいくうちに、ジョン・フィールドはある確信を抱いた。これは農家たち自身の手で、より大規模にできるのではないかと。問題はアナグマを捕まえることではない。これが農家たちの関心を引くかどうかだ。ゴードン・マクグローンは、財団のワクチン接種を通して、農場経営と自然保護との間の壁が取り払われることを望んでいるが、それは困難を極めるだろうとも思っていた。

「我々にとっては、これは産業全体の問題なんです」

マクグローンはそう言った。

「ごく一部の人だけの問題でも、アナグマ保護だけの問題でもありません。これはグロスターシャー自然保護財団が正面から取り組んでいる仕事なんです。我々はウシ型結核により閉鎖の憂き目に遭ってきました。病気の直接的な影響を受けたんです」

しかし今のところ、ワクチン接種計画の成果を見にグレイストーンズ農場を訪れた農家はいない。オープンにしているにもかかわらずだ。

「アナグマは良いものか、悪いものか。意見が真っ二つに分かれる議論です。どちらも間違っているんですけどね」

マクグローンはため息をついた。

「アナグマは複雑な生態系と農業との間で板挟みになってしまった動物です」

アナグマに注射するワクチンと経口接種ワクチン以外にも、ウシ型結核に対する三番目の解決策となるワクチンが提案されている。乳牛に対するワクチンだ。BCGワクチンを元に作られたこのワクチンは、二〇一二年までには認可されようとしている。すでにアメリカ、アルゼンチン、エチオピア、メキシコやニュージーランドでは実用化されている。エチオピアにおける小規模な実地試験では、全ての牛が感染している群れの中に、ワクチンを接種した若い牛とそうでない牛を送り込んだ。するとワクチンを接種していない牛は100%感染したのに対し、ワクチンを接種した牛の56%には感染の兆候が見られなかった。メキシコにおけるBCGの実験では、60%の成功率が確認された。ワクチンの持続期間は一〜二年の間だ。つまり、乳牛は毎年ワクチン接種を受けなくてはならないということだ。いずれにせよ、一回の接種につき8ポンドから20ポンドかかるという試算が出ている。高くつくことだろう。

より喫緊の課題なのは、ワクチン接種を受けた乳牛がツベルクリン皮膚検査にかけられた際、ウシ型結核に対して陽性とおぼしき反応が出るかもしれないということだ。そこで、ワクチン接種を受けた牛と結核に感染している牛を区別するためのもう一つの検査が求められている。サリー州のウェーブリッジにある政府の動物衛生獣医学研究所（AHVLA）では、研究者が感染した牛とワクチン接種を受けた牛を区別する血液検査を考案した。ディヴァ、という名前の付けられた画期的な検査だ。ワクチンと同じように、この検査も二〇一二年末までには実用化される予定だ。だが、一つだけ障害が残っている。EUだ。EUは一九七七年以降、乳牛にウシ型結核のワクチン接種を受けさせることを禁止している。その理由は、ウシ型結核の皮膚検査に不確実性を生じさせるからだという。EUが解禁するまで、ワクチンの認可は下りないだろう。ディヴァ検査はワクチン禁止の必要性を取り払うかもしれない。しかし、ディヴァの認可が下りるのはワクチンが合法化されてからになる見込みだ。政治の世界は複雑なのだ。

牛に対するワクチン投与には50%の効果しかなく、万能の解決策とは言い難いが、良いスタートを切ったと言えるだろう。我々がEUの規制をほんの少し緩和することで、ウシ型結核に感染する牛の数を半分にできるとしたら、イギリスの公使たちがロビー活動を繰り返し行うことで、ヨーロッパの法を確実に変えることができるだろうか？　だが、Defraや首相はヨーロッパに圧力をかけているようには見えない。まさに官僚主義的かつお役所的なブリュッセルの官僚に対する保守党員の厳しい言葉を鑑みると、これはおかしなことである。キャンペーンの余勢を駆って、ブライアン・メイはこの矛盾に着目し、王立動物虐待防止協会の理事長、ゲヴィン・グラントと共にEUの役員に会い、乳牛のワクチン認可における障害について話し合いに行くための出張を企画した。そして全国農業者組合も招待し、そこからも代表が派遣された。

メイがヨーロッパに行った話は、『メール・オン・サンデー』紙に掲載された。欧州農業委員会の首席顧問、ゲオルグ・ハスラーに、なぜEUは牛のワクチン接種をイギリスに認可しないのか尋ねてみた時のことを語っていた。

「彼は驚いたような顔をしてこちらを見て、こう言いました。『そんなことはありませんよ。イギリスの牛にワクチンを打つのは全然かまいません。ただ我々の国にウシ型結核を持ち込んでしまう可能性があるので、イギリスから欧州本土に牛を売るのは不可能なんです。ですがどのみち生きた牛を輸出したりはしないでしょう。乳牛から作られた食肉や牛乳や、その他の「生産品」は禁止されるでしょう。ですが、あなた方が明日から牛にワクチン接種をさせたとしても、それを取り締まる警察が送り込まれるようなことはありません』」

ハスラーはこうも言っていた。イギリスがディヴァ検査の成功を証明できた場合、「イギリスの乳牛でできた生産品の輸入を規制する理由はなくなるでしょう」と。メイはEUの乳牛のワクチン接種の規制がすぐに改正されることを信じて議論の場を後にしたが、欧州委員会はディヴァ検査を「EUおよび国際的なレベルで」認可するには「時間がかかる」という声明を後に発表した。

アナグマ駆除の賛成派たちは、牛のワクチン接種の効果をずっと軽視してきた。自然界におけるウシ型結核の病原巣にはまだまだ攻撃を加えなくてはならない、さもないと乳牛は何度でも感染してしまう。農家たちはそう主張している。その上、もし研究者たちがより向上したワクチンを開発したとしても、科学者がこう言うことは十分にあり得る。これでは徹底的にウシ型結核を根絶するような奇跡は起きない、と。

「ワクチンだけが有効な方法だというわけではありません。使えるものは何でも使っていかなくてはなりません」

AHVLAの主任研究員、グリン・ヒューイソンはそう述べていた。

「ワクチン接種が唯一の長期的な解決方法であることに異論を唱える者はいませんが、ワクチンが効果を表すまでにどれほどの時間がかかるかということにみんな気が付いていません」

アナグマのワクチン接種によりウシ型結核が根絶されるまでには四十年かかるという、Def

ｒａの示した予測を引用しながら、ティム・ローパーはこのように言っていた。アナグマにワクチンを接種させるにせよ、駆除するにせよ、我が国の乳牛は今後何十年もウシ型結核に感染し続けることになるだろう。

13　昼食

そこは何の変哲もない郊外の二戸建ての家だったが、カーテンを開けると、とてつもなく変わったリビングルームがあった。部屋の向こうの角で、仄かな光を放っているランプの傍らに、ヨーロッパアオゲラの剝製がとまっている。反対側には、ノスリとコミミズク。その後ろには、絶対に動くことのないモリフクロウがお高くとまっていた。本棚からぶら下がっているオオコウモリや、肘掛け椅子でうなっている様子のヤマネコまでいる。絵をひっかけるための横木には、シカの枝角が何十本と吊り下げられていた。その真下には、ヒマラヤ羊と、角が四本生えたヘブリディアン羊の頭部が固定されていた。テーブルの所にある椅子の背には、ユキヒョウの毛皮でできた女性用のジャケットがかけてあった。床の上には古い顕微鏡が三台、そのそばには分類された動物のフンのサンプルがあり、剝製たちが見つめる中、列を作っている。

閑散としたボーンマスのはずれにあるアパートの一階の空気は暖かかったが、強烈な防虫剤の臭いが漂っていた。パラジクロロベンゼンの刺激臭の向こう側には、また別の臭いが。腐敗臭であった。自分が何のためにここに来たのかは分かっていたつもりだった。だからこそ、あんなことくらいで飛びあがって驚くべきではなかった。トイレに行こうとして、ジョナサン・

マッゴーワンのバスルームに転がっていたアナグマの死体を見つけた程度で。旅行鞄のごとく重く、ほとんど濡れた犬のような匂いのする——今日の昼食が——横たわっていた。

ここ数週間、私はジョナサンを追い続けていた。ジョン・フィールドとアナグマ肉の話をしてからというもの、ぜひ食べてみなくてはならないと思っていた。エクスムーアのパブで、アナグマハムは俺がこれまで食ってきた中で一番うまいハムだ、と言っている年金生活者に出会った。でも私の世代の人間はそこまで胃袋が丈夫ではない。母はまばたきもせずに轢き殺したキジの死体を拾いあげていたが、私はこれまでどんな動物も屠殺したことがないし、自分が轢いてしまったアナグマを切り分けるような神経は持っていない。だが、イギリスにオオヤマネコを復活させようという動きについて調べていたとき、私は偶然にもジョナサンに出くわした。ジョナサンは大型の野良猫について面白いブログを書いていた。足跡やフン、獲物の死体なんかの証拠写真を投稿していた。彼にはヴィクトリア朝時代のアマチュアのナチュラリストみたいなところがあった。熟練の狩人であり、剝製師であり、轢かれた動物を食べることを提唱していたのだ。

「フクロウカレーに、バターを添えたヨーロッパクサリヘビに、ガガンボ炒め！」

彼は『デイリー・メール』紙でこのように喚いていた。なぜこの「四十四歳の独身男性」は轢死した動物だけで三十年間も生き延びてきたのか。そのことについてインタビューで尋ねられた時のことだ。大衆的な喜びを蔑み、社会の主流である面白みもない嗜好を避けて裏道を通れる勇敢な男、それこそが彼だ。

私が電話をして、アナグマを食べてみたいと話したところ、ジョナサンはそれをビールを注文するかのようにごく自然なこととして受け止め、賛同してくれた。タイミングよく道端で死体を見つけることができなかったため最初の昼食会は中止になったが、二度目に約束をしていた日の一週間前、彼はハンプシャーとドーセットの州境近くにある自然保護区沿いの主要道路で、状態の良い新鮮なアナグマの死体を拾いあげていた。私はアナグマに畏敬の念を抱いており、動物を愛することとそれを食べることの間に何の矛盾も感じていなかった。ジョナサンはその意見にうなずいた。

「僕は野生動物愛好家であり、自然保護活動家でもあるが、動物を食べることも好きなんです」

そう彼は言っていた。

「他の自然保護活動家たちはこう言うんです。『何でそんなことができるの？』って。むしろどうしてできないんでしょうね？」

車に轢かれたアナグマは事故死したものだ。それは往来が極度に激しい我々の車社会がその辺に放り出した廃棄物であり、それを食することは、あらゆる食肉の中で最も道徳的に正しい行為であることは確かだろう。

「チリソース持っていきましょうか？」

電話で昼食の相談をした時、私は尋ねた。

「あなたがそうしたいなら良いですよ」

ジョナサンはそう返した。

「どうして我々はウシ型結核にかかっている牛ではなく、アナグマを処分しているのでしょう？」

アナグマ駆除に反対しているある人がこう尋ねてきた。大仰な言い方である。

「牛は美味しくて、アナグマは不味いからです」

イギリスの料理界の主流において、アナグマは長きにわたり忌み嫌われてきた。だがこれが動物を食べることに対するタブーによるものなのか、黒色で豊かな肉が気持ち悪いからなのか、私には未だによく分からない。十九世紀に巻き起こった、動物に対するセンチメンタルな愛情により、イギリスのメニューからたくさんの動物が姿を消した。飼育用のペットや野生動物にきっちりと限定されているわけではないが、犬や猫、馬、アナグマや小鳥といった動物たちを食すのは常軌を逸したことだとみなされるようになった。

「何！　コマドリだと！　うちの庭に来る鳥じゃないか！　まるで人間の子どもを食べるようなもんだ」

そう述べた十九世紀の歴史家マウントスチュアート・エルフィンストーンは、イタリアに旅行に行ったとき、美しい声で鳴く小鳥たちが食べられているのを見て狼狽していた。ケネス・グレアムは狡猾にも、『たのしい川べ』に登場する四人の主人公たちに、我々が普段食する動物を選ばなかった。

　アナグマは既存の著名な料理本には載っていない。アメリカの料理記者、ウェイヴァリー・ルートの姿勢もその例に漏れない。彼は十八世紀のイギリスの農場労働者が食べるものの中に、アナグマを記載しなかった。アナグマの肉を買う金銭的余裕があるなら、もっと汁気のあるものを買うだろうというのだ。しかし、アナグマ食の隠れた伝統は、地方に元々存在している。一七七四年、ジョン・キャンベル博士はこのように記していた。

「アナグマは見つかり次第狩られて解体されていた。そして生来不活発で怠惰な生き物であるため、大抵は太っている。だから、スコットランドやウェールズではその下半身はハムにされている」

ここ何世紀かの間に、アナグマ料理に懐疑的な読者にその良さを説いた料理人はごくわずかしかいない。料理の内容は主にハムだ。イングランド北部のスポーツについて十九世紀後半に書かれた本の作者である、ジェイコブ・ロビンソンとシドニー・ギルピンは、アナグマハムは、「家畜の豚やイノシシよりずっと繊細な味がすると考えられていた。この国で食されていたのは下半身だけだったが、ヨーロッパの一部や中国では、その全身が栄養価の高いものとみなされ、重宝されてきた」と述べていた。ナチュラリストのJ・フェアファックス・ブレイクバラは、ヨークシャーでアナグマを罠にかけた時、ジプシーにそのアナグマの死体を譲ってくれと言われたことがあった。アナグマの肉は、ハリネズミの淡白な肉よりもずっと美味い。ジプシーは彼にそう話していた。

私がエクスムーアで出会った、アナグマハムをこよなく愛する年金生活者は、まったくもって時代遅れな人間というわけでもない。一九七五年、アナグマ学者のクリス・チーズマンはコッツウォルズに移り住んだとき、アナグマの脂肪を用いてリューマチを治療している地元民とパブで一晩中語り明かした。

「彼は言っていました。『アナグマの脂肪は素晴らしいものだ、コップから染み出てくるようだ』とね」

チーズマンはこのように振り返っていた。彼はアナグマ肉を食べてみるため、その地元民のコテージに招かれていた。保存されていたハムは、小さな豚足のようだった。

「とても濃厚な、赤黒いハムに少し似ていました」

こうチーズマンは教えてくれた。

「非常に美味だったと言わざるをえません」

ヘンリー・スミスの『*Master Book of Poultry and Game*』（家禽と狩りの本）は、一九五〇年代に仕出し屋業で働く人のために書かれた本であるが、そこに書かれているのは食物の保存方法やアナグマハムの焼き方、アナグマの上半身のパイの作り方、生姜で味付けした脚をローストし、セイヨウワサビやグーズベリーのソースを添え、脚や尻尾までも肉汁を出すために使用するレシピだ。一九六五年まで、サマセットのケアリー城では年に一度アナグマの晩餐が振る舞われていた。ストーク＝オン＝トレントでは、アナグマ掘りの作業員にはアナグマハム二つにつき5ポンドが支払われていた。これは最高級食肉としての需要が未だに存在していたということを意味する。一九六〇年から七〇年にかけてのことだ。アナグマに法的な保護が与えられる以前、一九七〇年代初頭にはすでに、アナグマハムをメニューに載せているホテルやレストランはほんの数軒ぐらいしかなかった。有名シェフのクラリッサ・ディクソン・ライトが、自分の若い頃はイギリス西部のほとんどのパブで、カウンターにアナグマハムが――イベリコハムのように――置いてあったと言ったときは、正直信じられなかった。だがアナグマ駆除の開始前夜、射殺したアナグマの死体を予定通り袋詰めにして焼却処分にするのではなく、食するべきだという彼女の提案に対する、人々の怯えた反応を見るのは楽しかった。「美味しい」アナグマハムの味は若いイノシシのそれによく似ていると語ったディクソン・ライトは、あらゆる種類の肉が贅沢品とみなされていた中世において、アナグマは人々の間でごく普通に食されていたものであったと述べていた。

大陸におけるアナグマの扱いは、これまでもずっと緩いものだった。「イタリアではアナグマの肉を食べるし、ドイツでも梨と一緒に煮て食べる。ここイギリスでもアナグマを食している地域はある。だが甘いというのではなく、強烈な味だ」一六七七年、ニコラス・コックスがそのように記していた。フランスでは主流の食材ではないが、「*blaireau au sang*」（アナグマのシチュー）は伝統料理であり、アナグマ肉に対する情熱ははるか昔からもっとずっとあったことだろう。第一次世界大戦の最中、アナグマ専門のナチュラリストのモーティマ・バテンとフランス人の同僚たちは、サイドカー付きのモーターバイクに乗って前線から3マイル離れた車線を走っている最中、アナグマと遭遇した。するとフランス人の兵士たちは、そのアナグマを追い込めと喚き散らした。このイギリス人のアナグマ愛好家に対して。彼らが言うには、「*blaireau*（アナグマ）はとても美味しい」とのことだ。アルプス地方にも、アナグマ食の長い伝統がある。モーティマ・バテンの記録には、アナグマハムはイタリアでは熊肉に例えられており、「非常に美味と言われている」とのことだった。スイスでは、アナグマの銃猟は未だに合法だ。そこではアナグマの肉は繊細な味がするとされている。アナグマ学者のティム・ローパーはアルプス山脈でそれを食した。

「アナグマが住んでいた森の味がした。土や腐葉土、松の葉や菌類を思わせるような、そんな味わいだった。ともかく、あまり美味とは言えなかった」

そう彼は記していた。より東の方では、アナグマ肉は今でもB級食材とみなされているが、バルカン地方の僻地ではグーラッシュ、ロシアの田舎ではシシケバブやソーセージに使われている。

一九八〇年代、料理ライターのトム・ジェインは、自作のアナグマ料理に関して微に入り細にわたる話をしていた。キツネ捕りの罠に誤ってかかってしまったアナグマの下半身を取り、赤ワインと月桂樹、タイムとパセリ、人参とセロリのマリネと一緒に漬け込む……一週間にわたって！　それをキツネ色になるまで炒めると、肉の切り身とマリネを低温のオーブンで三時間にわたって蒸し焼きにする。

「これは羊肉に一番近いものだとわかった。アナグマ肉は黒くて汁気が多く、癖の強い味がします。その独特の臭いは、豚肉とは似ても似つかない」

彼はこのように記していた。

「脂肪分は豊富だがあまり美味なものとは言い難い」

ジェインもアナグマを好んで食したのだろうか？

「それはないです。こくのある味わいではありますし、決して嫌なものではありませんが、本物の野生動物を食べることに対する心理的な拒否感が、私たちに重くのしかかってきます。珍妙な品種を育てている農場の、変わった羊を想像してみてください。興味を惹かれ、少し興奮するでしょう。とはいえ野生の生き物を消化できるような胃袋を持った人間なんていません」

私はジェインの感じ方を意外に思った。この社会は、珍しい野生動物を食べることを良しとしていないのは勿論だ。だが、味の事は別としても、普通のアナグマを食卓に出すことをここまで拒んでしまう心理は、一体どこから来るのだろうか？　歴史的な観点で見てみよう。例えば、小鳥のパイを食べるのが嫌なのは、私たちが豊かになっているからだ。もし社会が崩壊すれば、我々は再びそのパイを食べるようになるだろう。

これは一九六一年にアンガス・ウィルソンが著した、『*The Old Men at the Zoo*』（老人と動物園）という小説の主題でもある。舞台は近未来のディストピアで、ヨーロッパにおける全体主義運動でイギリスが戦渦に巻き込まれた時代。主人公はサイモン・カーターというロンドン動物園の総務課長で、異国の珍しい動物を飢えた群衆から守ろうと奮闘している。カーターは大型トラックにキツネザル、メガネザル、ポト、ロリス、そして死んだゴリラを載せ、田舎のエセックスへと逃げて行った。だが村人に襲撃され、最終的に森の中に安息の地を見出した。そこにはオスのアナグマとその連れ合いがおり、二匹の仔が遊んでいた。この「無垢なるものの癒し」は、突然にして終わりを告げた。ショットガンを持った若者がやってきて、オスのアナグマとその仔を一匹殺してしまったのだ。カーターは若者とその母親に連れていかれ、「薄桃色をした油っこい豚の揚げ物」のようなものを出された。カーターは、アナグマが「濃厚で美味しい」ことに驚き、こう振り返っている。

「小さなキツネ色の脂肪の塊を残して、あっという間に全部食べてしまった。フォークでその塊を突き刺すと、口の中に脂が広がるのを感じた。そして突然嘔吐してしまった。身体が内臓全てを拒絶しているかのような、凄まじい発作だった。口から明るい朱色の血が飛び出した。

部屋全体がぐるぐると回っていた。私は後ろのクッションに頭から倒れ込んだ。全てが暗転し、無に還った」

次の章では戦争は終結し、カーターはテーブル席に座って議論しながら、「ジューシーなステーキと赤ワイン」のことを考えている。議論の内容は、「古代の欧州における文化、国際科学、安定した経済に、文化的な暮らし」――つまり、アナグマ食以外の全てについてだ。カーターが赤痢で倒れると同時に、戦争は終わった。そして回復すると、再びロンドン動物園で働き始めた。しかしながら、これはハッピーエンドというわけではない。新欧州政府の設立。人身保護法の効力停止。ロンドン動物園に繋がれることになった、疥癬にかかったヒグマが一頭。新政権が見世物として野の獣を政治犯と闘わせるという書類へのサイン。

ウィルソンのディストピアでは、イギリス人の動物愛が、自由や民主主義、(知っての通り作品世界では)崩壊した社会といった、より差し迫った物事の中に組み込まれている。

普段食べないような動物を食べるのは、共食いの一歩手前といえよう。群衆が動物園の珍しい動物たちを食べようとしたように、立派な志を持ち、動物を愛する動物園の総務課長、カーターも森に棲む無垢なるアナグマを喰らった。どちらも同じ一線を越えている。

いささか奇怪なことではあるが、ジョナサン・マッゴーワンと私は二人で小さなバスルームに身を押し込め、「昼食」を突いてみていた。これは浴槽で解凍されていたものである。中ぐらいの大きさのオスで、三歳ぐらいだろうか。その肩甲骨は分厚い皮膚越しでも硬かった。筋肉は今にも動き出しそうだったが、小さな頭は完全にスポンジ状になっており、頭蓋骨は砕けていた。このアナグマは自動車を獲物とみなし、頭から突っ込んでいったのだ。

これは道端で見られるアナグマの特徴的な行動だ。一九三一年の『マンチェスター・ガーディアン』紙の「地方日誌」のコラムには、面白い話が載っていた。若者が車の修理工のところに行くため、コーンウォールの暗い夜道を走っていたところ、何か大きなものを轢いてしまった。その時、「大きな動物が車に向かってきて、運転手は非常に怖くなった。怯えた運転手はアクセルを踏んでそれを振り飛ばし、無事ガレージに到着した」。修理工は話を聞いても全く信じてなさそうだったが、若者の怯えた様子を見て翌日その場所に行ってみることにした。すると、大きな「犬のような」アナグマが死んでいた。恐るべき亡霊の正体は、アナグマの夫人であった。このコラムを担当したW・A・Fは、「憤怒に突き動かされ、気高い勇気を持って」「連れ合いの仇を討たんと、未知の怪物に立ち向かっていった」と書いていた。おそらく自動車によってアナグマに注目が集まり、その死を皆が憐んだのだろう。

まず、アナグマを解体する。私は怖気づいてしまったが、これはジョナサンによれば「普通にできる技」だという。ジョナサンは浴槽のそばで膝を曲げると、

「動物は教えられなくても他の動物を食べられるけど、僕たち人間はそうじゃないです」

外科用のメスを用いて手早く分厚い毛皮を剝ぎ、黄色い脂肪の層を露出させた。

「僕はこの辺を切ります。腿の片側を取り出して少しだけ使うんです」

豚ばらのような、脂の乗った肉は私の好物だ。だがジョナサンが言うには、アナグマは豚肉とは違うものらしい。脂肪はほとんど肉と分離しており、筋肉の節々の間に非常に薄く伸びているという。ジョナサンはアナグマの左の後脚にメスを入れた。体内から小さな肉塊を切り出す

と、入り組んでいた脂肪が引っ張り出された。その肉は濃い朱色をしており、新鮮だった。肉の間を走っている脂肪の線は、鉛筆ほどの太さしかなかった。

「シカの背肉は美味しいけど、アナグマにはそれがほとんどないんです」

作業をしながら、ジョナサンはこう語っていた。

「アナグマの膂力《りょりょく》の主な源は前脚や後脚、そして首です。だからアナグマの肉の大部分は後脚についているのです」

野生動物の肉付きは、その暮らしぶりを雄弁に物語っている。

ジョナサンは、肉に残ったわずかな毛を台所の蛇口で洗い流した。剛毛質で、縞模様なのが分かる。この台所は安全衛生検査には通らないだろう。不気味な雰囲気に覆い尽くされており、使用済みのティーバッグが調理台の上に放置してある。轢死した動物を食べたりしたら病気にかかるのではないかと考えるのが普通だが、ジョナサンは鼻で笑っていた。

「野生動物は病気を持ってるってみんな思ってますよね。けど食肉処理場や農場にはもっとたくさんの病気やバクテリアが蔓延してるんです。僕はスーパーマーケットで肉を買わないんですよ」

彼はこう言っていた。

だが、アナグマは寄生虫や様々な病気を保有していることで知られている。ジェームズ・パジェットが、野生動物の――故郷のグレートヤーマスの近くで見かけたアナグマを含む――自然史本を書きあげてから一年後の一八三五年、医学生として最初の年を迎えていた彼は、ロンドンの聖バーソロミュー病院で、人体の検死解剖を行っていた。すると、死体の横隔膜に小さな虫が列を作っているのに気づいた。同席していた指導教官のリチャード・オーウェン卿と共に、パジェットは寄生虫症の一種である旋毛虫症を引き起こす回虫を発見した。彼は後にヴィクトリア朝時代を代表する優れた外科医となっている。十分に加熱調理されていない豚を食べることで感染するものと思われていたが、二〇〇五年、遠くロシアのアルタイ地方、カザフスタンとの国境近くで旋毛虫症の感染爆発が起きた。原因はシシケバブに使われていたアナグマ肉だという。患者二十五人が医師に語ったところによると、彼らがアナグマ肉を食べたのは美味しいからであり、そして何よりも、安いからだという。

旋毛虫症のリスクは、アナグマを豚肉のように徹底的に加熱調理することで回避することができる。適度に加熱することで、ウシ型結核菌の殺菌も可能だ。

「アナグマの死体をいくらいじくった所で結核なんてかかりやしませんよ」

ジョナサンはそう考えていた。

「肉を食べたってかかりやしないし、唾液や血や糞尿を食べたって大丈夫です。結核の心配なんてしてません。アナグマの死体はたくさん拾ってきたけど、かかったことなんて一度もないです」

そうは言っていたが、ジョナサンはアナグマ肉がそこまで好きというわけではない。

「アナグマ特有のあの臭いのせいで肉の味が損なわれています。これぱかりはどうしようもありません」

ジョナサンはこのように述べていた。アナグマ肉を食べた人間は、その味を泥にまみれたイノシシや白鳥のフンの臭いに例える。アナグマが彼の中でトップ10に入っていないとしたら、どれぐらいの順位なのだろうか？

「だいたい二十一位ぐらいですかね。僕はノウサギやシカやアヒルやリス、アナウサギの方が好きです」

ということだった。

「キツネは良いものですよ。僕の中では順位が高い。だいたい五位ぐらいでしょうか。キツネの仔が時々見つかるけどめちゃくちゃ美味しいんですよこれが」

ハイイロリスも「めちゃくちゃ美味しい」らしい。ジョナサンは、轢死した動物をレアどころか生で食べることもあるという。血抜きをした生のシカ肉は、火を通したリンゴのように柔らかい味わいだとのことだ。

「口の中でとろけるんですよ」

食べた時のことを思い返しながら、彼はそう言っていた。

「風味豊かでとても美味しかったんです。ヒョウがシカを食うときはこんな気持ちなんだろうなって思いましたよ」

アナグマが本当に美味しかったら、そこらじゅうの店のメニューに載っているだろうとのことだった。

　アナグマをより美味しく食べるために先人たちが努力して作り上げたレシピには目もくれず、ジョナサンはシンプルな料理を用意するつもりでいた。アナグマの炒め物である。ジョナサンは元々薄いアナグマの肉を、慣れた手つきでウェハースのようにさらに薄く切ると、ひまわり油を敷いた小さなフライパンに載せた。そして、ローストすることも視野に入れながら、炒めることでアナグマ特有の強い癖が取れるといいなと思っていた。肉がジュージューと音を立て始めると、思った通り強烈な臭いが漂ってきた。

「こんな味がするものは他にないと思いますよ」

ジョナサンは述べた。

「いつもはアナグマの臭いがするものだけど、これはレバーのような匂いだ」

おそらく野生動物の肉の特質は、食べてみるまでどんな味がするか分からないものだと定義できるかもしれない。肉の味というのはその動物が食べているものによるし、アナグマが食べるもののバリエーションは幅広い。上質な味のするアナグマを食べようと思ったら、農場で囲い込み、トウモロコシだけを与えて育てなくてはいけないだろう。または、ジョナサンのように、美食の世界でも野生の世界でも、あるいは野生における美食の世界でも、絶対的な法則などほとんどないということを受け入れる、そういうやり方もあるだろう。動物は若ければ若いほど美味しいという原則はたぶん例外として。

　ジョナサンは肉をへらで平たく押しつぶすと、二、三切れに切り分け、調理台に敷いたペーパータオルの上に放り投げた。そして、フォークを突き刺して味見をしてみた。

「これはかなり美味しい方ですね。きっと気に入ると思いますよ」

ジョナサンは言った。このアナグマは非常に質が良いと彼は思ったのだろう、すぐに冷蔵庫の中に押し込んでしまった。

「何日も経ってしまったようなアナグマは食べられません。アナグマはシカと違って本当に新鮮でないといけないんです」

ジョナサンが料理をしている傍ら、私は台所をうろつき回っていた。そしてフォークを手に取り、こんがり焼き上がったアナグマの下半身に突き刺した。歯ごたえがあり、活き活きとしていてものすごく刺激が強かったが、不快感はすぐには襲ってこなかった。かつて私はツノメドリやウナギなど他にも変わったものを食べてきたが、それらほど記憶に残るようなものではなかった。その半分も行かないだろう。ジョナサンは私の曖昧なリアクションを間近で見ていた。

「言っておきますが、これは僕が好きじゃないものの中でもかなり上の方ですよ」

ジョナサンはうなずいた。

「つまり、他の動物がどれだけ美味しいかってことですね」

私たちは、たぶん仲間の反応を見て、防腐剤やホルモン剤が入っていない野生動物の肉を食べようとは思わなくなってしまうものなのだろう。ジョナサンが動物の死骸を拾っているのを見た車の運転手は、クラクションを鳴らしてくる。彼が何か悪いことでもしているかのように。

ジョナサンが言うには、彼らのリアクションは、

「マジかよ、あいつ死骸拾ってる！ 子どもたちの目を塞げ、ヤバい奴がなんかヤバいことしてるぞ！って感じの反応なんですよ。みんなげんなりするんです、近頃の人間は自然からだいぶ離れてしまってますから」

そして、ジョナサンはアナグマと我々との関係性は「難しい状況」にあると思っている。*Meles meles* は、ウシ型結核の「スケープゴート」になっているという。

ジョナサンはタマネギやポロネギ、人参を刻んで、別のフライパンに放り込んでいた。いつ

もなら野に生えていたキノコを加えるところだが、その時はあまり生えていなかった。台所はアナグマを焼いた煙でいっぱいになっていた。

これまで道端の死骸だけで食いつないできたという、『デイリー・メール』紙におけるジョナサンの描写は誇張されたものだったが、彼が肉を買うことはほとんどない。

「食べるものが何にもないときは、放し飼いにされている鶏を買うことだってあります。でも普段はそんなことはしません、キジをたくさん食べてますからね」

包丁を動かしながら、彼は物思いにふけるようにつぶやいた。

「昨日は誰かが草刈り機に巻き込んでしまったノスリを拾いました。胸の羽毛を取ったら本当に美味しい鳥なんです」

ジョナサンは冷蔵庫を覗き込むと、昨日のノスリの残りを引っ張り出した。前菜に鳥はいかがと私に尋ねもせず、アナグマの入ったフライパンにその一部を放り込んだ。数分後、ノスリ炒めが調理台に出された。それはアナグマよりもさっぱりしていて歯ごたえがあり、乾燥蟹ミソに酷似していたその味は焼きすぎたキジの真下にランクインした。

「まあ古い鳥なんですけどね実際」

私が意見を述べると、ジョナサンは白状した。

アナグマにしっかり火が通ると、ジョナサンはそこにもやしを加え、アズダ社の海鮮醤をたっぷりとかけた。きっと私がこういった料理に慣れていないから、手心を加えてくれたのだろう。そして、出来上がったアナグマ炒めを二つの皿に分け、私たちはそれをリビングルームへと持って行った。ジョナサンは、窓の下にあるテーブルのそばに座った。その上には彼のノートパソコンが置いてある。私はソファーに腰を下ろし、足元にある緑色のビニール袋の中からこちらを見つめているアルビノのアナグマの剝製のうつろな目を見ないよう努めた。

最初の一口は美味しかったが、その後自分の皿に盛られたアナグマ肉の山が何か恐ろしいもののように見えた。その味は非常に濃厚で、歯ごたえがあり、強烈な不快さがあった。遊園地のアトラクションに揺られ、楽しい気分があっという間に吐き気に取って代わられたときのように、気が付けば戻す一歩手前の状態になっていた。私は大人しく咀嚼を継続し、自分の皿に意識を向けないようにしていた。アナグマとジョナサンの生活について話していたことで、この場を乗り切れた。

話だけ聞くと、ジョナサンは不気味な人間に見えるかもしれない。独身男性寮の一室に転がっているのは、ナチュラリスト兼剝製師の仕事に使う双眼鏡や鋭いナイフ。そしてたくさんの動物の剝製、イボイノシシの牙や、トラやヒョウ、マッコウクジラの門歯。こんなにも風変わりなところに住んではいるが、彼はかなり小柄で、気立てがよく、少し悲しげな雰囲気をもつ中年男性であり、そのひげと綺麗な髪は白くなり始めている。きっと内気な人間なのだろう、私といつも目を合わそうとはしなかった。しかし、彼は自分に自信がないわけではない。大型のネコ科動物を追跡し、剝製にする傍ら、ジョナサンはボーンマス自然科学協会という民営の博物館の動物コーナーも運営している。大学に行く機会には恵まれなかったが、今の技術はすべて独学で培ったものだ。

ジョナサンの一番古い思い出は、自然の中での出来事だった。ボーンマスのはずれで養父母とともに過ごしていた二歳のころ、庭でトカゲを捕まえた。私の祖母と同じようにジョナサンは双子だが、その兄弟の近くで過ごしていたわけではなかった。そして、彼は自分だけの自然界を探し求めていたが、これも祖母とよく似ている。

「二人だとかなり多いぐらいですよ、普段はね」

こうジョナサンは言っていた。

「自然の中で暮らしていると、周囲と一体になり、静けさを保つ術を学べますよ」

ドーセット中部の丘陵地帯に住んでいた十三歳の頃、彼はアナグマを発見した。

「僕はサッカーボールを追いかけたり、パブに行ったりはしませんでした。できる限り毎晩丘に登り、アナグマやシカやフクロウを見に行っていました。新生活の素晴らしい幕開けでしたよ」

ジョナサンはこう述べた。

「自然とともにあるのが好きだったんです。それは僕にとっての解放であり、逃避だった」

ジョナサンはアナグマの観察を二年間続けた後、自分が見つけた巣の地図を作った。闘猪士との嫌な出会いもあったが、アナグマはジョナサンを見ると近づいて靴を奪おうとした。

「アナグマたちは僕を森の一部とみなしていましたから、こちらを恐れたりしませんでした。僕にはそれが誇らしかった。今までずっと彼らのおかげでやってこれたんです。僕が敬意を払っているのは人間よりも動物なんです。僕たちは一番知能の高い動物のはずなのに、とても嘘つきで卑怯な生き物なんです」

アナグマと過ごした彼の幼少時代と、アナグマに対する庇護感情を見ていると、クリス・フェリスという小柄な女性が頭をよぎる。彼女は腰を痛めたことにより不眠症を患い、アナグマを一晩中観察するようになった変わり者だ。一九八〇年代、彼女は『*The Darkness Is Light Enough*』という、まるで夢のような素晴らしい本を書いていた。その中には、彼女が闘狢士に遭遇した時の物語もある。ジョナサンはこの本が大好きで、学校でも自分の本を書き始めていた。

「でも挫折しちゃったんです。僕は継続が苦手ですから」

ジョナサンは笑いながらそう言っていた。まるで別人のような、驚くほど深い優しさに満ちた微笑だった。

つい最近、ジョナサンは未確認動物センターが企画した、インド北部にイエティを狩りに行く旅行に参加した。そして、干上がった川に沿って付けられた奇怪な足跡やひっくり返された岩を見つけた。また、大型の類人猿のようなものを見たという地元民の話を聞いた。2m半ほどの大きさで、二足で立っていたという。ジョナサンは、イエティの正体はギガントピテクスだと確信していた。巨大な体を持つ、ヒト科の先祖だ。

私は海鮮醤と野菜に舌鼓を打っていた。食べ終わるまでにはだいぶ時間がかかった。昨晩食べたのは、トルコ料理屋の肉汁たっぷりの柔らかいラム肉であった。アナグマがそれには及ばないのははっきりしていた。脂が乗っているわけでもなく、豚肉とは似ても似つかず、腐ったシカ肉や、年老いた雄ヤギのような強い悪臭がした。

アナグマの臭いからは意識を逸らし、ジョナサンの言葉に集中しようとしていた。

「未確認動物センターは異端であり、科学界の主流派からは見向きもされないものです。UFOや幽霊を信じる愚か者の集まりだと言われてる。うん、確かにそうですね。でもこうした奇妙なものが存在していると信じる、開かれた心を持つ人たちはたくさんいるんですよ」
センターが設立されたのは、怪物《モンスター》の痕跡を追うためである。これはジョナサンに聞くまで知らなかった事だが、「モンスター」の本来の意味は「科学では正体の摑めない獣」だという。ジョナサンは知識欲の塊であり、大学に行くことを望んでいた。だが一方で、自分たちが教わったことを妄信し、立てた仮説を実証しようともしない学者たちを軽蔑してもいる。ジョナサンはその辺のアカデミックなナチュラリストたちよりも多くの時間を野外で過ごしてきた。そのため、実証されていない説を他の学者たちよりも数多く提唱する余裕もあった。私はレイ・ミアーズを思い出した。テレビタレントとなった地元の有識者であり、かつて彼にインタビューをしたこともある。両者とも物腰が柔らかく、孤独で、少しばかり他人に傷つけられた経験があるように見えた。

傷を負い、道端に倒れている動物を車が故意に轢いていく。その様子を語るジョナサンを見ていると、彼の人間観は私の祖母のそれと同じように冷ややかなものなのではないかと思えてきた。おそらく、運転手はただ気づかなかったのか、苦しんでいる動物を楽にしてやるつもりだったのだろう。だがジョナサンには、それについて好意的な解釈をしてやるつもりはなかった。

「単にどうでもいいんですよ。奴らは動物を人間と同じようには見ていない。動物にはみな恋人がいるけど、二十年間一緒に連れ添うなんて発想はない、でも、片方が死んだら、もう片方はとても悲しむんです。人間たちは気がついていない。動物のカップルは人間よりも互いを思いやっていることにね。動物は自分の子どもを叩いたりはしない。子どもたちが良い人生のスタートを切るためなら、どんなことだってしてしまいます。今この世界には、病んだ人間たちが大勢います」

ようやく私の皿が綺麗になった。ジョナサンは感心していた。

「これを食べ切れる人なんてほとんどいませんでした。普通は一口だけ食べて、『全部は無理』って言うんですけどね」

アナグマの下半身の切り身の残りは冷蔵庫にしまわれた。だが、ジョナサンには足から肉汁ソースを作ったり、浴槽に残っている残りの尻尾でスープを作ったりするつもりはなかった。

「今夜こいつを外に連れ出して、臭いがアパートの外に漏れだす前に埋めてしまうんです」

ジョナサンはそう言った。彼がもうクラクションを鳴らされずに済むことを私は祈っていた。まあ、車のトランクから大きな動物の死骸を取り出し、生垣に放り込んでいる人間を見たら私だって怯えはするが。

ジョナサンの家を出て駅に向かおうとしたら、冷たくなった外気が入り込んできていた。アナグマを食べはしたが、私にはアンガス・ウィルソンが小説に書いたように、アナグマやアナグマ国、そしてアナグマの群れとの関係性において一線を越えたような感じはしなかった。ヘンリー・ウィリアムソンがアナグマ掘りを目撃し、顔に血を塗られたあとで感じたように、アナグマという種を裏切った実感もなかった。実際のところ、解き放たれたような感じがした。日常生活から逃避し、分別ある人間の理解を超えた別の領域へと入り込んだような気分だった。アナグマ炒めの臭いを漂わせながら、ボーンマス発の電車に乗った人間が他にいただろうか？

こうした常軌を逸した行いをして感じたのは喜びだけではなく、本当に自然と共に生き、無駄をなくそうとするならば、轢死した動物は全て食べてしまわなくてはならないという、より合理的な考えだった。いや、越えられない壁を越えるには、それでは不十分だ。アナグマは不味いのだ。人間がアナグマを食べたがらないのは、愛されている野生動物を貪り食うことに対する忌避感や、子ども向けの本に出てくる擬人化されたアナグマたちが理由ではなかったことが分かった。中世において、アナグマは常に最後の手段として食べるものであり、富裕層は近寄ろうともしなかった。狩りの専門家がヘンリー四世に向けて書いた手紙には「the grey」（アナグマを指す方言）のことが触れられていた。

「アナグマ肉もキツネの肉も、あなた様がお召し上がりになるようなものではございません」

　電車に揺られ、ジャケットの肩の方に頭が傾くと、ジョナサン・マッゴーワンの台所に漂うむせかえるようなアナグマ炒めの臭いの残り香が、時折鼻を突いてくる。こみあげる吐き気を抑えるため、全神経を集中させなくてはならなかった。アナグマ臭のするげっぷが飛び出し、吐き気はさらに増していく。

14　ベラ

季節が移り替わり、コーンウォール地方はその装いを大きく変えていた。夏の緑は剝がれ落ち、観光客も足を運ばなくなってしまった。ある良く晴れた寒い日、空は青く澄み渡り、塩を撒いたようにまだらな灰色の道路には、車を飛ばす地元民以外の人影はない。人間たちはアナグマ駆除に関して議論を戦わせ、アナグマ国は激動の時代を迎えていたが、私には他にやるべきことがあった。ジュディー・ソールズベリーの所のアナグマが自分たちの巣を放棄したというので、私はアナグマたちがどこに行ってしまったのか突き止めたいと思っていた。

その年の秋、突然ジュディーが電話をかけてきた。持病の関節炎が悪化したということと、自分のアナグマたちに餌をやるのに苦労しているという話だった。そのアナグマたちも洪水で巣から押し流されてしまったのだ。ジュディーが言うには、十一月のある水曜の夜、これまで経験したことがないような激しい豪雨が降ったそうだ。翌日の夜、パティオに晩御飯を食べに来たアナグマは一匹もいなかったそうだ。雨がやんでも、アナグマたちは来なかった。ウィロウも、ソルトも、ペッパーもマスタードも、ビネガーもいない。ジュディーは、みんな溺れ死んでしまったのだろうと思っていた。アナグマたちがいなくなってからも、ジュディーは毎晩外に餌を置いていた。いつもの晩餐だが、ソーセージはない（さすがにソーセージまで出すのはもったいなかった）。それから三週間が経ち、とうとう彼女は諦めた。それでも念のためにサンドイッチの小箱を用意しては、それをテーブルの上に置いていた。テーブルには他にも週刊誌『ラジオ・タイムズ』や虫眼鏡が置いてあり、その傍らには肘掛け椅子がある。

ある晩のことだった。私が到着する少し前、ジュディーはテレビドラマの『イーストエンダーズ』（意外な好みである）を見ていた。カーテンを引くと、アナグマが二匹、パティオに入ってくるのが見えた。ジュディーはサンドイッチを摑むと、全速力でドアへと向かった。

「私はただ一言、おいで、って言いました」

アナグマに対して語りかける時にだけ使う、甲高い震え声になっていた。

「そうしたら、二匹ともこっちを見たんです。人生で一番幸せな日でしたよ。あの子たちが私の所のアナグマだってわかったんですから」

アナグマたちは、戻ってきたのだ。これまで通りサンドイッチを食べている。それ以降、深夜遅く不定期ではあるが、何匹かの昔なじみのアナグマが餌を求めてやってくるようになった。より遠くからやってくるようになったのだろうとジュディーは考えている。ジュディーの一番のお気に入りである、女家長のウィロウはまだ現れない。

玄関のドアへ続く道を歩いていくと、ジュディーが歩哨のごとく立っていた。ぎこちない動きで、彼女はほとんど使われることのない空き部屋に案内してくれた。そこは古びた匂いはするが嫌なものではなく、湿っていた。私が六か月前にここを訪れて以来、誰もこの部屋を使わなかったと聞き、そんなにかと驚いた。

そのアナグマたちがどこに移ったのかを知るには、ジュディーの庭から彼らが普段使っているルートを辿っていくのが一番だろうという結論に達した。陽が落ちる直前、私はジュディーの家の後ろにある、平原を突っ切るように延びる公道を歩き出した。塩分を含んだ入り江の端は凍り付いていた。河口の向こう側の丘にいる馬は、緑と赤の毛布を巻かれていた。深々とした空気の中、ダイシャクシギが喉を鳴らしてうっとりするような声を上げた。泥の泡が鳥の歌に変わったかのようだった。

その放牧地には、昔からアナグマの巣があった。歩行者は見えない穴に注意するようにという、地方自治体の看板があった。「安全が確認されるまではどうかご注意ください」という不吉な響きだった。アナグマの巣はジュディーの庭の境界線となっているブラックソーンの茂みから始まっており、帯状開発のごとく牧草地に穴を開けていた。洪水が起きるまでは、アナグマたちは楽な暮らしを謳歌していたのだろう。戸口に行けば、毎晩無料で食べ放題のビュッフェがあるのだから。

ジュディーはここ最近、牧草地を歩けるような状態ではなくなっていた。私はこれまでアナグマを追跡した経験などなかったが、驚くほど簡単だった。幅の広いアナグマ道はブラックソーンの茂みから延び、ぐねぐねと曲がりくねりながら牧草地を突き進んでいる。まるで妖精の手によって作られたかのようだ。そのまま分厚い茂みの中に入り込み、それから植えられたばかりの冬小麦の畑へとまっすぐ向かっていた。その畑には定期的に使われている痕跡があり、少し前にも人の手が入っていたようだった。そこからさらに離れたところで、アナグマは一番安全な場所を確保していた。金属製の門をくぐった先にある、別の牧草地の生垣の下。そこから土手へと続く深い轍を通ることで、くぼんだ道を行くことができるのだ。アナグマはさらに、青い粘板岩が採れる石切り場にある小さな公園と、そこにあるトレーラーハウスのそばを通り過ぎていた。

ここで私はアナグマ道を見失った。だがジュディーはリトルペセリック川沿いの小道からそう遠くない場所に、使われているアナグマの巣があるという情報を摑んでいた。私は満潮時のラインに沿った小道を進んでいった。沈みゆく夕日が砂と水を磨くように照らし、銀緑色に凍っていた塩水性の湿地を桃色に変えていった。ミヤコドリが四羽、凍り付いた泥の上を気取った様子で歩いていた。ほっそりと痩せこけた木々にはぼろぼろの苔がぶら下がっていた。一番大きなトネリコの木でも、盆栽のように小さく見えた。南西から吹く風が、その木を揺さぶっている。

ミヤマガラスがカアカアと鳴きながら、空に舞い上がっていった。ジュディーの家から1マイルほど離れたところの牧草地には、背の低いアザミが一面に咲き乱れていた。アザミには霜が降りて青いまだらになり、まるで緑の海に点々と浮かぶクラゲのようであった。その向こうには、桜の植林地があった。おそらく樹齢二十年ほどだろうか。シカ除けのフェンスでぐるりと囲われている。さらにその周りを、乾燥してしわしわの古いブラックソーンの生垣が取り巻いていた。ここに巨大なアナグマの巣があった。私は、蔓植物のように入り組んで伸びている地下迷宮のようなものを想像していた。植林地に空いた汚い巣穴に花を咲かせる蔓だ。牧草地の頂点には、朽ちて崩壊した石塀があった。アナグマはこの近道を、ジュディーが夜ごとに催す宴会へのスタート地点にしていたのではないか、私はそう推測した。

私は自分の追跡術には少しばかり自信を持ちつつあった。夕暮れ時に目を覚まし、信頼する友人の作った、餌の宝庫へと続く道を歩く。ほんのつかの間、そんな毎晩の生活を続けているアナグマになりきったような感覚になった。アナグマ道をジュディーの家の方向に歩いていった。彼女にこの知らせを伝えたらきっと喜ぶだろうと思ったが、彼女は毎晩の日課に没頭していたので喜んでいたかどうかは分からなかった。ジュディーは私に夕食を出してくれた上、食器を洗おうとする私を止めた。そしてコートを羽織り、ボンボンが付いた青い毛糸の帽子をかぶった。午後七時二十五分、パティオの扉を開け、緑色をしたプラスチック製の子ども用シャベルを用いて餌を放り投げた。私は手伝おうかと申し出た。

「これは自分でやった方が良いんです」

そうジュディーが言っていた。部屋は真っ暗になっていた。光源と言えるものは、木目調の電気ヒーターから来るかすかなオレンジ色の光しかなかった。全くもって暖かくもなかった。

長きにわたりウィロウが姿を見せないので、ジュディーは心を痛めていた。この群れは近頃、ジュディーが見ていない真夜中に現れる。リーダーを失っているようにしか見えなかった。あの洪水以来、彼女が一度に見たアナグマは最多で四匹だった。十四匹もいた夏の頃とは大違いである。

ジュディーが晩餐の準備を終えた後、私たちはカーテンを閉めた。アナグマがまだ来るかもしれないので、それを邪魔しないようにするためだ。小さい明かりを数個だけ付けた。『イーストエンダーズ』が終わると、ジュディーはまたカーテンの向こう側を覗いた。餌が持っていかれた様子はなかった。寒空の下、ジュディーの家の芝生にできたアナグマ道は、大きな灰色の縞のようになっていた。

河口の向こうには、地平線の上に建つ記念碑だけが見えた。最初に訪れた時はこれが何なのかジュディーに聞かなかった。だが今回、これはヴィクトリア女王がアルバート公（ヴィクトリア女王の夫）に贈った記念碑の一つであると教えてくれた。河口を隔てる生垣には、夫のロビンが二十五年前に植えた一株のパンパスグラス（ススキに似た巨大な植物）がある、そうジュディーは明かした。

「あれを見ると、ロビンの形見だって思うんです」

ジュディーは語った。

「私はパンパスグラスが好きなんです。風で揺れているのを見ると嬉しくなるんですよ」

ジュディーは寝てしまったが、私はしばらく起きていた。時々カーテンを開けたり閉めたりしていたが、アナグマは一向に現れなかった。朝七時。ジュディーがドアを激しく叩いて私を起こし、叱るような声でこう言った。

「そろそろ起きてください」

餌はすべてなくなっていた。霞がかった朝の光の中、生垣からトリフィド（架空の植物のモンスター）のように突き出たパンパスグラスのふさが凍り付いていた。こんな光景は初めて見た。

ここ一か月の間、私は野生のアナグマを間近で見る機会に恵まれていた。それも、私が思っていた以上に近くで。こうした交流は、私にとってスリリングで、心が満たされるようなものだった。アナグマたちの、そしてアナグマ国における人間の住人たちの暮らしを見ていると、奇妙で面白い別の世界の扉が開かれたように感じた。だが、私は自分の暮らしに欠けていたものに本当の意味で気が付いていたわけではなかった。サフォーク州とエセックス州の境目にある、ロナルド・ブライスの自宅であるボッテンゴムズに続く道、そこへたどり着くまでは。

澄み渡る秋の夕暮れのことだった。ロナルドの庭に姿を現した、大きなトネリコの木。これはロナルドの著作に出てきたそれとすぐにわかった。

「強風が吹き、剪定を全部やってくれた」

『*At the Yeoman's House*』（ヨーマンの家で）という本で、彼はこのように記していた。

「時折、カササギのつがいが決まった枝から雪のように舞い降りる。パンの耳を取りに来るのだが、真っ白で、非の打ち所がないその姿は、若きオリンピックの選手にも似ていた（カササギ自体は真っ白とは言い難い）」

私が扉を叩くと、既に橙色の電灯が古い台所から温かくほのかな光を放っていた。ロナルドは流しで何かの作業をしている最中であった。

彼は刺激的な人間であった。もうすぐ九十歳を迎えるというのにいまだに本を執筆し続けており、『チャーチ・タイムズ』紙の週刊コラムも書いている。そうした文章は、ストア盆地の片隅にある農場の家から送られてくるのだ。彼がその道を歩き出したのは、二十三歳になってからだった。ロナルドは当時地方の資料館員で、画家のジョン・ナッシュの妻であるクリスティーンと懇意にしていた。ジョンは四年前にすでにボッテンゴムズの土地を購入していた。作家としての野心を抱くロナルドは、魅力的で自由奔放なナッシュ夫妻や、その周辺の芸術家たちに惹き込まれていた。ルシアン・フロイドの師匠であったセドリック・モリス、ロナルドがオールドバラについての詩集を編纂し、送った相手であるベンジャミン・ブリテン、そしてE・M・フォースターさえもそこにいた。『*Akenfield*』が成功を収めた後、ロナルドが住人たちの一人称視点で綴ったサフォーク村の描写は、あっという間に一九六〇年代の古典として扱われるようになった。そして、ロナルドは身体が弱りつつあったジョン・ナッシュを看護していた。結局、ロナルド自身がボッテンゴムズに住むようになった。自分の飼い猫と、所蔵している本も一緒に。

ロナルドの言葉や思想から、彼の古いサフォークの名字に至るまで、それらは全てブライス川に由来している。ロナルドは、おそらく現在存命しているどんな作家よりも深く、自分が生まれた土地に根差した作家だろう。だが、田舎に隠れ住む隠者というわけでもない。向こうの世界に憧れを抱くロナルドはあちこちを旅行しており、読んだものは何でも覚えているようであった（「物事を覚えておくのは難しいことじゃないんです」ロナルドは控えめな調子でそう言っていた）。風と海が織りなす簡素な風景の中で数十年を過ごしてきたし、そのことが文章にも表れているが、彼はただのイーストアングリアの作家というわけでもなかった。だがロナルドは穏やかな口調でこう言っていた。自分はただの田舎住まいの作家であると。私は、自分をそんな風に称することができないのがもどかしかった。十五年間ずっと住んできたロンドンを、やっと離れられる一歩手前ではあったが。私のガールフレンド、リサは双子の女の子をその身に宿していた。とても嬉しいサプライズであった。私たちそれぞれの母親の行動半径内に入っているノーフォークに戻れば、なんとかやっていけるだろう。私とリサはこうした考えに至った。ついにこの大都市からの逃走経路を確保できたのだが、これは一地方との、およびアナグマの巣との恒久的な関係を結ぶ良い機会でもあったかもしれない。アナグマ国における今の私は、ただの観光客にすぎない。私はアナグマ国どころか、どこにも帰属してはいないのだ。

私は以前ロナルドに『ガーディアン』紙のインタビューをしたことがあった。ロナルドはその時、裏庭にアナグマの巣があると何の気なしに教えてくれた。それを思い出した私は、今再び彼の家に足を運んだ。彼は自分の所のアナグマを研究しているわけではないが、草が伸び放題になっている2エーカー四方の庭に、アナグマがいるということだけは知っていたのだ。これは彼が日常的に育んでいるその土地との関係性の一端であり、それはとても豊かで、深いものだ。私はただ嫉妬することしかできない。

「夜中にこの道を歩いて行くと、目の前をアナグマたちが通り過ぎて行くことがありますよ」

ロナルドはこう言った。

「アナグマってしょっちゅう喧嘩してますよね?」

自分が観察したものを仮定形の質問で話すのは、控えめな彼の癖であった。

私たちはロナルドの家の台所で腰を下ろし、ボッテンゴムズの小窓から見る空の色の暗さについて語り合った。その空は、濃紺色に変わっていた。

「私も『夜に教えられたことがある』と言っていいだろう。ロバート・フロストのように」

『*Word from Wormingford*』(ウォーミングフォードからの便り)で、ロナルドはこのように記していた。

「私は夜道で音が鳴る階段や、古びた農場の壊れた屋根を見つけるのが好きですし、どんどん大きくなってやがてアルプス山脈にでもなっていくかのような、耕された丘を見るのも好きなんです」

ロナルドは今ではテレビを見るのに眼鏡が必要だが、夜目は非常に良く利くのだ。地方の夜の暗さは場所によって程度が異なるが、彼はその中を歩いている。ロナルドが語ってくれたところによると、コールリッジとワーズワースと彼の姉妹は、二十代だったころサマセットに滞在し、一緒に夜の散歩に出かけたものだという。コールリッジは『老水夫行』の執筆以外は何もしていないろくでなしだったが、イギリスは当時フランスと戦争中であり、地方の村人たちは、夜中に出歩くこうした人間たちを見てスパイではないかと怯えていた。

「夜になると全てが一変します。まずは木々。あなたの後ろの見知った場所も、夜には別の一面を見せます。ミステリアスに変貌するのです」

ロナルドはこう述べていた。

「私は恐ろしいとは思いませんが、人々が昔からそれを恐れてきたことは知っています」

闇に対する古来よりの恐怖は、アナグマに対する恐怖にもつながっていた。だからこそ、人間はアナグマにさらなる蛮行を働くようになったのだろう。『*Akenfield*』では失われゆく時代が哀愁たっぷりに描かれていたが、ロナルドは昔の習慣が失われるのを悲しんでいるわけではなかった。彼は地方における暮らしの「栄華と惨苦」について書いていた。貧困、病、近親相姦、雇用主による労働者の搾取。そして我々は、憂鬱な気分を分かち合っていた。ほとんどの人々が、そして村の人間すらも、その土地に対する深い理解を失くしてしまったことに対して。

「本当の生活と呼べるものはもうほとんどありません」

ロナルドは地方で同じ時代を生きている人間について語った。

「遠方のある村では、バーミンガムなんかと変わらない暮らしを送っているんです。同じテレビに、床にぴったりと合わせられた絨毯に、スーパーマーケット。ほとんどの村人は、その土地の事を何もわかっていない。私はそのことにひどく心が乱されます。土地に目を向けようともしません」

少なくとも、その地方自体は『*Akenfield*』で描かれているよりもずっと健全だ。ロナルドはこのように見ている。失われたのは、生垣を剝ぎ取り、危険性の高い除草剤を散布するという、一九六〇年代、および七〇年代における不撓不屈の農業のあり方。失われたのは、文字通り死ぬまで働く貧しい肉体労働者。失われたのは、田舎の風景と、そこに住む者の残忍さ。失われたのは、アナグマに対する古臭い蛮行。闘猾は「いつもここで行われていた。とても不愉快でした」とロナルドは語った。

「私が子どもの頃、若い男が銃を手に牧草地をうろつき回り、目に映るものは何でも撃っていました。ひどいものです」

ロナルドがジョン・ナッシュからボッテンゴムズを相続して間もなく、こぎれいな身なりをした狩人の女性が現れた。

「ここを狩り場にするから」

女性は厚かましくもそう言った。ロナルドが静かに断ると、女性は激昂した。ロナルドは、キツネを求めてアナグマの巣を引っ掻きまわす人間を許すような人物ではなかった。

ねぐらに帰ろうとしているキジが耳をつんざくような鳴き声をあげた。今すぐアナグマを見るための場所を確保しなければならない。陽はとうに沈んでおり、霜がすぐに降りてくることだろう。ロナルドは家に留まり、「二階でちょっとしたアナグマ狩りを行う」と言っていた。自分の知識に、また記憶にある全ての本が眠っている宝物庫で、アナグマを探し求めるのだ。

急速に冷えゆく空気が、私の頬をつねった。木々の間を吹き抜ける風は、金属のような音になっていた。脆い葉っぱの一枚一枚が、銀紙でできているかのようだった。ロナルドの庭と2エーカーの森を隔てる境界は曖昧なものだった。ところどころ苔むしてはいるが、屋根には立派なタイルが張られた農場の家。その後ろ側の木々。そこからたったの27mほどの所に、最初のアナグマの穴があった。その真上には、トネリコとオークとセイヨウトチノキが絡まり合っている。

この前の週末、私はとある非常に面白い人物に出会っていた。その人は貴金属の彫刻家だが、元々は動物学者であった。彼からアナグマとウシ型結核について尋ねられた時、私はこの事についてては中立を保とうとしていると答えた。

「良いですね。いつまでも中立地帯があればね」

怒りに震えている口調だった。相手が何を考えているのか全く分からないというのは、肝が冷えるものだ。

「私たちはいつも物事を整理しがちです。白黒はっきりと付け、境目を設けるんです。あなたの言う中立地帯というのもその境目です。自然界には境目はありません。一番わかりやすい境界線は川や海岸線ぐらいでしょう。ですがそれすらも、境界線などではないんです。簡単な話ですよ。みんなその上を通ってしまうんですから」

この動物学者の哲学は、実践的なアナグマ駆除に没頭する人間を彷彿とさせるものだった。駆除を行う区域が、川や道路といった「強固な」境界線に囲まれていれば、より効率的に駆除を行えるというのが、環境・食糧・農村地域省の考えだ。生き延びたアナグマがいてもこうした境界線があればそこから出ることはできず、病気も拡散しないだろうというのだ。強固な境界線への信仰は、幻想ではないかと思える。私は中立の立場を取っているつもりだが、実はそうではないのかもしれない。

　だが自然界においては、境界線は変化と美の発祥の地となる。そこに水が関わってくる場合はなおさらだ。水の無い境界線で私が一番好んでいるのは、隆起した森林地帯と、牧草地の湾曲線のぶつかり合う場所だ。この境界線はアナグマが最も好む場所でもある。森の中に巣を持ち、ミミズが豊富に捕れる牧草地に行けるアナグマは本当に満ち足りているといえる。ロナルドの森は、その端が土の掘り起こされた牧草地に接しており、これは特に満足のいく抱き合わせといえよう。そして、このなだらかで美しい曲線上で、私は股のあるコブカエデを見つけた。これなら私でも登れそうだ。登ってみると、陰気な装いをした森と、地面に走る曲がりくねったアナグマ道を見渡すことができた。

　身体を固定し、私は待ち続けた。牧草地を三つも越えたはるか向こうで、ガチョウがガァガァと喚きながら、あれやこれやと不平不満を言っていた。遠くで牛がブモゥと鳴いている。そして近くでガサガサと音が鳴り、私は気を引き締めた。栗色のずんぐりとしたホエジカが、視界に飛び込んできた。この森のタムナスさん（『ナルニア国ものがたり』に登場する半獣人）は、藪の中を突き進みながら夜の巡回を行い、私の数m先を通り過ぎて行った。刺すような歓喜が胸中を満たした。木の枝から落ちそうになったのは初めてだった。またガサガサと茂みが揺れると、今度は茶色のネズミが落ち葉の上を驚くほどの速度で駆け抜けていった。フクロウはこんなに小さく俊敏な獲物をどうして捕まえられるのだろうか？

真夏の森を包み込む物音、湿った緑葉、これらはもう移り変わってしまった。落ち葉もカサカサと音を立て、跳ね回り、どんな足音も良く聞こえるようになっている。それでも、私には何かが近づいてきているのが分からなかった。アナグマだ！　薄灰色をしたものが真下にいる。距離にして3mほどしか離れていない。私は息を殺した。アナグマがこちらを見たような気がした。その鼻で空気をぐるりと回し、空に浮かぶ私の馬鹿でかい影の正体を確かめているのか、私から漂っているのであろう不審な匂いを確かめているのか。木の方に向かう時にあちこちに付けてしまったのだろう。

最終的に、私の匂いを十分に確認したアナグマはまたどこかに行ってしまった。暗闇の中で淡く浮かび上がる、長方形をしたこの物体は、K9のように落ち葉の上を滑走していった。K9とは、一九七〇年代に放送された『ドクター・フー』に出てくるロボット犬だ。地面からはそんなに音はしなかった。二匹目のアナグマはもっと騒がしく、より明瞭な白黒模様を見せつけていた。二匹のアナグマと私が、サフォーク州とエセックス州の境界線上にある森の中にいる。アナグマたちの領土を侵犯しているような感じはしなかった。私もここに帰属しているのだ。生まれて初めて、私は完全にくつろいだ状態でアナグマを見ることができた。なだらかな牧草地と、まばらな生垣に点々と連なる禿げあがったオークの木は、紛れもなくイーストアングリアのものだった。よく肥えたうかつなキジの雄叫びも、その一部だ。キジはイギリスに元々いた鳥ではないのかもしれないが、私が育った土地の風景にすっかり溶け込んでおり、なぜだか分からないがキジを見ると嬉しい気持ちになったものだ。私を原風景に呼び戻そうとしているのではないかと思った。

私はついに、自分だけの力で巣のそばに行き、アナグマを見られるようになった。専門家の力も、ピーナッツの力も借りずに。アナグマたちは三十分にわたり、眼下の森の中で餌を探し回っていた。私の視界に突然入り込んできては、目で追えない陰の中に消えて行く。なんともじれったいことである。アナグマをはっきり捉えることができたのは視覚よりも聴覚であったが、私の五感が寄越した情報は乏しいものだった。アナグマはやかましい無能のように思われているが、驚くほど軽快な足取りであった。飛ぶように歩くので、落ち葉を踏んだ音が鳴るのは五歩に一歩といったところであろうか。私が木から降りたときなどは、最初の動きだけで枝を三本も折ってしまった。

アナグマたちと私は、同じ黄昏の中にいた。無論この二匹にとって、私は招かれざる客であり、彼らは私の真下で走り回っていただけだった。嗅覚による検査の結果、私の匂いは明確かつ差し迫った危険のあるものではないと判断されたのだ。しかし、私はまだイーストアングリアの夕暮れの、時間の一部になったような気になっていた。ホレイショー・クレアは、ヘレフォードシャーの農場で育った頃の回顧録を書いていたが、その中にアナグマの一家を見た時の喜びを記した美しい一節がある。

「私たちは夕暮れの森の片隅を知っているし、アナグマだってそうだ。この黄昏の時間、私たちとこの世界は二つに分かたれていた。私たちは山の、森の一部であり、動物が、野に生きる者たちが、受け入れてくれたかのようであった。惹き込まれるものを感じた」

木から降り、牧草地で大きな音を立てながらよろめいている私の頭上では、星が爆ぜるように瞬いていた。スタンステッド空港に連なる平原を三つも見渡すことができた。かすれた声でキツネが六回吠えた。次に聞こえてきたのは、反対側の牧草地で馬が長い、大量の小便をしている音だった。私は、森と牧草地のなだらかな境界線の上に身体を横向きにして寝転がり、アナグマが森の中で餌を探して奏でる音楽に耳を傾けた。アナグマは餌を食べながら縄張りをうろつき回り、いつものように葉っぱにまみれながら取っ組み合いを繰り広げ、もっと風変わりなサインをいくつも出して見せた。あくびをしたり、爪で木の皮を引っ掻いたり、ボーリングのピンが倒れた時のようなおどけた音を立てたりしていた。そして骨をくわえた犬のような、イヌ科みたいな牙の鳴らし方をした。ひときわ大きなコガネムシを捕まえたのだろうか？

アナグマは森の守りを解いて牧草地に出ようとはしなかったが、私は気にも留めなかった。空を見上げると、空港の方に降りて行く飛行機雲が、地平線の向こうのコルチェスターの明かりで優しく照らされていた。蜘蛛の巣のようにおぼろげに現れた夜の轍は、空から飛行機を吊るしているように見えた。子ども部屋によくあるおもちゃのように。

突然強い冷気を感じ、身震いした。私はふらふらと立ち上がった。そして、ロナルド・ブライスの家に戻る前に、ボッテンゴムズを縁取る牧草地を歩くことにした。ロナルドの庭は暗かったので、懐中電灯のスイッチを入れた。すると目の前の芝地にアナグマがいて、こちらを振り向いた。小さな両目が、明かりに照らされて鈍い光を放っていた。今回は大きな音を立てながら、どこかに行ってしまった。

ロナルドは二階での「狩り」を終えた後、W・H・ハドソンの記したアナグマについての書物を読むように勧めてくれた。私は森の中でアナグマを見つけた時の感動をロナルドに話して聞かせたが、その晩、私がどれだけ心を震わせたかを伝えることはできなかっただろう。私は故郷に帰ったような気分になった。そこが私の生まれた場所である必要はないし、昔と同じままでなくても良い。今夜イーストアングリアでアナグマと共に過ごした初めての経験が、その事を物語っている。だが、本当の意味で故郷という概念について開かれていくには、そこにじっととどまり、おそらく、たった一人で一所にいなくてはならないだろう。それは私に欠けているものであった。ロナルドが私にこう言ったように。

「友人と一緒に田舎を歩くというのは素敵なことです。でも私みたいに、たった一人で何もない所で生活しているなら、それはまた別の話です。そこに不思議なことなんて何もないけれど、私はここで夢を見ることができる。もしあなたがこの家にいて、毎日牧草地に囲まれて過ごしていたら、きっと何か見つけるでしょう。それが何なのかは分かりませんがね」

近づきつつあるアナグマ駆除は、ジュディー・ソールズベリーが病に倒れる前触れのように思われた。

「もう死にそうです」

私が電話をかけたある晩、彼女はそう言っていた。グロスターシャーおよびサマセットの、駆除区域に指定された場所に住むアナグマは脅威に晒されているだろうが、コーンウォールのアナグマはそうではない。洪水で流されたジュディーの所のアナグマたちはこれまでよりもずっと安全な場所にいる。ジュディーの庭に近い場所の巣に戻ったのだ。八匹ものアナグマが毎晩たらふく食べている。ジュディーはというと、暖房機から微弱な熱を出していたオイルタンクが六週間前に壊れてからというもの未だに修理されていなかったので、あまり暮らしは快適ではないようだ。給湯器も故障してしまい、お湯も出なくなってしまったという。

八十代の女性が冷え切った家にたった一人で住んでいて、寒く湿った秋に六週間もセントラルヒーティングなしで過ごしていたというのは聞こえの良い話ではない。私はまたジュディーの所のアナグマを見たいと思っていたが、暖房の修理業者を呼びつけてどういうことだと問いただしたくもあったので、ジュディーの家に押しかけることにした。

「びっくりしないでくださいね、見苦しいかもしれないけど」

ジュディーはとてもさびしそうにそう言った。

「今ではすっかり老いぼれてしまったんですから」

私がジュディーの家に続く小道へ分け入り、下っていると、日光が今にも消えてなくなろうとしていた。一日の終わりに冷たい空気が沈み込むような感じがして、私は穏やかな気持ちに包まれた。この小さな谷に元々あった静けさの織りなす魔法のようなものである。沼地の潮流、祖父母の家の匂いを彷彿とさせる、ジュディーの家の生々しくも少し湿気を帯びた匂い。丘を下り海へと続いていく道が、いつものように地中深くへと潜っていくようだ。

「もう来ないと思っていました」

ジュディーはお茶を淹れるためのお湯を沸かしながらそう言った。オイルタンクのあった正門近くの地面は、大きく凹んでいた。周辺の怠惰な空気が、誰も額に汗して働いていない状態が何日も続いていたことを物語っていた。しかしジュディーの周りでは、物事は常に見た目通りというわけではなかった。修理業者たちはセントラルヒーティングを提供するために、少なくとも即席のオイルタンクを二つ用意していたことが後に判明した。給湯器も修理されていた。可搬型の暖房機がいくつかあったので、家は私が知る以前と違って暖かかった。ジュディーは私のためだけに暖房をつけてくれていたのではないかと勘ぐった。

このように自立心のある人間の手助けをするのは容易なことではなかった。私はスーパーマーケットに立ち寄り、新しい電気暖房を購入したが、ジュディーはこれはうちには合わないと言った。それからジュディーに夕飯を用意するため、パスタと野菜も持って行った。

「私は夕食を取ったことはありません」

彼女はそう言った。これは初耳だった。私はお茶を淹れようとしたが、ジュディーは自分でお湯にティーバッグを入れると言い張った。私は不誠実な暖房の修理業者に文句を言ってはどうかと言ってみたが、もう電話をかけて怒鳴りつけてやったということだ。もはやジュディーの薄暗いリビングでゆっくりとくつろぎ、大窓の前でアナグマを待つしかすることがなかった。

映画館に行ったような気分だった。私の膝にはお椀いっぱいのポテトチップスがあったが、食べないようにしていた。ジュディーはコーヒーテーブルのそばにある肘掛け椅子に腰を下ろした。テーブルの上には、虫眼鏡や、聖イッシー&リトルペセリックで行われたダイヤモンド・ジュビリー（エリザベス二世の治世六十周年記念式典）のパンフレットが載っていた。「お祭り用オルガンの演奏」に、「デイブのディスコ」、その他様々な催しが目白押しだ。私はジュディーの影に目をやった。自分で言っていたように、彼女の身体はさらに弱っていた。両足は曲げづらくなっており、前方にピンと伸びていた。薄明かりの中、ジュディーはまるで膝を曲げることのできない細くしなやかな人形のようであった。彼女は発作的にせき込むと、椅子から立ち上がってよろよろと部屋から出て行った。

「人前で咳をしたくないんです」

そう言っていた。

あまり物を食べず、動く時は手足が震えているというのに、どういうわけかアナグマたちに与える毎晩のごちそうは作り続けていた。ボウルいっぱいの水気を帯びた犬用ビスケットに、固くなったロールパン、バナナやリンゴに、テスコで買ってきた「小分けの安価品」である砕けた豚肉入りのパイ、四つの2ℓ容器に詰まったサンドイッチ、4ℓ容器に入ったピーナッツ、ソーセージやブドウが入ったタッパー。

「アナグマたちはこれが大好きなんです。一口咥えると頭を戻して、ガッガッガッ、って食べ始めるんですよ」

ジュディーはこう言いながら、恍惚に浸るアナグマの真似をした。

タッパーにはそれぞれ、分厚く黄色いゴムバンドが巻き付けてあった。

「ゴムバンドはいりますか？」

そう聞いてきた。

アナグマ国には、自分自身がとても愚かしく思えるような何かがある。何と言っていいのか分からなかった。

「これはマリーゴールド社製の手袋から作ったんです。これならアナグマもちぎったりできません」

ジュディーはくすくすと笑いながらそう説明した。

「いつもこれを使ってるんです」

そういうことであった。手袋を切ってゴムバンドにしていたのだ。

満潮になると、ふもとの河口に集まっている海軍のただ中を、二十六羽の白鳥が横切っていった。白鳥のうち一羽は黒鳥だった。何かの予兆だろうか？ ジュディーはあれは動物園から逃げてきたものだろうと考えていた。土地の細部は黄昏に沈み、時間は二倍の長さになった。茂みを横切っていくイタチが、ほんの一瞬照らし出された。コウモリが、パティオにある電灯の光の中を突っ切っていく。ネズミが一匹、パティオの物陰の中に飛び込んでいった。はるか遠くのボートから石油の臭いが漂い、パティオの開けた扉から冷たい空気が入ってきていた。

私たちは、ジュディーが芝生の上で死んだコアカゲラを見つけた時の話や、物置小屋がなくなり、メンフクロウが死んだ時の話、そしてジュディーのところにセールスの電話がかかってきた時どうあしらったかの話をしていた。ジュディーはクラッカーのセットについていたおもちゃのホイッスルを電話のそばに置いていて、誰かが電話をかけてきて自己紹介をするたびに力いっぱいホイッスルを吹くのだ。すると相手はただちに電話を切ってしまう。そして主要な話題は、アナグマ駆除についてだった。

「駄目な農業のやり方だと思っています」

ジュディーはそう言っていた。乳牛に蔓延するウシ型結核についての話である。

「牛は閉じ込められ、隙間なく並べられ、いつ食べられるかは神のみぞ知る。牛たちはこの世に生を受け、草の一本も見ることなく一生を終える。不自然な生き方ではありませんか」

もしウシ型結核がこの世になかったとしても、アナグマを殺す理由を他に求めていたのではないか、私は口に出さずにはいられなかった。なぜ我々はこんなにも嫌悪の情を向け続けるのだろうか？

「人間には殺戮を求める心があります。相手は何でもいいんです」

ジュディーはこう語る。

「私たちは生を与えられていますが、受け取らなければいけない義理はありません」

午後七時を過ぎて間もなく、庭の奥にある生垣の中に覆面が現れた。完璧な白黒の三角形が集まっていた。彼らは一分ほどその場にとどまっていた。

「おいで、ごはんよ」

ジュディーが呼びかけた。

覆面が動き出したが、また引っ込んでしまった。気のせいだったのかもしれない。今夜はなぜかアナグマの気が立っているのだ。

最初の一匹目が生垣から飛び出したが、どう見てもふらふらしていた。尋常ではない。

「足を引きずってるんです」

ジュディーはただちにその事に気づくと、鋭く言った。

「あれはベラ、うちで最年長のアナグマです。耳が聞こえないんだと思います」

静寂の中、パティオにピーナッツがコンコンコンと放り込まれ、その音は窓ガラスに砂利がぶつかったかのごとく響いた。しかしベラは反応を見せない。ジュディーはもうサンドイッチを遠くに放ることはできないと言っていたが、ベラの分のごちそうをいつものように自信を持って投げていた。

「このパンは柔らかくて、それに軽すぎるから投げるのが難しいんですよ。本当にどうしようもない」

彼女はこう述べていた。

年老いたベラは、二十分ほど餌を漁り続けた後、よたよたとどこかに行ってしまった。ジュディーの白く四角いサンドイッチは口を付けられないまま芝地に立っていた。黒い水の上に浮かぶ白鳥のようである。

大きな振り子時計が八時ちょうどを知らせた。ジュディーは時計の音が大きく響かないようにしていたが、これは「アナグマが嫌うから」だという。ジュディーの元を訪ねるたびに、ちょっとした新しいことや変わったことが少なくとも十数個は見つかる。

ニワトコの木の下から喉を震わせるような高い鳴き声がした。これは間違いない。バンの鳴き声に似た母アナグマの呼び声だ。本に書かれていた通りである。アナグマの数が増え、二匹目と三匹目がやってきた。四匹目は鼻を上げ、何かを拒絶しているかのようだったが、本当は危険はないか見定めている最中で、夜の静寂が保たれているかを確認しているのだ。

「ソーセージどう?」

ジュディーはおぼつかない足取りでワゴン車のそばに立った。

「良い感じだわ。ねえ、いらっしゃいな」

プラスチック製のスコップを数回振るうと、パティオじゅうにドッグフードがぶちまけられた。パティオの階段に四匹、それから八匹、あちらこちらに渦を巻くようにして動きまわっていた。まるでおもちゃのアナグマの列車が動いているかのようだった。ジュディーがボウルから餌を撒くリズムに合わせて。アナグマが食事をするときの湿り気を帯びた音は、ゆるやかな河口の流れのように絶え間なく続く。私は腹ばいになり、半身をジュディーの家の戸口から起こしていた。そして夜の空気の中に漂う、犬用ビスケットと、馬が混ざり合ったような生暖かい匂いを吸い込んだ。これは、濡れたアナグマの匂いだ。

今回は、晩餐の給仕を手伝う申し出をすべきではないとちゃんと心得ていた。これはジュディーがたった一人で行わなければならない、聖職者のごとき義務なのだ。庭は薄暮に移り変わり、ハトや猫は姿を消した。今はアナグマがこの地の支配者だ。ゆっくりと動いているように見えるが、近くで見てみると、ネズミの鼓動のように絶え間なく口を動かしているのが分かった。餌の一片たりとも残さず、効率的に食べているのだ。

アナグマたちがジュディー・ソールズベリーの庭で毎晩食事に没頭し、この上ない安息の時間を過ごしているのを見ると、餌を漁っているアナグマはスーパーマーケットの買い物客のようなものだという研究者のコメントが頭をよぎった。餌が豊富にある場合、他の縄張りを侵すことにエネルギーを費やしたりしないのだ。その代わり、家族単位で一緒に食事をし、余所の群れからの買い物客を辛抱強く受け入れるのだ。私は、この食物を通した仲間意識に対する賛美の感情に酔いしれていたが、それは突然頭に浮かんだある想像により打ち消された。あたかも実際に目の当たりにしたかのような鮮明さだった。グロスターシャーとサマセットの巣にほど近い場所に建てられた、見るからに気前のいい便利なアナグマスーパーマーケット。いつものように用心に用心を重ねた後、十数匹のアナグマが一緒になって通路を通り、商品を見て回っていると、一斉射撃の音が鳴り響く。ほとんど、もしかしたら全てのアナグマが、一瞬何かが光ったと思った瞬間、これまでになかったような一撃を脇腹にくらう。全てのアナグマが即死していればまだマシだった。数匹の不運なアナグマは命からがら逃げだして、見るも無残な深い傷を舐めている。もし二回目、三回目の一斉射撃を逃れたらの話だが。そんな光景が展開されるまで、もう時間がない。

「これは見ものですね」

次から次に集まったアナグマを見て、ジュディーはため息をついた。

「待っていた甲斐がありましたよ」

私が何を想像していたかは言いたくなかった。アナグマ国に駆除の危機が迫りつつあった。

15　ベシーとバズ

ブリストル海峡の日没は目を見張るほど美しい。空には巨大な黄金の帯が現れ、大きな干草の束は桃色に変わり、西サマセットの深い谷底に緑の色が吸い取られていく。数時間後、私は三人の人間と一緒に、夜露に濡れた牧草地の丘の上に立っていた。頭上には天の川がぼんやりと輝いている。私は暗闇の中で息をひそめ、地平線の向こうをじっと見つめていた。遠くの村で光る二、三のナトリウム灯以外は、何も見えてこなかった。耳障りな声で、キツネが鳴いた。そして、遠くから奇妙な叫声が聞こえてきた。

全員に緊張が走る。

「何だったんだ？」

背の低いドレッドヘアの若者が呟いた。

「フクロウだよ」

ジェイ・ティアナンが答えた。彼は細身で背が高いビーガンの動物権利活動家で、アナグマ駆除の反対運動の顔になった男だ。

毎晩アナグマ駆除を撲滅しようと働く活動家たちは、駆除猟師たちがフクロウの声を用いて連絡を取り合っていると考えていた。インターネット上の俗説のように信じがたいことではあるが、この暗闇の中ではそれも頷ける。フクロウがホウホウと鳴く声は壊れかけたノイズだらけの無線や、西サマセットにおける微弱な携帯の電波よりも頼りになる。

フクロウのような声が再び静寂を破った。

「あれは本物みたいだ」

ジェイはそう判断した。

私たちは牧草地を走った。農家の土地に侵入しているタイヤ痕や足跡がないかと、濡れた草を調べながら。その土地の周りには巨大なブナの生垣があり、暗闇の中でもその質量をアピールしていた。そのさらに向こうは、別の牧草地に続いていた。何も見えはしない。だが駆除猟師がそこにいるかもしれない。おそらくは、牧草地を一つ隔てたところで、膝の上にサイレンサー付きの大口径ライフルを抱え、高価な赤外線ゴーグルで闇の中にある全てを見通しているのだろう。我々も含めて。

私たちは懐中電灯のスイッチを入れ、生垣の線に沿って痕跡を辿り、駆除猟師のランドローバーを探した。私は馬鹿みたいな金をかけ、ソーセージほどの大きさの、強い光を放つ懐中電灯を購入していた。それは「ナイトマスター」と言い、スポーツで狩りをする狩人が夜間の射撃の際に銃に付けるものである。その光は暗闇の中を８００m先まで照らし出し、遠くの生垣も見えるようになる。あまりにも強力なため、グロスターシャーの駆除区域では法律で使用禁止になった。ナイトマスターは駆除区域内にある藪の暗闇を取り払い、餌のミミズを探している生きたアナグマを見つけ出してしまった。アナグマは立ち止まると、低く飛び跳ねながら去っていった。このアナグマはあと何日生きられるのだろうか。

一週間前、アナグマ駆除が始まった。その前の二〇一〇年には政府による最初の発表があり、そして二〇一二年には、「効率、人道性、および安全性」を確かめるための「試験的」駆除がウシ型結核の流行地域、西グロスターシャーおよび西サマセットの二か所で行われようとしていた。だが本当に実行されたのは、二〇一三年の秋であった。駆除猟師たちに課せられたノルマは、この地方の500km四方を超す面積における、アナグマの70%以上(ただし95%を超さないように)を――初年度は四千九百三十七匹――駆除することだった。もしこの四ヶ年駆除計画が成功していたら、翌年にはイギリスにおける四十の区域で同様の駆除が行われていただろう。乳牛からウシ型結核を根絶するまで、定期的なアナグマ殺戮計画は途絶えることがないだろう。

ここ数年の間に、平易だがかなり曖昧な響きのする「駆除」という言葉が徐々に実体を持ち始め、人々の間に恐怖が生まれた。これは「農家主導の」駆除と言われていた。駆除を行う企業に対し、農家が全ての資金を負担しなければならなかったからであるが、実際は地元警察や、環境・食糧・農村地域省(Ｄｅｆｒａ)も多大な出費をしていた。地主や駆除業者には、「悪辣で過激な動物権利活動家」から身を守るため、匿名で名を連ねることが許されていた。名前を秘匿にするこのやり方も大概悪辣である。当事者となっている地主以外は、駆除区域に指定された具体的な場所は知らされていなかった。その土地には川や道路といった、明確な物理的境界がなくてはならなかった。逃げ出したアナグマが病気を拡散させる可能性を減らすためである。駆除が実際に行われるのは、区域の70%を所有する地主が資金援助を行った場合のみである。駆除の方法は、赤外線ナイトゴーグルやランプを携え、覆面を被った駆除猟師が、特別に用意された餌場にやってきた野生のアナグマを70mほどの距離から射殺するという、「規定内射撃」と呼ばれるものである。これは六週間続く。射殺したアナグマは逐一駆除業者のデータベースに記録され、死体は袋詰めにされ、焼却ないし溶解される。第三者委員会に所属する専門家はそれぞれ、撃たれたアナグマのあげる断末魔を査定し、また「死ぬまでの時間」を計測することにより、駆除が「人道的に」行われているかどうかを監視している。クジラを銛で仕留めることの残忍性を評価するときに使った手法だ。政府の文書のほとんどは、駆除について入念にチェックされてはいるがその内容は編集されており、これはまずいと思った部分を黒塗りにすることで、不安におびえる大衆に惨たらしい詳細を見せないようにしているのだ。

　この駆除に関しては、大衆に知らされている内容だけでも政治的な騒動を引き起こすに足るものだった。街中で抗議デモが起こり、一般人が一晩中、何日も、何週間にもわたって駆除を中断させようとしていた。農家や駆除猟師、官僚にどれほど説得を試みても、どういった経緯でアナグマ狩猟が解禁されたのかを教えてはもらえなかった。そこで私は真実を知るため、この反対運動に参加することにしたのだ。今、私は不法侵入をしようとしている。暗闇の中で懐中電灯を振りかざし、武装した男たちを驚かそうというのだ。

　私たちは走り続け、この区域で一番高い所にたどり着いた。九月頃だった。畑のほとんどは刈り取りが終わったばかりで、牧場の扉は大きく開かれていた。家畜が移送されて間もないのだ。まるで駆除を行うために、地方が丸ごと掃除されたかのようだった。すると突然、ジェイとその同僚たちが無言で立ち止まり、ポケットに手を伸ばした。そして防犯ブザーを引っ張り、ホイッスルを吹き、耳をつんざくような音を立てたり、何かに取りつかれたかのように、飛んだり跳ねたり奇声を上げたりしていた。三十秒後、また唐突に静かになった。見下ろしてみると、暗闇の中に動きはなかった。駆除猟師は一人も現れない。防犯ライトもつかないし、犬も吠えない。エンジンがかかる音も聞こえない。全くもって、何の反応もなかった。

テレビドラマ、『官僚天国!~今日もツジツマ合わせマス~』に登場する口汚いスポークスマン、マルコム・タッカーは、不運な政府の度重なる失敗に対し、これを「全無能」(omnishambles)と形容していた。印象深い言葉だ。この言葉は現実にもあっという間に浸透し、連立政権の混乱を形容する言葉として使われるようになった。風刺系コメディーにはよくある話だ。政府がアナグマに関する議論で大荒れになった時、このフレーズは再びソーシャルメディアの俎上に上ってきた。ツイッターでは、二〇一二年および二〇一三年のアナグマによる混乱に関して、#雑食系全無能(#omnivoreshambles)というタグが付くようになった。「雑食系全無能」という言葉は、義憤、炎上中の政治家、大慌てで後戻りした政策、これらイギリスのメディアが喜ぶもの全てを兼ね備えていた。フィクション作家でもこうした大混乱を描くのは難しいだろう。とある長髪のロックスターが朝のテレビ番組でアナグマの権利のために戦い、二つの企業は陰でアナグマ駆除を画策している。アナグマを釣るために餌場が用意されており、捕まったアナグマは処分されてしまう。そこで動物権利活動家たちはイーベイで百本のブブゼラを購入し、やってきたアナグマを驚かせて遠ざけようとした。一番面白かったのが、無能な政治家、三叉鍬を振りかざす農家と、動物権利狂い、これら十人十色の人間たちの中で、最も際立っていたのがアナグマであったということだ。今や悪名も馳せたる、高貴で汚れなき存在として。

四十年にわたり行ったり来たりしていたアナグマとウシ型結核に関する議論は、アナグマ駆除という極端な形を取って現れた。学術雑誌に「愚策」と位置付けられた政策であり、手詰まりの極致である。農家は何世代もの間、自分たちの牛が病気に感染するのを防ぐことができずにいたし、官僚は政治家に確固たる行動をとらせることができず、研究者たちは牛とアナグマ間でどのようにして病気が伝染するのかという明確な説を立てられずにいた。確かなのは、大衆のほとんどが抱いているアナグマに対する揺らぐことのない愛着だけだ。

何か月もアナグマ国を探検し続けて私が学んだのは、どれほどの人間がアナグマを認識しているかということだ。我々はアナグマを、イギリスを代表する動物として認識している。イギリスに長きにわたり住んでいて、それでいて滅多に見かけないので当たり前のものと思っていないからだ。アナグマはありふれているが、それでいて珍しくもある。農家が我々をどれほど説得しようと、*Meles meles* はウサギやカササギ、ネズミのように害獣とみなされることはないだろう(イギリスにはウサギの食害に悩まされてきた歴史的経緯がある)。こうした象徴的な印象があるものの、アナグマの外見の良さも無視できない要素だ。こんなに魅力的な被告人を有罪にできる陪審員もいないだろう。メディアが取り上げるあらゆる駆除の話についてくる画像は、愛想が悪いが何の罪もない、視野が狭い老女のようにぼんやりとした目をした健康なアナグマのものだ。

「アナグマは……」

『ガーディアン』紙のウェブサイトで、あるコメンテーターが駆除に関する喧々諤々の議論の中でこう言った。
「イギリスの守護神なんです。殺そうとするなら相応の危険を覚悟しなければならない」
素晴らしい言葉選びである。アナグマ駆除の危機が迫っている間、アナグマは地方の守護神として見られるようになった。駆除を中止させるための活動は、侵害されている自然に対して罪滅ぼしをする手頃な方法であり、何百万人もの人々がそれを行った。

　アナグマ駆除は、二〇一〇年の総選挙で保守党が公約として掲げていたものの一つである。保守党が自由民主党との連立政権で合意した内容には、「ウシ型結核が永続的かつ高レベルで蔓延している区域におけるアナグマの生息数制御を、科学主導の理念のもと入念に行う」という誓約が繰り返し述べられていた。その年の夏は、十九世紀以来の大恐慌に多くの人々が囚われていた頃だった。当時の環境大臣、キャロライン・スペルマンは、イギリスにおけるアナグマ駆除を正式に承認した。Ｄｅｆｒａにおける情報源の一人が、デイビッド・キャメロン首相は個人的にその決定に賛同していたと教えてくれた。ホワイトホール（イギリス政府の主要施設がある官庁街で、日本の霞が関にあたる）に建つ、Ｄｅｆｒａの陰鬱な庁舎。その中に漂う雰囲気は、イラク戦争に突入する数か月前のあの頃のようだった。代替案もなく、獣医師長から省内の首席科学官まで、あらゆる人物がその政策に従い、書類に書かれているデータが決定事項に則していることを念押ししていた。

　この問題に対する、イギリスにおけるその他の当局や、アイルランド政府の取り組み方も全くもって行き当たりばったりであった。ウェールズでは、自治政府がペンブルックシャーにおけるアナグマ駆除をかねてから計画していた。しかし労働党政権が二〇一一年に当選すると、計画は突然後戻りし、首席科学顧問官の進言ははねのけられ、駆除は中止となった。そして乳牛の結核に対しては、代替策としてアナグマに対するワクチン接種五ヶ年計画をもって対処すると発表した。それに対して、アイルランド共和国はアナグマ駆除を継続し、北アイルランドは乳牛の移動を制限し、スコットランドは公にはウシ型結核は存在しないことになっている。イングランドでは、二〇一二年のオリンピックの後で駆除が開始される予定であった。治安を維持するために十分な警察官を確保するためである。オリンピックが開催されているその一瞬は、イギリス国民が普段の生活から離れ、自分の祖国に好感を抱き、またそれを口にする希少なひと時ではあった。だがストラトフォードにあるオリンピック会場のはるか上空で花火が上がり、閉会式に着飾ったセレブたちが集まると、ブライアン・メイが舞台上に姿を現し、ジェシー・Jの横でギターを演奏した。メイのジャケットの袖には、キツネとアナグマ、二つのバッジが縫い付けてあった。このロックスターは、どう見ても政治とは無関係の当たり障りのない祭典に、辛辣な政治的主張をさりげなく持ち込んでいた。このポーズは、ちょっとした独自の宣戦布告であった。そしてアナグマがトップニュースになり、地獄の釜の蓋が開いた。

駆除にまつわる大騒動により、ありえないような変化が現実世界に起こった。アナグマの巣の中にある暮らしとは無縁の企業や団体が、突如としてアナグマに対する意識に目覚めた。都会のハックニーでは、小学生たちが「アナグマを殺さないでください」という請願書を作っていた。活動家たちはアナグマ駆除を推進する農家から牛乳やチーズを購入したスーパーマーケットに対し、不買運動の脅しをかけていた。ジュディ・デンチからモンティ・ドンまで、あらゆるセレブたちが駆除に対する意見を要求され、N-Dubzのラッパーであるダッピーまでもが、アナグマの肩を持ち始めた。ダッピーはおそらくこうしたことに本来最も縁遠い人物であったはずなのに。

　アナグマ国の獣めいた住人たちは、舞台のど真ん中に押し出された。慣れない場所で目をしばたたかせながら、農夫たちはスーツに身を包み、朝のテレビ番組に出演していた。その様子は『恋』という小説に登場するテッド・バージェスという農夫が、襟首にのりの効いたシャツと背広の着用を強いられたときのように不愉快そうであった。

「着飾れば着飾るほど、その人らしさがなくなっていく」

L・P・ハートリーのその小説で、バージェスが言っていた言葉だ。彼らの対抗馬として常に駆り出されているのがブライアン・メイだ。彼は「アナグマ組合」と呼んでいる新しい連合を作り、アナグマ駆除に抗議していた。メイの組合の構成員の多くは、彼とごく親しい動物権利活動家だった。王立動物虐待防止協会、非人道的スポーツ反対連盟、国際動物愛護協会イギリス支部、ボーン・フリー財団、動物の倫理的扱いを求める人々の会――だがその中には、アナグマ駆除に反対する保守党員や、ドルイド教徒までもが含まれていた。

「人間はよく、『自然界は弱肉強食』と言います。実際往々にしてその通りです。ですが、だからといって私たちが残虐になる必要性はありません」

ドルイド教の教団はこう述べている。

「不必要な暴力の兆しが現れたら立ち上がり、戦火の中を歩いて平和をもたらす。これは、ドルイド教徒としての我々の義務です。ゆえに、ドルイド教団もアナグマ組合を支援します」

　アナグマ駆除が始まる予定だった二〇一二年、ダウニング街十番地（首相官邸）のウェブサイト上のアナグマ駆除中止を求める請願書に、十万人分の署名があっという間に集まった。これは政府に下院での「一考」を要求するのに十分な数であり、もう一人の雑食系全無能のスターがその存在感を露わにした。キャロライン・スペルマンよりもっとずっと味わい深い人物が、環境大臣に任命されたのだ。これは風刺作家たちにとって好都合であった。

オーウェン・パターソンは、シュロップシャーの農場で育った。「完璧に都会風で、全くの無知」だったDefraの前任者とは異なり、北シュロップシャー選出の国会議員である彼は、自分は地方の事を理解していると公言していた。

「だからこそ、私は肉を食べます」

パターソンは『ファーマーズ・ガーディアン』(農家版『ガーディアン』紙)でそう述べていた。彼はイギリス第二級重要建築物に指定された地方の屋敷で馬や鶏、ブラック・ウェルシュ・マウンテン・シープを飼っており、そこで子爵の娘である妻と共に暮らしている。一番良かったのは、ベシーとバズという二匹の孤児のアナグマを育てていたことだ。

「地元の農夫が、若いアナグマを見つけたので受け入れてくれないかとうちに電話をかけてきました。その時、私は十歳ぐらいでした」

かつて、パターソンはこう話していた。

「そういうわけで、私たちが引き取ることにしました。メスで名前はベシーといい、ボイラー室で飼っていました。ベシーは非常に賢く、猫を見下してはいましたが犬のことは大好きでした。よく訓練されていて、自分から車に乗り込んでいました。それから、私たちは新しいアナグマを飼いましたが、一緒になった途端に穴を掘って逃げ出してしまいました。動物福祉団体の人間が私を反アナグマ派だとみなしたときは本当に辛かったですね。アナグマの事は熟知していましたから」

パターソンは子どもの頃こそアナグマを愛してやまなかったかもしれないが、今では「労働党政権はアナグマがウシ型結核の蔓延に与えている影響をまるで考慮していない」と批判したことで有名になった。二〇〇四年、影の内閣における環境大臣となったパターソンは、ウシ型結核に関して六百もの国会質問を提出した。これは記録的なことである。彼は解決策の探求に深く関わったように見えるが、その一方で、いささか妙な話ではあるがベシーとバズの野生の子孫たち、つまり今の時代のアナグマを恨んでもいた。Defraの内部で、前任者よりも「石頭」だというパターソンの評判が広まるまでそう時間はかからなかった。例の雑食系全無能が徐々にその目障りな存在感を増していく中、パターソンは「自然の抑制」の必要性を説いた。ちょっと口をついて出た失言であったが、自然界における病気を抑制することを誓うという意味合いの言葉であった。嘆願書の署名が十五万を超えたことで開かれた五時間もの国会討論で、パターソンが座っていられたのはたった二十分であった。パターソンは嚙みついてくる国会議員たちに対し、まるで手負いの獣のように怒鳴り散らしていた。民主主義はアナグマ側に立っていた。駆除を中止させたいと思っている国会議員たちが確固たる意志を持って投票した結果、これは147対28で否決された。もっとも、政府に対し強制力のあるようなものではなかったが。

こうした保守的な意見の高まりとは裏腹に、「ナチュラル・イングランド」というイギリスの自然を保護するための政府機関は、駆除業者に対し、ご丁寧にも認可証を発行していた。しかも、アナグマの巣に関する新しい調査は未だ行われていないことが明らかになった。ナチュラル・イングランドがＤｅｆｒａに対しその必要性を忠告していたにもかかわらずだ。イギリス政府にとって必要な情報は、各駆除区域にどれほどの数のアナグマが住んでいるかということだった。駆除猟師が射殺したアナグマの数が要求水準である70％に達しているかどうかを判断するためである。区域の中にある巣の数を計測し、アナグマが使い古した獣道の真上に有刺鉄線を巻いた罠（ヘア・トラップ）を仕掛けてかかったアナグマの毛からＤＮＡのサンプルを採取するために、五十五人の係官が送り込まれた。こうした罠により、各地のアナグマの生息数を計算することができるようになった。罠の写真はネットで公開され、それを見た反アナグマ駆除活動家たちはこぞって政府の情報収集の妨害を始めた。

禁猟期になる前に行われるアナグマ駆除の時期が近づいても（十二月一日以降の箱罠の設置は禁止されており、二月一日以降の猟は妊娠したアナグマや生まれたばかりの仔を殺してしまう危険性があるため禁じられている）、政府の調査は遅々として進まなかったが、やがてグロスターシャーの駆除区域には三千六百四十四匹、サマセットには四千二百八十九匹のアナグマがいると発表した。これはグロスターシャーの駆除区域における推定数の二倍であり、サマセットにおける初期の推定数を60％上回っていた。これにより駆除の費用は高騰し（駆除猟師には仕留めたアナグマ一匹につき報奨金が支払われることになっている）、政府の書類にジョージ・オーウェル風に書かれているとおりにアナグマの「除去」数を生息数の70％にすることが困難になってしまった。かかる時間と費用、そして世間の風潮は徐々に政府を苦しめ始めた。農家たちも今では、政府に対し高額な駆除を中止するよう密かに求めていた。二〇一二年十月、オーウェン・パターソンもその要望を聞き入れ、翌年の夏まで延期せざるを得なかった。

議論の中核となっていたのは、本当にアナグマ駆除で乳牛に蔓延するウシ型結核を減らすことができるのかということだった。答えを探そうとすると、どうしても無作為抽出によるアナグマ駆除実験（ＲＢＣＴ）にまで遡らなければならない。一九九八年〜二〇〇五年の七年にもわたる徹底的なアナグマ駆除の話である。私は、コッツウォルズに赴いた。ＲＢＣＴにおける中心人物だったために、ある地元民に「アナグマ界のポル・ポト」というあだ名をつけられてしまった男に会うためである。その男、クリス・チーズマンは立派な体格をした研究者である。彼は綺麗にひげを剃っていて、ノースフェイスの小洒落たシャツを着こなし、ＢＭＷを運転し、良く陽の当たる谷の端に建つ居心地の良い新築の家に住んでいる。現実世界における科学に常に興味を抱いていた彼は、一九七五年、農漁食糧省からある仕事を指示されたが、それが彼のライフワークを決定づけることになった。

「アナグマは乳牛のウシ型結核感染の原因となっています。アナグマの生態を学べば、どれほど関わっているかが分かるでしょう？」

そういうわけで、チーズマンはアナグマの実験に適した場所を探し回り、ワイサムのハンス・クルークの元で働いていた助手と共にウッドチェスター・パークを設立した。彼らの研究所は周囲にあるアナグマの巣と同じように大きくなっていった。最盛期には、そこで四十二人の研究者が働いており、そのうち三十六人はアナグマの研究に尽力していた（それ以外はアカオタテガモの研究に取り組んでいたが）。チーズマンはアーネスト・ニールと共著で本も出している。そして政府のために何十年も働き続けた後は、引退して自分の本心を自由に語れるようになった。それも、かなり力強く。

ジョン・ボーンにより執り行われたRBCTでは、イングランド西部内で距離を置いた100km四方の円形の区域が三十か所にわたり選ばれ、それらの地域は三つにグループ分けされていた。一つ目の区域では、アナグマは年に一度だけ感染対策も兼ねて先行駆除されていた。罠で捕獲した上で、後頭部を撃って即死させる手法だ。二つ目の区域では、乳牛にウシ型結核の感染爆発が起こった地域にほど近かったために積極的に駆除されていた。三つ目の区域では、他と比較するために駆除は全く行われなかった。乳牛にウシ型結核が感染する割合は綿密に監視されていた。

実験期間中、クリス・チーズマンはDefraの「野生動物専門部署」のスタッフの訓練を行っていた。彼らはアナグマの駆除人であり、チーズマンはその仕事の多くを監督していた。彼の車のフロントガラスは破損し、動物権利活動家たちから脅迫電話を受けていた。彼の娘は温厚な性格だったが、学校でいじめっ子を殴っていた。父親がアナグマを殺したと非難されていたのだ。Defraは、毎朝車の下に爆弾が仕掛けられていないか確認し、自宅に警報機を設置するようチーズマンに忠告した。さすがに心配し過ぎではないかと彼は思っていたが、RBCTに携わった研究者たちはあらゆる方面から攻撃を受けていた。動物権利活動家たちは研究者の仕事を妨害し、実験期間中は他の全てのアナグマ駆除を中断させられることになった農家たちは不満を抱いていた。

最初の結果が出たとき、「みんな狐につままれたような顔をしていました。誰もこんなことは信じないでしょう」。アナグマ専門の生物学者、ティム・ローパーはこう振り返る。彼も当時、ウッドチェスターを視察で訪れていたのだ。研究者たちはアナグマ駆除により病気にかかる乳牛の数が減少すると想定していた。実際は、積極的駆除は二〇〇三年に中止となった。積極的駆除を行った区域では乳牛の間で新たにウシ型結核が発生し、未駆除区域に比べて18・9%も感染率が高まっていたのだ。「崩壊」と呼ばれる現象である。先行駆除を行っていた区域でも、何か奇妙なことが起こり始めていた。RBCTが行われた七年間、毎年100㎞四方にわたり先行駆除を行っていた十の区域では、未駆除区域に比べて乳牛に対するウシ型結核の感染率が23・2%減少していた。しかし、先行駆除を行った結果、その駆除区域を囲む直径2㎞にわたる地域で、乳牛のウシ型結核感染率が24・5%も上昇してしまっていたのだ。

つまり、駆除により事態が悪化してしまったということだ。

アナグマ研究者たちは、これに関してある説を唱えている。それは、「摂動」だ。ある群れが駆除により壊滅した場合、その生き残りが普段よりも遠くまで出歩き、病気を持って行ってしまう。アナグマが一掃された土地には、他のアナグマがやってくる。その結果、群れと群れとがより混ざりあい、病気をさらに拡散させる。一九七〇年代後半、乳牛の間に次々にウシ型結核の感染爆発が起きたのは、駆除を行ったのが原因かもしれない。そう農家たちが報告していたのをチーズマンは思いだした。彼が駆除を行えばより事態が悪化すると官僚たちに報告すると、「手の施しようがない錯乱状態」というレッテルを貼られた。これにより、チーズマンは解雇されてしまった。

「やる気を出すためにはある程度腹が立つことがなくてはなりません。この事があって、私は証拠を摑んでやろうと決意しました。長い時間がかかりましたよ」

アナグマの行動を研究している人間にとって、「摂動」は完璧に合点がいくものである。摂動説が孕んでいる矛盾は、アナグマはウシ型結核を乳牛に引き起こすと示すと同時に、アナグマ駆除の根拠となるものを徹底的に覆す、非常に大きな証拠を提示していることだった。

「アナグマが感染に一枚嚙んでいるという最大の根拠が出たことにより、却って私たちがその問題に対処するための唯一の方法、すなわち駆除を徹底的に否定することになってしまった。これはRBCTにおける非常に大きな皮肉です」

ティム・ローパーはこう言っていた。そして警告しているかのような口調でこう続けた。RBCTにより、駆除を行えばアナグマの群れを崩壊させウシ型結核にかかるアナグマが増える、ということへのかなり良い証拠が出たものの、第三段階——乳牛に対する急速な感染——を証明するには至らなかった。ローパーは、駆除し損ねたアナグマがどのようにして乳牛に病気を伝染させるのか、(乳牛への信頼性に欠ける悪名高き検査方法で)どうしてこんなにも急速に感染が確認されたのか、不思議に思っていた。

「RBCT以来、摂動説は一笑に付されるどころかむしろ有力になってきました。ですがいくつかの実験区域内で、これが物凄いスピードで起きたことに私は困惑しましたよ」

そうローパーは言っていた。

「摂動説に疑問を抱いている点はまだいくつもありますが、より優れた説が現れるまでこの科学的な説明は信じられて然るべきでしょう」

実際、同業者による審査を受けた学説でローパーの懐疑心を裏付けるものはなく、科学的コンセンサス、および証拠は圧倒的に摂動説を支持していた。

見たところ、RBCTにより、アナグマ駆除は乳牛間のウシ型結核の蔓延を止めるのに何の効果もないどころか、むしろ事態を悪化させていることが分かっただけのようだった。

「アナグマ駆除を実施しても、イギリス国内において将来的にウシ型結核が乳牛に感染するのを防ぐ上で何の役にも立たないでしょう」

二〇〇七年にボーンと彼の研究チームが出した明確な結論である。それから四年後、RBCTの開始に繋がる審査をしたジョン・クレブズ上院議員は、駆除の効果についてこう総括した。

「少なくともあと四年、徹底的な駆除を続ければ、最終的にウシ型結核に感染する乳牛を12～16％減らすことができます。つまり、多大な労力を費やして大量のアナグマを殺処分したにもかかわらず、まだ85％も残っているということです。病気を効率的に抑制する上でベストな方法とは思えません」

だが、ボーンの出した確固たる結論は、疫学者が出した新しいデータによりその根拠が弱まってきた。二〇〇五年に駆除が終わった後も、彼らは実験区域で結核が乳牛に発生する様子を記録していた。実験に携わった研究者の一人、クリストル・ドネリーが後に分析を行ったところ、最初の発見とは矛盾する結果が出た。先行駆除によって、駆除が終わった六年後には乳牛の感染がかなり減少したとするもので、最後の先行駆除が行われた二〇〇五年の一年後から二〇一一年八月まで、先行駆除区域では未駆除区域に比べて28％も感染率が減少したという。アナグマ駆除によりもたらされる利益はかなり控えめだが、驚くほど長持ちしていた。

農家たちの多くはRBCTを信頼していなかった。研究者たちにちゃんと仕留められるわけがないと思っていたためである。駆除が上手くいかな過ぎて「無作為抽出によるアナグマ分散実験」と呼んだ方が良いのではないかと冗談を言う者もいた。社会科学者のガレス・エンティコットは、全国農業者組合の人間たちにインタビューを行った。彼らは、この実験は農家の利益にそぐわない方向に「わざと向けられていた」と感じていた。権限の範囲内という観点から見れば、RBCTは最高の科学であるが、権限とは主観の産物だ。研究者は、大臣にあらかじめこう言い含められている。地方における大規模なアナグマ駆除は「政治的には受け入れがたい」ことであり、アナグマの幸福も考慮に入れておかなければならないと。最も効率的なアナグマ駆除の手段――毒ガス――は禁止されている。罠による捕獲と射殺は認められているが、毒ガスに比べて効率は良くない。農家からしてみれば、駆除実験が失敗するのは目に見えていた。

口蹄疫が広まっていた二〇〇一年には、駆除は延期されていた。口蹄疫により駆除の効果が落ちていたのだ。駆除に抗議する者たちも、その流れを妨げていた。二〇〇三年における国会質問の回答によると（駆除実験が行われている最中であった）、57％の罠が壊され、12％が盗まれていたという。RBCTの期間中、最初に過激派と化したのはジェイ・ティアナンであった。彼は友人たちと共に何百もの罠を破壊したと述べていた。

「我々はボルトカッターを色々な場所に隠していた。罠を探して徒歩で歩き回り、カッターで罠を切り刻んだ」

RBCTで駆除を実行したうちの一人は、二〇〇六年の下院の特別調査委員会に、最初の四年間の駆除は「茶番」であったと語っていた。コーンウォールにある、Defraの野生動物専門部署で十二年間働いていたポール・カルファーナは、RBCTにおける限られた期間内での罠の設置（アナグマを罠にかけておける日数は一年につき最大十二日までと定められている）は非効率的であり、積極的駆除は「終わらせるのが早すぎた」と述べていた。結核に感染する乳牛の増加は、駆除区域の外側でも確認されており、カルァーナは、駆除区域の周囲における増加は攪動以外の要因で起こっているのかもしれないと考えていた。

「欠陥だらけのこの実験で、有意義な確証が得られるとは思えませんでした」

そう彼は述べていた。

「私は実際に起こったことをこの目で見てきました。研究者たちが用いていたデータは、我々が提供していたものだけでした。より良い有用な結果が採れていたはずだし、そうあるべきだと思いました」

Ｄｅｆｒａの二〇〇五年の発表（実験が終わる前だった）では、ＲＢＣＴの効果は20〜60％だったという。しかし、クリス・チーズマンはＲＢＣＴの成果に固執していた。

「まだ改善の余地があると言うのは現実的とは思えません。これは無作為に行われたものであり、検証もされています。全ては科学的なものです。科学は信頼できるでしょう。アナグマの捕獲数が十分でないと言う人がいるなら、腹立たしい話です。これは考え得る限り最も厳密に行われた実験なのです。おそらくこの手の実地実験の中では世界一大規模に行われたものでしょう。この結果を破棄するなどとんでもない話です。ポール・カルァーナが関わっていたのは実験における現場設置だけです。彼は科学者ではありませんし、ＲＢＣＴがなぜ、どのようにして生まれたのかよく分かっていませんし、正しく評価することもできないんです」

ＲＢＣＴの研究者たちが計算したところ、罠を仕掛けておけるごくごく短い期間で70％のアナグマを捕獲できるということだった。そして、十二日の期限を越えて罠を仕掛けた場合、より多く捕まるのは「余所者の」アナグマであり、より広範囲にわたりアナグマの群れが崩壊してしまうという。RBCTに携わっていたロージー・ウッドロフ教授もアナグマの専門家であり、彼女は実験の準備に関して「多かれ少なかれ軍隊式だった」と言っていた。

RBCTの欠陥は、どんな駆除にも言えるものであることは間違いないだろう。巣の中にいるアナグマを殺すのを妨げるもの――それに抗議する者たち、気候、動物福祉に対する配慮――これらは少なくとも、イギリス国内においては普遍的なものだ。

私はティム・ローパーの実験に対する意見に興味を抱いていた。彼は直接関わっていたわけではなかったからだ。

「これは当時の状況における科学の最高傑作でした」

彼はこう語った。「何の役にも立たない」としたボーンの結論は、駆除がウシ型結核に感染する乳牛の減少に長期的な影響を与えたとする、駆除終了後のデータが出てきてなお有効なのだろうか？

「有効だなどと思ったことはありません」

ローパーはこう言った。彼はボーンが政策立案者に対し、乳牛間の病気の感染に注目するようにと薦めたのは、アナグマが牛に急速に病気を伝染させていたとするRBCTの結果を考えれば、おかしなことだと述べていた。

二〇一二年から二〇一四年にかけて、ローパーは政府に委任された「第三者」委員会の専門家の一人として従事していた。駆除の効率や安全性、人道性を査定するためである。この件と

Ｄｅｆｒａには関連性があるため、ローパーも自由にものが言えなくなっているものと思われた。二〇一三年に駆除が行われている間は、ローパーはこの問題には触れてこなかったが、私に対し際立って気さくに接してくれた前の年は違った。政府が四十年にもわたりウシ型結核の対処に失敗してきた中で、ローパーはアナグマに対する一九七〇年代の毒ガス攻撃が最大の悪手だったのではないかと思っていた。

「これに対する反感は大きく、理にかなった意見も、そうでない意見もありました。農家があの段階でアナグマを撃つ許可を得ていたら、何の問題も起きなかったでしょう」

ローパーはこのように述べていた。彼は今回の駆除が政治的な理由で行われていることを知っていたが、アナグマの生息数に対して駆除が「無制限に」なるとは思っていなかった。だが、今回の駆除がウシ型結核の減少につながるというのにもかなり懐疑的だった。

「本当に駆除をやるとしたら、(政府もそうしようとはしているようですが) 一番効率的なやり方は綿密な計画を立てた上でやることでしょう。駆除を五年間続けて行い、生き残りにはワクチンを接種させると言ってくれたらもっと嬉しいんですけどね」

そうローパーは言っていた。駆除は功を奏したのだろうか？

「功を奏した、という言葉が何を意味しているかによりますね。充分な数のアナグマが殺処分されたのなら、結核に感染する乳牛の一時的かつ緩やかな減少が見込めるでしょう。それが功を奏したということなら、駆除は功を奏しています。ですがそれは誰もが解決策とみなすやり方ではありません」

ウシ型結核に家畜を蝕まれている国は多い。アナグマ駆除に賛同する者たちは、それぞれ野生動物の「病原巣」に立ち向かった他の国々から学ぼうとしている。オーストラリアでは、バッファローが駆逐された。ニュージーランドでは、オポッサムが狂ったように組織的に殺処分されていった。

ポール・リビングストーン博士は、ニュージーランドからの長距離電話で、自分の組織がどのようにしてオポッサムを処分していったのかを事細かに説明してくれた。彼は「TBフリー・ニュージーランド」という団体の経験豊富な技術部長だ。虎挟みに青酸弾、抗凝固剤、リン酸亜鉛、硝酸ナトリウム。その中でも一番の争点になったのが、1080（テン・エイティー）としても知られるモノフルオロ酢酸ナトリウムであった。これはバケツに入れてヘリコプターで運ばれ、空中から地方の広範囲にわたりぶちまけられた。致死性の毒である1080は、哺乳類や鳥類、両生類や昆虫の命を奪ってしまう。

ウシ型結核の流行がニュージーランドで最盛期を迎えたのは、一九九四年の事だった。一千六百九十四頭の乳牛や、家畜のシカの群れが感染していった。二〇一三年には、感染したのは八十七頭の乳牛と、シカの群れが五つにとどまっていた。その年の前半、オーウェン・パターソンはニュージーランドを訪れ、彼らがどうやってここまで成し遂げられたのかを聞きに行った。

「我々の所属する動物健康委員会の委員長が所有する農場で、パターソンさんと最高の一日を過ごしました」

リビングストーンはパターソンとの邂逅をこう振り返っていた。

パターソンのニュージーランド行楽は、環境大臣である彼にとってニュージーランドとイギリスの違いを把握する一助になったことだろう。オポッサムはニュージーランド固有の害獣ではない。一八三七年に毛皮貿易を行うために持ち込まれたのだ。世論はオポッサムの駆除を大いに支持し、また環境保全におけるメリットも分かりやすかった。オポッサムが駆除された土地では、在来種の鳥が繁殖していたのだ。フェレットのような他の哺乳類を意図せず毒殺してしまったのも、良いニュースであった。ニュージーランドの在来種に（二、三種類のコウモリは除いて）哺乳類はいないのだ。この成果により、容赦なく駆除に乗り出すのが政治的にも生態学的にもずっと容易くなっているのだ。リビングストーンはニュージーランドがイギリスに有用な示唆を与えたと思っている。

「感染源である野生動物は制御しなくてはなりません」

そう彼は言っていた。

「どのようにやるかはあなた方次第です。高額な費用と長い時間がかかるでしょう」

Ｄｅｆｒａには、もう一つニュージーランドから学ぶべきところがあるかもしれない。イギリス政府は一九七〇年代にアナグマを殺す責任を背負ったとき、どう見ても間違った方向に進んでいた。イギリスにおける駆除は「農家主導」であったと主張する声は多いが、Ｄｅｆｒａが未だに裏で糸を引いているのだ。一方、ニュージーランドにおけるウシ型結核対策はきっちりと農家に一任されている。リビングストーンによると、「彼らは痛みを抱えている当事者であり、駆除の費用を払っている当人であり、今後の事に関して一番強い発言力を持っている」という。ニュージーランドの農家たちは、ＴＢフリー・ニュージーランドの運営費のほとんどを賄っている。そしてウシ型結核が直撃した場合、支払われる補償金はその牛の市場価格の65

%だ。これはイギリス政府が支払う補償金よりもずっと乏しい。ニュージーランドの家畜の群れは「感染」か「非感染」のどちらかに分けられる。「感染」とされた農家は家畜を売ることはできるが、あまりいい値段では売れない。「非感染」の農家は感染した群れの家畜を買うことはできるが、そうすると貴重な「非感染」のステータスを失ってしまう。

「農家に正しい選択をさせるため、我々はマーケットシグナルを使います」リビングストーンはこう語った。

研究者たちは生態系や農業の仕組みが異なる他の国々から学ぼうとすることに懸念を抱いているが、ヨーロッパには深刻なウシ型結核の問題を抱えている国がもう一つある。アイルランドだ。一九八五年以降、九万六千六百十八匹のアナグマがアイルランド当局により駆除されている。そのアイルランド人たちは *Meles meles* を殺すことにあまり躊躇いがなく、また駆除は効き目があるという確信を強く持っているようである。二〇〇〇年、アイルランド共和国はウシ型結核のために四万頭もの乳牛を殺処分した。昨年は一万八千五百頭が処分された。アイルランド農業省の官僚の一人は、農業省が行った「アナグマ排除計画」のおかげで「かなりの進歩」があったと思っていた。四区域間駆除という名前の計画により、ウシ型結核に感染する乳牛は50〜75%の減少を記録した。

なぜアイルランド海を越えると駆除が効き目を現すのだろうか？　農業を重視しアナグマを軽視するアイルランド独自の社会に、その理由のいくつかがある。地主が積極的に協力し、反対する民衆がいないのだ。アナグマはくくり罠で捕らえられるが、それは遠回しに「拘束具」と呼ばれている。くくり罠は普通の罠よりも確実に仕留められるが、ひどい重傷を負わせてしまうこともある。アイルランドでは駆除は繁殖期でも続けられる。母親が殺された場合、その仔も巣の中で餓死してしまう。アイルランドでは、アナグマに対する接し方も違えば、生態系におけるアナグマの位置付けも異なる。おそらく、アイルランドではウシ型結核拡散の原因においてアナグマが占める割合がイギリスよりも大きいのかもしれない。アナグマ駆除が与える影響が大きいのもそのためだろうか。

それでもなお、アイルランドにはアナグマ駆除は非効率的だと主張する批評家もいる。アイルランド自然保護財団は、ウシ型結核が減少したのは二〇〇四年から二〇一一年にかけて検査を受ける乳牛の数が格段に増加したのと、国全体の家畜の群れが16・7％減小したことによるものだとしている。財団の代表、コン・フリンは、アナグマ殺しは「農家に対し何もしてないわけじゃないという印象を与えるため」にやっていると言っていた。二〇一二年、アイルランドでは七千匹のアナグマを駆除するのに360万ユーロの税金が投じられた。総数六百万頭の乳牛のうち、ウシ型結核に感染しているものは五十五頭にまで減少した。

イギリスでのアナグマ駆除は、二〇一三年八月にサマセットでついに始動した。それから数週間後には、グロスターシャーでも始まった。アナグマの生息数を再計算した結果、二〇一二年の試算を圧倒的に下回っていた。そこで、政府はサマセットで少なくとも二千八十一匹、グロスターシャーで二千八百五十六匹に目標を設定した。これはそれぞれの区域における70％に到達する数だ。

テレビの取材班は「アナグマキャンプ」に集合した。マインヘッドの近くにある崖上に取り急ぎ建てられた十数個のテント群だ。だが数日後には、ジャーナリストたちのほとんどが興味を失ってしまった。惨たらしいアナグマの死体も、大規模な市民の抗議活動もなく、強い印象が残らなかったのだ。ソーシャルメディアは騒ぎ立てていたが、それぞれの区域で抗議している人間たちの数は控えめだった。サマセットでは、「アナグマナイトウォーク」の有志たちが毎日夜八時に地方自治体の駐車場に集まっていた。週末には百人に上ることもあったが、大抵は数十人程度であった。蛍光性のジャケットを着た彼らは、地方の公道を行くリーダーの後を粛々と歩いていた。懐中電灯をちらつかせることで駆除猟師を妨害し、アナグマの死を防げることを祈っていた。これは品の良い抗議であり、一種の監視でもあった。ブライアン・メイは駆除反対派の中でも一番知名度が高い人物であったが、こうしたウォーキングを計画し、指揮していたのは女性たちであった。アナグマウォーキングの参加者は教師や、コンサルタントや、ITの専門家や、主婦といった無辜の一般人であり、トーントンやエクセターから来た者もいれば、さらに遠くから来ることもあった。こうした紳士的で温和な動物愛好家たちは、被害妄想に苛まれる農家を脅かすことはなかったものの、固有の動物を大規模に処分する非合理的なやり方を目の当たりにして落胆していた。

だが、抗議者のなかには間違いなく農家たちを脅かしている者たちもいた。動物権利活動家である。こうした者たちの多くはドレッドヘアのビーガンであり、冬には狩猟反対派として、キツネ狩りやシカ狩りを阻止するために活動している。二〇〇四年の狩猟法で猟犬の群れを用いてシカやキツネを殺すことは禁止されたにもかかわらず、これは未だに存続している。駆除に抗議する活動家たちは人目を避け、つかみどころのない「チーム」を作り出した。例えば、シェフィールドから来たとおぼしき車いっぱいに乗り込んだ駆除反対派たち。彼らは射撃を妨害し、罠を壊すことを目的としている。サマセットでは、別の駆除反対派のチームが色々な区域の警邏を担当している。グロスターシャーにおいては、こうしたチームはより良く組織化されており、イブシャムにある拠点を通して反対派たちが素早く情報を共有している。その拠点では若い女性が、地図や電話、ノートパソコンと格闘していた。彼女はリスベット・サランデルという、『ミレニアム』シリーズに登場する架空の女性ハッカーに例えられていた。

駆除に反対する過激派たちが暴力的な直接行動に出ようとしており、その一環として農場を破壊しようとしているという噂が流れ、農家たちは怯えていた。二〇一二年の雑食系全無能事件の数か月前、サマセットにある駆除区域の酪農家であるスチュワート・トーマスは、地元紙に駆除に賛同するコメントを出した。その十日後、彼の納屋が焼け落ちてしまった。私は、スチュワートに会いに彼の優雅な家を訪れた。周囲には塀で囲われた美しい庭があり、妻のマリーが育てた野菜が列を作っている。スチュワートは短い白髪で、腰痛から足を引きずっていた。話しているうちに、彼は野生動物に対して向ける鋭い目つきを見せた。その土地に根差した仕事をしている人間は自然とああいう目になるものだ。彼は「小さなメス」のアナグマを小道で頻繁に見かけるという。

「あいつの毛皮は立派だった。きらきらと輝いていたよ」

スチュワートはしみじみとそう言っていた。ある日、彼がアナグマの後ろを車で走っていると、

「こっちを振り向いたんだよ。轢かないでね、って言ってるみたいだった。結構頭いいんだろうな」

スチュワートは五百頭の乳牛を飼っており、敷地内にアナグマが侵入しないよう対策を取っ

てはいたが、群れの中にウシ型結核が発生したために規制をかけられていた。今では、閉鎖に追い打ちをかけるかのごとく、放火までされてしまった。早朝に牛乳絞りをしていた少年が炎の明かりを目撃していた。最初に炎が上がったのは午前三時の事だった。別の日には、午前四時過ぎに炎が上がった。三度目の破壊工作では、牛乳が薬品で汚染されていた。警察はこれらの犯行とスチュワートが駆除を支持して憚らないこととを公式に結びつけることはしなかったが、彼にはそれ以外の理由が思い浮かばなかった。

「誰かを怒らせることもあるし、タイヤをパンクさせられることだってある。火をつけられることだってあるだろう。でも二度は来ないし、牛乳を汚されることだってなかったんだ」

犯人は時限式の発火装置を使っていた。つまり、自分たちが何をしているか分かっているということだ。保険には十分入っていたわけではないので、今回の被害は1万5000ポンドだろうとスチュワートは見積もっていた。

アナグマパトロールの初日には、何も起きなかった。法を遵守する者たちが、蛍光性のジャケットを着て、ダンスター周辺の森や牧草地を探索するのだ。二日目の夜、私は夜露の中でのんきに餌を探しているアナグマを照らし出した。参加者の中には、本物の生きたアナグマを目撃するのはこれが初めてだという者もいた。心が和む瞬間ではあったが、駆除猟師は一人も見かけなかった。あったのは、銃が発砲されたという噂や、他の場所で駆除が実行された痕跡だけであった。夜十一時にウォーキングを終えた後、私はジェイ・ティアナンとブレンドンヒルズの頂上に建っている場末のパブの駐車場で待ち合わせをする約束を取り付けた。彼は四十二歳ではあるがどこか少年っぽく、白髪交じりの五分刈りに、無精ひげを生やしていた。ジェイの傍らには、彼よりもずっと背丈の低い活動家仲間も二人いた。さながらガンダルフ（J・R・R・トールキンの『ホビットの冒険』および『指輪物語』に登場する魔法使い）の傍らにいるホビットたちのようであった。そのガンダルフは迷彩服を着て、履いているスニーカーは懐中電灯の明かりを反射していた。

ジェイが新品の三菱のパジェロからさっそうと降りてきたのは驚きであった。私はあらかじめ駆除区域で見かける乗用車について学んできていた。車体が汚れていて、窓が湿気っているコルサは駆除反対派のものであり、四輪駆動のダブルキャブトラックは駆除猟師のものだ。こんな時間に道路上に停車している他の車は全て、青色の警光灯を掲げている。警察の車両だ。ジェイはトラスタファリアン（裕福な家の出で、働かずにヒッピーのような暮らしを送る若者のこと）なのではないか。自分は寄宿学校に通っていたと彼が話した時、その疑念は確信に変わったように思えた。だがその学校は珍しい公立の寄宿学校であり、彼は公営住宅で育ったことを明かした。彼はコンピューターの仕事で糊口をしのぎ、高価な四輪駆動車のレンタル料には駆除反対活動家たちが工面している資金が使われていた。

ジェイはサマセットの駆除区域で直接的な行動を起こしに行く際、私を連れて行くことを了承してくれた。ジェイのパジェロがうなり、私はその後をついていった。ヘッドライトの目の前で、赤い塵が舞った。我々は門の前で車を停め、夜間の不法侵入を開始した。牧草地を駆けまわり、アナグマ殺しの痕跡を探して回るのだ。これを何十回と行った。懐中電灯の光に、田舎の風景のスナップショットが映し出された。辺りは生垣できっちりと覆われていて、まるでこちらをあざ笑うかのように美しかった。この素晴らしい土地と、恐ろしい活動——狙撃と、二つのグループに属する人間同士の苦々しい衝突——とを頭の中で結びつけるのは困難であった。

ある晩遅く、ジェイは四年間軍隊に所属していたことを明かした。彼が言うには、こうした組織では「連帯責任」が生じることを学んだという。一人がドジを踏めば、全員が罰を受ける。誰もがその不条理を受け入れなければならない。外の社会では、このような秩序を押し付けるのは認められないことだが、アナグマ駆除はまさにこうした罰であるとジェイは考えていた。アナグマにはこの秩序が適用されており、病気にかかっているものも、そうでないものも関係ない。

時折、駆除区域内全ての生き物——アナグマだけでなく人間も——がこうした無差別的な罰を受けているのではないかと感じることがある。警察は、自分たちはこの件に関して中立であると主張していた。

「我々は真ん中に細い線を保っていなければなりません。意見を持ったりはしませんし、我々は倫理道徳の番人ではないのです。それは政府の責任です」

ある日の深夜、会話の中である警察官がそう言っていた。こうした言葉は幾度となく耳にしてきた。抗議者たちがアナグマに対する狙撃を妨害しようとするのを、警察が止めさせようとしていた時のことだった。

「これはとても感情的な問題だというのは我々も理解していますし、あなた方が発言する権利も尊重します。二つの立場の間で板挟みになる無茶な仕事はいつものことです。我々のことをみなファシストの豚だと思っているのでしょう？　みんなステレオタイプで人を見ているんです」

警察は中立の立場を取っていると主張してはいるが、警察官は政府の合法的な政策を成功させ、駆除猟師が自分たちの仕事を安全かつ支障なく進められるように取り計らうことを命じられている。そして、警察は全国農業者組合の支援を受けている。最高裁判所は、農家の家の前での抗議活動に対する禁止命令を出しており、全国農業者組合はその恩恵にあずかっている。理解できる話ではあるが、人権派の弁護士たちは、全国農業者組合に加担した警察が抗議者たちに対して文民統制を行うやり方や、活動家たちの情報を組合に渡していることに疑問を呈していた。こうした禁止命令は抗議活動を挫き、駆除区域において皆が行使するだろうとジェイ・ティアナンが吹聴していたあらゆる手段を封じてしまった。活動家たちは私が持っているような強力な懐中電灯も、ホイッスルも、ボルトカッター（アナグマが捕らえられ射殺されるケージを破壊するためのもの）の所持も許されなくなった。抗議者たちは警察が駆除業者の雇った警備員と化しているとして訴訟を起こした。

グロスターシャーでは、抗議活動と警察の介入はサマセットのそれよりも激しい。小競り合いは星の数ほど起きている。抗議者の車のミラーはへし折れ、窓は砕かれていた。ある駆除猟師は、車に乗った活動家たちの後を何度も追跡していた。抗議者たちの目をランプでくらませている者もいた。こうした出来事は面白みに欠けるが、暗闇の中で駆除区域を巡回するのは、緊張と精神的負荷のかかる経験だった。恐怖と差し迫った危険が付きまとっているのだ。時には互いに怒鳴りあうこともあり、「おどかしてきたのはあっちだ！」といった感じで互いに嫌がらせの応酬を繰り広げているのだ。こうした状況を踏まえると、介入を比較的小規模にとどめ、ほとんど誰も逮捕しなかった警察の行動は最善手であったかもしれない。起訴されなかったことに驚いた活動家も何人かいたが、駆除に対する警察の介入はどちら側も喜んではいなかった。ある農家は、警察には「何の希望も持てない」と私に話していた。だが、駆除を阻止するための平和的な直接行動さえ妨害する警察のやり方は、民主主義社会においては不愉快なものなのだろうというのが私の所見だ。

警察は常に中立を保っているというわけではないという人もいるが、その証拠は思わぬところから現れた。テレビ番組『グラディエーター』に登場するトルネードだ。彼は元英国海兵隊員のテレビタレントで、本名をデイビッド・マッキントッシュと言う。駆除期間中に駆除請負人として働いており、アナグマの死骸を満載したトラックを運転中、グロスターシャーのバス停にぶつけたとして起訴されていた。マッキントッシュは、警察からの無線を受け取っているうちに運転を誤ったと主張していた。具体的には、フットペダルの下に無線機を落としたというものである。その無線機は、警察から抗議者の動向についての情報を聞くために使用されていたのだ。彼は過失運転により有罪判決を受けたが、グロスターシャー警察は抗議者の場所を駆除請負人に教え、また駆除を実行する業者の「情報源」に関わったことについては完全に否定していた。

私もサマセットで警察の作戦にはまった経験が――少しばかり――ある。活動家たちは、警察が彼らを呼び止めて質問をするのは、駆除猟師がアナグマの射殺を終え安全に帰途につけるようにするための単なる足止めであると知っていた。ある晩、私は警察に三度目の路肩駐車を命じられ、加入している車両保険についての質問を受けていると、そのそばをピックアップトラックが通り過ぎた。警察がその車を招き入れている様子を見て、これは駆除猟師の車だと確信した。警察から解放された私は、田舎道を車で疾走し、トラックに追いついた。慎重に距離を取る。心臓は激しく高鳴っていた。駆除猟師が農場で止まってくれさえすれば、駆除の進捗について尋ねるチャンスが生まれる。主要道路に差しかかると、トラックは左に曲がった。私も後を追う。突如、トラックが速度を落とした。何をしているのだろうかと思ったが、別の警察車両が一時駐車場に停まっているのが目に入った。青い警光灯が光り、私は路肩に駐車させられた。トラックは闇の中へと走り去ってしまった。一件落着というわけだ。警備員（警察）が呼ばれたのだ。これはスムーズに仕組まれた作戦であった。

巡査長が説明したところによると、自分の車が尾けられているのではないかと懸念した「一般人」からの通報を受けたということだった。私はジャーナリストで、仕事の――現在進行中の駆除について静かに質問を重ねる――邪魔をされたと文句を言ったところ、警察官はなだめるような口調になった。だが分かったのは、駆除猟師の車を追跡していると警察に幾度となく止められるということだけだった。もちろん、駆除猟師は私の正体など知らない。しかし、こちらには自己紹介をする機会さえ与えられることもなかったのだ。穏やかに質問をしても、嫌がらせとは受け取られないだろうに。懐中電灯を携えたライターを、高威力ライフルを持った人間が脅威と思うだろうか？　税金という形をとって、大衆はこの秘密裏に行われる駆除に出資しているわけだが、なぜ監視もできないのだろうか？

アナグマ駆除に光を当てているのは活動家たちだけだった。私はそれでも農家の声に耳を傾けることを決意し、彼らが何を思っているのかを理解しようとしていた。だが、駆除区域に住む農家のほとんど全員が、固く口を閉ざしていた。農家の視点から物を見るのは難しくなる一方だった。私は西サマセット地方が大好きだった。昔ながらの美しくなだらかなイギリスの風景とは一線を画し、映画のセットで脚色も美化もされない質実な仕事場であり続けた。だが、駆除が行われている間は疑念と被害妄想、断絶が広まり、私は胸を痛めた。どちら側の間にも、相手に対する不確かな噂が広まっていた。車が衝突事故を起こしたという話はひっきりなしに耳にしていた。駆除に抗議する者たちは自分たちを追い返した農家の仕業だと言い、農家たちは活動家の仕業だと言っていた。

ウィベリスクームの小さな町中にある古風なベッド&ブレックファーストに泊まっている間、時々ふと自分が内戦のただ中に身を置いているような気分になった。その町の中心にある、町で一番大きい店が、銃の専門店だったからだろう。ここに住む地元民やサマセットに退いた人間たちは往々にして駆除反対派だが、その土地に根差した仕事をしている者たちは圧倒的に賛成派だ。彼らはみな反骨精神を抱いている。自分たちの信念が社会から蔑まれるのを恐れているかのようだ。

「すみませんが私はアナグマ駆除の賛成派でして」

ある店員がこう言っていた。

「みな自分の仕事をしなきゃいけねぇし、そこから逃げることはできねぇ。すまねぇが、受け入れなきゃいけねぇんだよ」

引退したストーガンバーのある農家がそう言った。私が受け入れていないかのような口ぶりだった。またある牧羊業者は、

「二つの意見があるんです」

ウィベリスクームの肉屋の前でランドローバーのエンジンをかけたままにしながら、彼はそう述べていた。全く相反する気持ちを的確に要約したコメントである。アナグマを殺しても結核の問題は解決しないし、自然は守られるべきだ。そう説いてはいたが、結核により自分の隣人が苦しんでおり、その対策を自分たちで取るための許可は与えられてしかるべきだとも言っていた。数分後、三十代前半の細身の女性がトラックに乗り込んだ。彼女はある農家の妻だ。アナグマ駆除のことを聞いても大丈夫だろうか？　女性はうつむいていた。

「アナグマ駆除に対する私の意見はきっと強烈なものだと思います」

そう前置きすると、彼女の眼から涙があふれ出した。

「でも、それは言えません。この駆除を巡って家族と子どもが何か月もの間嫌がらせを受け続けてきたんです。動物権利活動家が私たちの個人情報を丸ごとネットに流したんですよ。来る日も来る日も、嫌がらせの電話が来ました。あらゆる防犯措置を取らないといけなくなったんです。ですが、駆除について話しても根本的な解決にはなりません。問題はそこじゃないんです。問題は、この病気により農家の生活が破壊されているということなんです」

彼女との出会いにより、私はジェイ・ティアナンと共に夜間の散策に出ていた日々のことを思い返した。ティアナンは自分のウェブサイト、「Badger-Killers」（アナグマ殺したち）で、駆除に関わった人間の住所や氏名、電話番号を公開していた。彼は動物解放戦線から届いた匿名の「公式声明」を広めていた。

「我々は死したわが国固有の野生動物たちと、虐げられ続けてきた家畜の仇を討つ。農家には動物たちに与えてきたのと同じだけの慈悲を与えよう。つまりそんなものはない」

こうした脅迫を実行に移そうとしているごく少数の活動家は、私との面会を望まないかもしれない。だがジェイとその仲間たちはただ黙々とアナグマを守るために戦い続けてきた。ジェイや、私が仕事中に見てきたその他の駆除反対派たちには、武器を持っている兆候や、脅迫行為をしたり器物を損壊したりしている様子は全く見られなかった（アナグマの罠の壊し方を説明した映像の視聴は除く）。反対派の多くは実用主義を重んじる女性たちで、乱暴な過激論者ではない。少なくとも、私には彼女たちに人を脅迫したり怯えさせたりすることができそうには見えなかった。ある晩、私はジェイの一団に加わった。彼らは農場に続く行き止まりの道を行く不審な光を追っていたのだ。農場の家の外に立っていた我々は、どうするべきか考えあぐねていた。ジェイは小型の羊に見とれていた。農家が外に目を向けたら、フードを被った五人の男が懐中電灯で自分の敷地を照らしているのを見てしまったことだろう。私には脅迫の意志などなかったが、我々はそうしてしまっていた。ジェイも自分が与える影響を理解していた。活動家たちが地方を走り回るのは実際以上の力と数の誇示であり、示威行為でもある。平穏な暮らしを送っている住人にとっては、夜間のこうした活動は恐ろしいものである。ジェイもそのことを分かっていた。このアナグマ駆除は、私たちがどのようにして土地を管理するかという闘争であり、動物権利活動家は脅迫によって農家が心を入れ替えることを望んでいるのだ。

ウシ型結核が乳牛に蔓延するのを防ぐためにアナグマを駆除しても無駄、また駆除への抗議活動も無駄、のように見えた。サマセットやグロスターシャーの駆除区域で、四日間にわたりたくさんの活動家たちと夜中に出歩いてきたが、駆除猟師に近づけたことなど一度たりともなかった。抗議行動は駆除に何の影響も及ぼさなかった。自分たちがそこにいるだけで、物陰に隠れている駆除猟師は銃をしまい、誰にも気づかれないうちに移動せざるを得なくなるはずだが、どれだけかき乱すことができたかは分からない。ジェイがそう言ったとき、私は戦争をしている一方のプロパガンダだろうと思って聞き流していた。それは間違いだった。反駆除活動家たちは自分たちが与える影響を数値で計測することはできない。だが彼らの行動は、駆除業者が出している駆除期間の延長申請が遅れる理由の一つとして引き合いに出されている。二〇一三年に発表された駆除の結果は驚くべきものだった。

イギリスで最も捉えどころのない動物であるアナグマは、駆除猟師たちを散々振り回していた。西サマセットでの六週間の駆除の後、駆除猟師たちが記録したアナグマの死骸は八百五十匹。アナグマの生息数の70％である二千八十一匹が最低のノルマであったはずが、28％しか捕れていなかった。より多くの活動家がさらに生息密度の高い区域を巡回していたグロスターシャーでは、その失態はより悲惨なことになっていた。ノルマである二千八百五十六匹のうち、捕れた死体は七百八匹であった。生息数のうちたったの17％である。

屈辱を味わったＤｅｆｒａは、統計をいくらか飛躍させた。彼らは突然、二〇一三年八月にグロスターシャーおよびサマセットの駆除区域で新たに数え直したと発表し、アナグマの生息数をはるかに少なく設定したのだ。二〇一二年に駆除が延期される原因になった最初の統計と比べて、西サマセットでは一年の間にアナグマの数が四千二百八十九匹から一千四百五十四匹に減少していた。66％という異常なほどの落ち込みである。もし仮にこの計算が正しかったとしても、この六週間の駆除期間内で、駆除猟師はサマセットにおいては58％、グロスターシャーではわずか30％しか捌くことができなかったということになる。

そもそも定義からして、政府のアナグマ駆除はどう見ても失敗であった。そこでDefraは、その定義も変更した。「摂動」を最小限にとどめるために研究者が提言した六週間という駆除期間は撤廃され、政府の駆除推進派の獣医師長の進言により、ナチュラル・イングランドはサマセットの駆除期間を三週間、グロスターシャーにおいては八週間延長することを強いられた。あるBBCの会見記者は、オーウェン・パターソンが目標を変更したことを糾弾したが、それも無理のない話である。

「私が目標を変更しているのではない。アナグマが目標を動かしているのだ」

彼の主張は国民の笑いものになっていた。

「相手にしているのは野生動物だ。天候や病、繁殖状況の気まぐれに左右されるものなんだ」

残念ながら、的外れな答えだった。この国における名のある研究者で、アナグマの生息数が一年で自然に40%も下落すると信じている者は一人もいなかった。ある生物学者は、自然な環境で生息数が20%を超えて変動することなどあり得ないと言っていた。ワイサムの森にあるアナグマの聖域では、二〇一二年の百四十六匹に対し、二〇一三年においては百四十三匹が確認されていた。その他にコッツウォルズのウッドチェスター・パークでのアナグマの生息数研究でも、この四年間は安定した数が記録されていた。

アナグマの数が自然に減ったのではないとしたら、サマセットおよびグロスターシャーのアナグマに何が起きているというのだろうか？　妥当な可能性は三つある。政府が嘘をついており、伸び悩んでいる駆除の成果を底上げするために統計を改竄した。政府による駆除が始まる前に、大量のアナグマが違法に殺されていた。もしくは、動物権利活動家の破壊工作により政府がアナグマの数を数え間違えていた。というものだ。

生息数の数え方がいくらか変わったことにより、アナグマの全体数は減少した。だが統計にどれほど不審な点があったとしても、それだけでは到底66%の下落を説明できない。「Ｄｅｆｒａが最初に提示した数はぐんぐん上昇していったが、最後には紛う事なき暴落を見せた」

Ｄｅｆｒａ内部の情報源はそう語った。それによると、政府と情報を共有している全国農業者組合の諜報員が、駆除が始まる前年のアナグマに対する違法な迫害について触れていたという。グロスターシャー警察は、二〇一三年一月から十月にかけてアナグマに対する違法行為に関する二十四もの報告書を受け取っていた。サマセットでは、二〇一三年に二人の酪農業者がそれぞれ１３７０ポンドの罰金刑を受けていた。シェプトンマレットの農場にあるアナグマの巣の十七個の入り口を塞ぎ、内部に毒ガスを流し込もうとした罪だ。ある農家は匿名でテレビに出演し、乗物やホースを用いてガスを流し込む「非公式の実験」が南西部における十四の農場で行われたと話していた。違法なアナグマ殺しはその数を減らしているはずだが、毎晩アナグマを虐げに行くのは「クッソ疲れてんだやらねぇよ」と言った農家の言葉を信じたい気持ちに駆られている。

アナグマの生息数が暴落した他の理由として、二〇一三年の夏に反駆除活動家がアナグマの毛からＤＮＡを採取するためのヘア・トラップを破壊し、アナグマの個体数をまともに数えられなくなってしまったことも挙げられる。Ｄｅｆｒａにいる私の情報源は、この件での活動家の影響はごくわずかにとどまっていると思っているが、ジェイ・ティアナンは勝利宣言をしている。

「生息数が大幅に下がったのは、ヘア・トラップを破壊した我々の大規模な活動によるものだ」

ジェイはそのように語っていた。これはおそらく誇張だろうが、また別の反対派は、活動家たちは罠を破壊するのではなく、罠に付着した毛を巧妙に取り除くと言っていた。これにより、研究者は改竄に気づかないという。駆除に抗議している者たちは、生息数が実際よりも低く見積もられることで、殺されるアナグマの数もより少なくなることを願っていた。もしそれが成功していたとしても、却って裏目に出たと考える者もいるだろう。一時的にアナグマを何匹か救ったとしても、それによりアナグマ駆除の延長にも繋がってしまうからだ。とはいえ、延びてしまったとしても統計の無残な誤りによって頓挫させられるかもしれない。

これを書いているのは二〇一四年初頭だが、二〇一三年のアナグマ駆除がウシ型結核を減らすことに繋がったと言い切るのは尚早だろう。結核に感染する乳牛の数は少しずつ減少しているが、これは駆除のおかげだとは決して断言できない。この駆除は制御下にある実験という体裁で行われたものではないからだ。ウシ型結核の減少は、乳牛の移動規制の強化や、病気の自然な衰退を含む、無数の他の要因によって引き起こされたものだ。

しかし、四ヶ年駆除全体で見ると、最初の年は際立った失敗であった。九週間の駆除の後、サマセットでは九百四十四のアナグマが「除去」された。これは劇的に減少した生息数の試算のうちの65％で、70％の最低ノルマを下回っている。グロスターシャーでは、八週間の駆除の延長が早々に中止された。駆除猟師がアナグマを一匹も仕留められなかった日が何日もあったからだ。これはまさしくクリス・チーズマンが警告していた事態であった。アナグマが餌探しを早めに切り上げる冬まで駆除が続けばこうなるだろうと。十一週間に及ぶグロスターシャーでの駆除で、処分されたのは九百二十一匹。修正された生息数の試算の40％にも満たなかった。両方の駆除において、Ｄｅｆｒａは、研究者の提言した摂動を最小限に抑えられる六週間という期限を超過してしまっていた。

今回の駆除は「規定内射撃」の有効性を確かめるために実施されたものだった。だが西サマセットにおいて、本来の六週間以内にこの方法で処分できたのはたったの三百六十四匹で、残り四百九十四匹はケージに入れられて射殺されており、これはより一層費用のかかるやり方だ。グロスターシャーにおいては、百六十五匹が罠により捕獲され、射殺されていた。そして規定内射撃で処分できたのは五百四十三匹であった。駆除猟師たちは、ＲＢＣＴで実証済みの罠猟の使用を強制されていた。縦横無尽に走り回るアナグマを射殺するのは非常に困難であることが証明されたからである。駆除業者がたくさんのアナグマを罠で捕獲するのに多大な費用と労力がかかったのをみると、ケージの中のアナグマを射殺するのではなくワクチンを接種させた方が良さそうである。

二〇一三年の駆除にかかった費用は、予想をはるかに上回るものだった。英国警察長協会の試算によると、駆除の警備には毎年50万ポンドかかるという。実際、グロスターシャー警察、サマセット警察、西マーシア警察それぞれの幹部によると、少なくとも３０２万ポンド、アナグマ一匹の処分につき１６２３ポンドかかったという。駆除にかかった費用の総額は、失敗した生息数試算、ナチュラル・イングランドの監視、Ｄｅｆｒａの管理を含めれば、これに何百万ポンドも加わることだろう。警察の費用だけでも、アナグマを処分するのはワクチンを投与するよりずっと金がかかる。二〇一二年のウェールズでは、アナグマ一匹につき662ポンドだった。

政府はこれまで対象としていなかったイングランドの新しい区域にまで、駆除の手を伸ばそうとしていた。そこは乳牛のウシ型結核の感染被害がより深刻だった。駆除における人道性は疑問視されていたが、その証拠は専門家たちで構成された、政府の第三者委員会により提示された。彼らは駆除の効率性、安全性、人道性を査定するために指名されていた。二〇一四年の春、その報告書がメディアにリークされた。報告書では処分されたアナグマの数の少なさが強調されており、駆除によって一般人に危険は及ばないとされていた。人道性の問題に関しては、委員会はこう述べていた。即死させられていないアナグマの数はかなりの割合に上り、それはDefraが本来掲げていた目標以下だという。Defraは、射撃後に五分以上かけて死ぬアナグマの数を5％以下にしなくてはならないと事前に通達していた。だが実際は、この時間制限を超過して死んだアナグマの数は6・4〜18％に上った。委員会は今回の駆除が非人道的だとは指摘しなかったが、ウシ型結核の拡散がより大規模な動物福祉の問題を引き起こすのであれば、アナグマが受けた苦痛について正当な理由を説明するべきだとしていた。

他のイングランド各地にまで駆除を拡大するというこの計画は二〇一四年の春に突如として中止になったものの、こうした駆除の失敗にもかかわらず四ヶ年計画は予定通り続けるという政府の決定は揺らがなかった。

そして環境大臣のオーウェン・パターソンは、この政策に自分のキャリアをかけていた。

「これは実に実に、パターソンの個人的な問題から来ているんです」

Ｄｅｆｒａにおける私の情報源はそう言う。

「おそらく信念という側面があるのでしょう。ある種の農家と、昔からの保守党支持層は、自然界は飼い慣らし、征服し、支配下に置くものだと信じています」

パターソンはまた、鵜を声高に糾弾し、ハイイロリスの個体数調整の研究を関係機関に委任した。その一方、ノスリやコウモリ、イモリに対する保護にも異議を唱えていた。

「放っておいたらそのうち動物たちがアルファベット順で調整されることになるのでしょうね」

情報源はそう言って笑い飛ばした。もう一つの打ち明け話の詳細は、架空の風刺作品のようであった。Ｄｅｆｒａが内々で表彰式を行い、二〇一三年度のチーム賞が「アナグマ調整チーム」に授与された。アナグマ駆除はかなり政治的な問題であった。それでも最終的には、経済的な問題により暴力的に決められてしまうのだ。警備だけでも多額の資金が必要となる。アナグマ駆除をより効率的に行う一番簡単な方法は、警備をより強化することだ。そうすればより一層費用がかかり、平和的な抗議行動を行う権利や自由な活動という民主主義の観念をも損なうことになるだろう。駆除業者は費用の増加を活動家のせいにしても良いが、動物愛好家の介入はイギリスの人間生態学の一環として受け入れなくてはならないだろう。

こうした困難に直面した多くの農家は、効率的なアナグマ駆除のやり方は巣に毒ガスを流し込むことしかないと確信した。これは現在、イギリスでは違法である。農家たちは、人道的な毒ガスの方法があれば良いのにと話している。よく言われるのが、一酸化炭素だ。これはアナグマを眠らせるだけだと言うのだが、一般社会ではいかなる毒ガスも人道的とはみなされない。アナグマの巣の中には内部が迷宮のように非常に深く入り組んだものもあり、どんなガスでも効果てきめんとは言い難い。それにもし効果を現したとしても、その土地のアナグマを全て一掃してしまうと、今度はベルヌ条約に違反してしまう。もしアナグマの射殺で地方に不和がもたらされるなら、毒ガスなど使おうものなら暴動が起きてしまうだろう。

アナグマ駆除はアナグマの生息数にダメージを与えるし、私が見てきた限りでは、これは我々人間にも地方にとっても利益をもたらさなかった。駆除により、野生動物を大切にしてきた者たちが分断され、隣人同士がいがみ合った。西サマセットやグロスターシャーの牧草地や雑木林といった美しい場所に、被害妄想や疑心暗鬼、不信が渦巻いた。牧草地で懐中電灯が一つ踊るたび、アナグマが一匹袋に放り込まれるたび、抗議者と駆除猟師が深夜の田舎道で一つ小競り合いを起こすたび、農家とそれ以外の人間が互いに手を取り合い、ウシ型結核問題の解決方法を共に模索する可能性がさらに遠のいていく。

16 「うちのアナグマ」ではない

ノーフォーク地方が私を呼んでいた。私はついに、ノリッジに拠点を移した。私が子ども時代を過ごした地域から、車でたった三十分の場所だ。十八歳になるまで、私は小さな谷をぶらついていた。その近くには、私たちがブートン渓流と呼ぶ小川がある。そこにはポプラの植林地と、あまり手入れされていない湿地牧草地がいくつかあった。沼地ではあったが、その土地のほとんどは、一九七〇年代に全盛期だった工業型農業で耕されていた。当時友人たちと私が見たいと思っていた動物は二種類。ヌートリアと、「ブートンの獣」であった。ヌートリアは外来種のビーバーに似た齧歯類で、持ち込まれたのは偶然だったが、今一度滞りなく根絶される寸前であった。「ブートンの獣」とはオオヤマネコのことで、――一匹だけではないかもしれないが――おそらく地元の動物園から逃げ出したものだろう。人々のほとんどはその獣を架空の生き物と思っていた。だが、数年後の一九九〇年代のことだった。ある地元の森番が猛禽類を撃った疑いで警察のご厄介になったとき、警察官が離れにある大型の冷蔵庫に何が入っているのか尋ねたところ、

「ああ、ハトが何羽かとオオヤマネコが一匹だけだよ」

と答えた。彼は私が子ども時代を過ごした家から1マイルほど離れた牧草地で、オオヤマネコが自分の犬を追っているところを撃ったのだった。

この場所からは固有種の動物たちがいなくなっていた。見ているだけで気分が高揚するような、その土地ならではの動物たちは見当たらない。シカを見る機会もあまりなければ、ノスリやヨーロッパチュウヒ、メンフクロウさえ影も形もなかった。ノウサギはほんのわずかで、カワウソもいなければアナグマもいない。イーストアングリアには、南西部地方のように多くのアナグマが居着いたことなどなかったのだろう。アナグマは平坦で水はけの悪い土地に巣を作ることはできないからだ。広大な地所の出現と、森番が統治していた一世紀にもわたる年月。そして大草原が辺り一面に広がったことにより、そこに住んでいたアナグマはほとんど駆逐されてしまった。ネズミよりも大きなあらゆる動物も同様である。

ブートン周辺の田舎町、そして子ども時代のたまり場であったリーパムという小さな町に戻った時、私は驚嘆した。ある良く晴れた春の日、私は古い線路をリサと共に進んでいた。バギーには、生まれたばかりの双子が乗っていた。私が離れていた十数年の間に、どんな不可思議なことが起こっていたのだろう。谷底に沿って続いていた何エーカーもの耕地は、牧草地へと変わっていた。以前の隣人は、自分の農場を自然保護区域へと変えていた。彼は元々その土地に対し愛着を抱いていたが、EUの環境管理計画がそれを後押しした。ノスリが藪の中に巣を作っていた。私はもう一人の昔なじみの隣人の所に駆け込んだ。その隣人は、小川にカワウソが戻ってきたと言っていた。カワウソが楽しそうに水の中に飛び込んでいった下り坂を見つけるまでに、そう時間はかからなかった。ブートン公園はダマジカやニホンジカの痕跡がそこら中にあり、ホエジカも頻繁に見られる。そして妙なことに、木の幹の高いところにひっかき傷がついている。大型の猫によってつけられたのだろう。あの獣の子孫だろうか？

私の実家から牧草地を三つ挟んだところにある、一度は見捨てられた鉄道操車場が、今では現役の蒸気機関車を収容しているのを見ると、より遠い過去が超自然的な時空のひずみを通して現代に蘇ったかのようだった。私たちは歩き回り、彷徨い続けた。野生動物が復活し、蒸気機関車が再来し、牧草地がこうして復興しているのに、またアナグマを見つけるには適さない土地に来てしまったのかと嘆いた。まさにその時だった。リサと双子の子ども、そして私は、自分たちの歩いてきた道が真新しい鋼鉄製の門で閉ざされているのを目の当たりにした。看板には、この区域の鉄道盛り土は「アナグマの活動」により閉鎖されたとあった。アナグマに土台を掘り進められたことにより、危険だとみなされたのだ。

私は門をよじ登り、通行禁止の道を進んだ。地方自治体は大げさすぎるのではないか。この道の下には空洞などないのだから。そして、私は盛り土の脇を見た。あった。西向きの斜面に、これまで見てきた中でも五本の指に入るほどの大きなアナグマの巣が。クレーターのような穴が二十個以上空いており、穴のそばにはそれぞれ、掻き出された砂質土が小さな山を作っていた。これは勇壮な眺めであり、スリリングではあったが、また同時に複雑な気持ちにもなった。私の実家は地平線のすぐ向こうにあった。私の母校は、牧草地を一つ越えたところだ。当時クロスカントリーで使っていたルートは、すぐそこを通っていた。学生時代の私はいつでもアナグマウォッチングができたはずなのに、その機会には恵まれなかったのだ。

アナグマはノーフォークに戻ってきていた。アナグマが道端で死んでいるのを見かけるようになり、その事実はより確かなものになっていった。少年時代には、その場所でアナグマを見たことなどなかったというのに。子ども時代の家の周辺にある牧草地を訪れてからの数週間、私は思い出に残っているこの場所と、現在との落差に苦しみを覚えるようになった。過去を振り返ると、常に落ち着かない気持ちになる。人は往々にして、古巣に戻ると喪失を味わうものだ。自然が引き抜かれ、道路には新しい建物が立ち、綺麗だった思い出の風景の中に割り込んでくる。だが私の子ども時代の田舎は、何も奪われてはおらず、むしろ豊かになっている。新しい生垣や、森や、小道や、動物に満ち満ちている。素晴らしいことではあるが、同時に落ち着かない。

私はあの古い線路で広大なアナグマの巣に巡り合えた。もう一度あそこに戻らなければ。

その年の春は実りがなく、四月のつぼみは一か月にわたり花を咲かせなかった。セイヨウアブラナの畑はそれでもまばゆいばかりの黄色に染まり、シャクの花は牧草地の土手を格子状のクリーム色で埋め尽くしていた。鉄道盛り土に生えているトネリコの若木はアナグマの巣に根っこを蝕まれていたが、それでも葉っぱを付けようとしていた。私はアナグマが掘った穴の危険性を警告する注意書きには目もくれず、道を閉鎖している鋼鉄の壁を乗り越えた。陽はまだ高かったが、アナグマウォッチャーのスローガン――日没までにそこにいろ――は今、私の中に深く根付いていた。トネリコの木は細すぎて登れそうもなく、盛り土にはそれ以外の覆いがなかったので、私は道を横切っている谷底に飛び込んだ。湿地牧草地の三角地帯は緩い有刺鉄線で囲われており、その中は荒れ放題になっていて、今ではイラクサの宝庫になっている。人の手ではここまで出来ないだろう。イラクサは腰の高さまで伸びており、まさに盛りを迎えていた。栄養を豊富に蓄え、花を咲かせようとしている。夏の頃のように、乾燥した繊維質ではない。私はそんなイラクサの香りを吸い込んだ。ほろ苦いその香りで、昔のことが頭をよぎった。

一面まさにとげだらけだった。その中を突き進むと、ジーンズを履いていてもとげが刺さってきた。ホエジカがイラクサをかき分けながら、私の前から逃げ出した。遠くの方、アナグマの巣から70mほど離れたところで、私はイラクサのただ中に腰を下ろした。まるでシカが休むような窪みが出来た。座っていると、自分の目の高さがイラクサのてっぺんと同じになった。これでイラクサの視点で世界を見ることができるようになり、自然との何気ない親近感を取り戻すことができる。実家の近くに草がぼうぼうに生えた牧草地があったが、その中に隠れ家を作っていた時代、私が抱いていた感覚だ。ここに身を置くというのは、考え得る限り最も心が安らぐ瞑想のやり方だ。私はこの時間を満喫していた。鳴りやまない電話や、旅行や、ロンドン、そして今では双子の子どもの煩わしさからの、逃避であった。

私は居心地の良い環境でアナグマを待つことに慣れていなかった。夕方に暖かくなってくると、また新しい経験をすることになった。虫である。初春の虫の少なさに、私はこれまで気が付いていなかった。今は、そこら中に虫がいる。私の脚を、色の薄いコガネムシが登ってきていた。何百匹ものユスリカが、提灯のように空に漂っていた。それ以外はイラクサの上を飛んでいた。意志を持った埃のごとく、振り子のような決まった動きをしていた。蚊はイラクサの中に温かい血肉があるなどと思ってもみなかったと見える。最初に噛みに来るまで十五分もかかった。

　私は、盛り土の西端にあるアナグマの街をよく見渡せる場所にいた。トンネルから掻き出された砂質土の山が、緑の中で崩れ落ちていた。だが、私はまだこんなところでアナグマが見られるという確信が持てずにいた。私の子どもの頃の思い出には、アナグマなど影も形もなかった。そして今のところ、盛り土にいるのはヌートリアほどの大きさの巨大アナウサギばかりだ。

　キジやモリバト、そして人間の口笛のような声で鳴く鳥がいた。そして1マイルほど向こうには、カッコウが。昔は山ほどいたものだが今では珍しくなってしまい、その声を聴くと哀愁が漂ってくる。私の後ろには深さのよく分からない水路があるが、そこから小さな鳥が羽ばたく音が聞こえてくる。何か他の生き物、哺乳類が、水路の底にたまった落ち葉を踏みつけた。トガリネズミとおぼしき小さなものから、大きな音がした。捕食者は獲物が外に出ている状態なのを知っていた。そして木々に覆われた盛り土の方から、メンフクロウが低空飛行で飛んできた。さながら宇宙人の乗り物のようであった。その目はまっすぐ前に固定され、顔についているパラボラアンテナが細くなると、獲物は刹那に狩り取られる。そして後には何も残らない。

　黄昏は光と温度、そして過去と未来が混ざり合う時間である。冷たい空気が谷底に沈んできた。暖かい空気と合流し、匂いが辺りにかき回されていく。西の空の光は、影と交わり柔らかくなっていった。日中の生き物が、夜の生き物と遭遇した。動は静と出会った。感覚は記憶と、現在は過去と入り混じった。そして、谷の向こうのキャンプ場から子どもの歌声が聞こえてきた。私にはこうした夏の夜の魔法の記憶がある。私と妹が寝る時間を過ぎても外で遊ぶことを許された時の事だ。谷にいる全てのカッコウが鳴き、アマツバメの群れが空の上で叫び声をあげた。

私はアナグマウォッチングなどしていなかった。黄昏を眺めていただけだ。

私は黄昏に酔い痴れながら、ここに留まっていた。他の地域ではアナグマはさらなる苦難に見舞われているというのに、私が一番よく知っている土地でアナグマを探すという、素晴らしくも訳が分からなくなるような経験を実感できずにいた。私たちはウシ型結核とアナグマの問題を、四十年間にわたり解決することができずにいた。一九七〇年代初頭から何の進捗もないように思える。こうしたことが起こるのは、人が自分たちの領域にアナグマがいることを容認できなかったからだ。アナグマは邪悪なものなのか、善良なものなのか？　病原菌まみれなのか、清潔なのか？　シンボルとして愛されているのか、害獣として疎まれているのか？　珍しいのか、ありふれているのか？　完全に保護されるべきなのだろうか？　例えば、似たような形で再び数を増やしたアカトビのように。それともアカシカのように管理され、狩られ、駆除されるべきなのだろうか？

私は何か月にもわたり、中立の立場を保ってきた。どちら側の人間からも公平に聞き取りを行いたかったというのはもちろん、自分でもウシ型結核問題を解決する奇跡のような策など持ち合わせていなかった、というだけではない。自分が信じられる意見を探していた、というのが正直なところだ。アナグマを愛する者も憎む者も、誰も私を完全に納得させることはできなかった。研究者たちでさえも、自分が参照するものの枠組みに捕らわれていた。私たちは、結核に一矢報いることができるほど無惨にも徹底したアナグマ駆除を行うことができるだろうか。

私は確信が持てない。農場の経営を円滑に行うためには、我が国固有の動物たちを大量に殺戮する必要がある。政策を決定する立場にある人間が、こうした狂った発議を承認しない決定を下すとも思えなかった。公務員が我々にとってのアナグマの経済的な価値がゼロだと勝手に決めつけている限り、アナグマはこれからも合法的に狩ることができる動物とされ続けるだろう。表向きは農家主導だが、その実政府によって計画された駆除は、常にひときわ不愉快なものであり、産業レベルでの浄化になってしまっている。だが私は、苦境に立たされている農家の一人一人を気の毒に思ってもいる。そして私が疑問に思っているのは、なぜ聡明な地方の住民は、問題となっているアナグマをショットガンを用いてひっそりと処分することが許されないのだろうか、ということだ。キツネにはそうしているのに。それこそが本当の農家主導の駆除であり、その暁には農家たちは摂動（アナグマの分散に伴う病気の拡散）による望まざる結果に対処せざるを得なくなるだろう。

私たちのアナグマに対する接し方は合理的なものではない。ウサギやネズミは（私の祖母が戦いの末に勝ち取った）アナグマの特別な法的保護の埒外であるが、アナグマだけを特別扱いするべきではないという理にかなった意見もある。全ての種は同等に扱われるべきだと信じている者の多い動物権利活動家とは異なり、私は本能的に環境保護論者やエコロジストの側に立っている。異なる種類の動物は、異なる扱いをするべきだと。動物権利運動の世界では、これは「種差別」と呼ばれ、国籍の違いによる人種差別と結びつけられている。だが私たち人間がイギリスに持ち込んだハイイロリスが固有種であるアカリスを脅かす場合、それを駆除するのはファシズムとは呼べない。持ち込まれたある種のシカが我が国の森の植物相を破壊し、それに依存する蝶や昆虫がいなくなってしまう場合も同様だ。「環境保護のための駆除」とはジョージ・オーウェルの言葉ではない。良くも悪くも私たち人間は自然界の管理者となってしまい、可能な限り自然界の調和を保つのが我々の責任になった。自然界をあれほどまでに破壊してしまったのが我々であるならばなおさらだ。

だが、アナグマ駆除はネズミやハイイロリスを殺すのとはわけが違う。アナグマはイギリスの生態系において欠かせない種であり、余所から持ち込まれた生き物ではない。はびこるというほどたくさんいるわけでもない。地面に巣を作る鳥やマルハナバチやハリネズミを捕食するというのも、いくつかの区域では顕著ではあるが、おそらく誇張されたものだろう。アナグマが本当に脅かしているのは、私たちが集中的に飼育している脆弱な牛であり、その牛は病気にかかりやすい。乳牛とアナグマに対するワクチン接種により、ウシ型結核は問題にならないレベルまでその脅威度を減らせるかもしれない。ワクチンが問題の解決に繋がることを疑っている人間もたくさんいるが。農場経営とは生命の不自然な凝縮であり、常に病気を生み出す可能性を孕んでいる。ウシ型結核は私たちの周囲に存在し、新たな形態へと変異するだろう。

ある晩遅く、私はアナグマ駆除に関するある討論を読んでいた。その時、私はようやく納得のいく意見を見つけた。驚いたことに、それが載っていたのは獣医学の雑誌だった。獣医産業のほとんどがアナグマ駆除を支持していた。だが、『ヴェット・タイムズ』(獣医タイムズ)誌では、六人の獣医チームが、ウシ型結核に関する議論にアナグマが巻き込まれなければならない理由を根本から覆す有力な事例を発表していた。

乳牛へのワクチン接種は単なる気休めでしかない、問題の核心は酪農業の進化にある。それが彼らの主張だ。一九五〇年代から広く使われるようになった人工授精。その手法を用いた品種改良で、大量の牛乳を出せる「変異牛」が生まれた。だが、そうした牛はウシ型結核やウシ海綿状脳症といった病気に対する抵抗力が著しく低い。

「病原体とその宿主は互いに順応するか、共進化するものだ。これは感染と免疫、生存の間で成り立つバランスだ。結核がまさにその証明と言える。アナグマのケースでは、結核とのこうしたバランスは何千年にもわたり続いてきた。五十年以上前から、乳牛は人工授精により結核との共進化を止めてしまった。乳牛が共進化したのは、人間と、産業経済政策と――金銭とだけである」

六人はこう述べていた。農業に携わる者たちに対しては、乳牛を別種の牛と交配させるべきだと提唱している。この不幸な牛たちに「混血の活力」を取り戻させるためだ。その獣医たちはこう締めくくっていた。称賛に値する一節だ。

結核は大抵の場合、貧困からくる病だ。人間も動物もそうだ。乳牛の多くは、産業革命時代の救貧院に匹敵するほど貧しい環境で暮らしている。貧困の本質は子牛の育成と交配にまつわるごく普通の関係性が失われていることにある。ただ一つの長期的な解決方法は、乳牛の健康におけるパラダイムシフトだ。膨大な量の乳製品がもたらす収入ではなく、自然と共に生きる小さな農家を目指すのだ。今すぐにでも、酪農業における経済的、遺伝的背景を見直すべきなのだ。手遅れになる前に。我々は乳牛の衛生管理のため、酪農業における長期的な再構築と緩和を支え、そして小さな農家と小さな消費者をも支えていく。乳牛の暮らしはより自然なものになり、プレッシャーが和らぐことに繋がるだろう。

現実にはこの主張がどう思われているのかを知るため、私はスティーヴ・ジョーンズに話を聞いた。かなり影響力のある牧場管理人で、農場コンサルタントになった人物である。「私たちが明日乳牛のワクチン接種を行ったとしても、アナグマ駆除計画に注力する政府の姿勢は変わらないでしょう。イギリスの酪農業がこの有様ではワクチン接種を行ったところで何も変わりません」そう彼は述べていた。

ジョーンズはアナグマ駆除の事には触れなかったが、より良い畜産の話はしてくれた。バイオセキュリティーを強化することで病気の問題は解決するはずだと環境保護論者が提案すると、ウシ型結核が直撃した農家はほとんど皆激昂する。例えば、農場からアナグマを遠ざけるためにフェンスを設置するといったことだ。農家はすでにできることはすべてやっている。だが、彼はより根本的な問題に取り組む提案をしている。例の獣医チームが指摘していた通り、ウシ型結核は貧困による病であり、そして様々な病――ウシ海綿状脳症、口蹄疫、皮膚炎そして結核――これらは全て、小さなイギリスの農場が貧しくなり、特定の乳牛が品種改良によって弱体化した時代に発生したものである。昔ながらの短角牛と現代のホルスタイン牛を見比べるのは「ランドローバーとフェラーリを比べるようなもの」とジョーンズは言っていた。高性能なホルスタイン牛はより多くの乳を出せるが、身体は非常に弱い。また他より一回りも二回りも身体が大きいので、古い農場には十分な広さの寝床や、牛小屋や、放牧できるスペースがないのだ。牛が過密だったり、敷地内が泥だらけだったり、牛小屋の換気が行き届いていなかったり、水桶が常に清潔でなかったり（ジョーンズ曰くウシ型結核の主たる感染源の可能性が高い）、脚の手入れがされていなかったり（環境・食糧・農村地域省によると、脚に問題を抱える乳牛は22％に上るという）しても、困窮している農家には対処する余裕がないのだ。こうした要因全てが乳牛にとってストレスとなり、ウシ型結核にかかる危険性を増大させてしまう。

またジョーンズは、生産性の向上を追い求める工業型農業こそが諸悪の根源だという私の思い込みにも異論を唱えた。彼にはサウジアラビアの大型農場でアドバイザーをしていた経歴があった。そこでは五千頭もの牛が、搾乳機に繋がれていた。そこで彼は、適切な環境と専門的な知識を持つスタッフの元で飼われている高収量品種の牛が、病気に強い抵抗力を持っているのを目の当たりにした。フルタイムで働く専属の獣医がいる農場もあった。

「こうした牛たちには必要なもの全てが揃っています。資金の足りない家族経営の小さな農場よりも世話が行き届いているんです」

ジョーンズはそう述べた。彼はイギリスの農場を大きくするべきだとも小さくするべきだとも言っていない。彼が言っているのは、作った牛乳に過不足ない値段がつけられてさえいれば実現できる、より良い農場だ。

畜産と品種改良におけるこうした急激な変革は、理想主義的とも、おそらくは非現実的とも言えるものかもしれない。その実現には全く新しい形の農業支援と、自由市場に対してこれまで類をみない介入を行うことが必要となるだろう。食料の値段は高騰し、ＥＵからの脱退を余儀なくされる可能性もある。だがこれにより、地方の農家一人一人が本来の力を取り戻す。

「農家主導の」アナグマ駆除という形を取った、上辺だけのまがい物の自治権とは違う。こうした農業革命は農家を、アナグマを、解放することだろう。

ウシ型結核問題に対するこれらの回答は合理的に聞こえるし、肩の荷が下りるようなものではあるが、ここで考えられているのは農場の事であって、アナグマの事ではない。人間が *Meles meles* に対して抱いている、相反する奇妙な感情も考慮されていない。我々人間はアナグマを放ってはおけない。見つけずにはいられない。観察せずにはいられない。餌を与えずにはいられない。写真に収めずにはいられない。突っつかずにはいられない。捕まえずにはいられない。痛めつけずにはいられない。守らずにはいられない。殺さずにはいられない。哺乳類としては大きすぎるのと、我々の領域においてあまりにも影響力を行使しすぎているために、そっとしておくことができずにいるのかもしれない。アナグマは実質競争相手であり、大型の哺乳類がいなくなったイギリスという名のこの島で、最後に残った一番それらしい生き物なのだ。人間とアナグマの利害が衝突するとき、人間は「管理」しようとするか、排除しようとする。私たちは抑えられないのだ。好奇心と欲望を。動植物が織りなす奇跡に満ち溢れたこの世界を隅々まで支配したいという欲求を。その相手がどれほど小さなものでもだ。

黄に染まった雲が、ゆっくりと上空を流れた。冷たい空気が私の額を滑り落ち、向こうのセイヨウアブラナの畑からキャベツに似た匂いを運んできた。これは良くない知らせだった。風向きの計算を間違えたということだ。イラクサの匂いでいっぱいになっているこの場所でアブラナの匂いが分かるのだから、アナグマだって私の存在を確実に察知するだろう。70mほど離れていたところで同じことだ。ノーフォークのアナグマ記録係（どの州にも一人いる）は、アナグマが370m近く離れたところからでも余所者の匂いを嗅ぎ取ることができると教えてくれた。アナグマは最強のソムリエであり、何世代にもわたり匂いを嗅ぐ修業を続けている。そして全てを見通している。私が知らず知らずのうちに放っている匂いも。

だが九時を過ぎて間もなく、盛り土にある二つのイラクサの山の間から、一瞬白いものが現れた。鼻だ。私が気づく前にいなくなってしまった。数秒後、灰色の動物が軽快に道を駆け、白い鼻と合流した。ノーフォークのアナグマだ。私がいない年月の間に繁栄し、ここを自らの家としたのだ。もうヌートリアはいないし、ブートンの獣は相変わらず存在が証明できない。だがこうした外来種は、もっとずっと良いものに取って代わられた。この国固有の、最大の肉食獣。森の戦車。彼らは人間よりも以前からイーストアングリアに住み続け、人間がいなくなってもそこにいることだろう。

二匹が盛り土の周りを走り回っているのを眺めているうち、猛スピードではいはいをし、転がり、ぶつかり合っている双子の子どものことを思い出した。それでいて、互いの機嫌を損ねるようなことはないのだ。私は、自分が哺乳類の世界の住人であることを喜ばしく思った。すると突然、アナグマたちは姿を消した。私の不審な痕跡を嗅ぎ取ったのだ。

コウモリが二匹、空に二つの黒点を作った。シルエットだけが見える。深い静謐が、湿った牧草地を包み込んだ。遠くから聞こえてくる音を除いて。あれは私の、青春時代のサウンドトラックだ。ヘアドライヤーのような音を立てながら、懸命に丘を登る50ccのモーターバイク。

その晩、再びアナグマを見ることはなかった。私がどこかのアナグマの群れに帰属しているとしたら、間違いなくあの群れだろう。私は故郷に帰り、自分のアナグマ国を見つけたが、あれがうちのアナグマだとは微塵も思わなかった。アナグマ国は私たちが作り出した王国だ。そこは恐怖と喜びに満ち溢れ、様々な人間が住んでいる。先に引用した、「豚のように」飼いならされ、「犬のように」飼い主についていく哀れなアナグマを描いたジョン・クレアの詩に出てくるような者たち——自分が敬愛する動物を痛めつける悪党から、恥知らずにも野生動物に対して服従を強いる善人たちまで。アナグマはこのように去勢されるべきではない。このアナグマたちに人間の勝手を押し付けるのは愚かなことだ。子ども時代の家に近い場所でアナグマと遭遇し、そこに行けばまた会えると分かっていたとしても。静寂の中に、黄昏の不変の魔法の中に飛び込みたくなったとき、願わくば私の双子の子どもたちも連れて行きたいと思っているとしてもだ。

車の中に戻った私は疲労してはいたが、五感はいつになく冴え渡っていた。アナグマウォッチング、そして黄昏ウォッチングは、日の光に生きるものが暗闇に生きるものと出会い、両者が変化する時間だ。影は長くなり、音は研ぎ澄まされ、記憶は呼び覚まされる。それは輝かしい時間かもしれないし、元気の出ない時間かもしれないし、眠気を催す時間かもしれないが、熱い太陽の下で目を閉じて、ヘッドホンから音楽を聴いている時のように生き生きとしている瞬間である。温かい風呂に入っている時、ずぶ濡れで走っている時、寒中水泳をしている時。つまり、五感全体で快楽を貪っているということだ。私はイラクサと、昆虫と、鳥の鳴き声と、生暖かい空気の中に浸っていた。黄昏が私の中に染み込んでいく。ほんのつかの間、私は黄昏と一体になった。人が満ち足りるのにこれ以上必要なものがあろうか。

訳者あとがき

本書に出てくる「アナグマ」は日本では「ヨーロッパアナグマ」と呼ばれているものであり、日本の野山や動物園などで見られるアナグマ、ニホンアナグマとは姿かたちが少し異なっている。身体の色――ニホンアナグマはタヌキに似た褐色の濃淡なのに対し、ヨーロッパアナグマは本書で幾度も言われているようにコントラストのはっきりした白黒――もそうだが、ニホンアナグマの顔が（ヨーロッパのそれよりは）平たいのに対し、ヨーロッパアナグマの顔はしゅっと伸びていて、まるで人種の違いのようで親近感を覚える。また、将棋では王の守りを完全に固める戦法を「穴熊」というが、本書と出会ったことで、アナグマに対する堅牢なイメージはイギリスでも日本でも同じようなものだということが実感できた。

以前九州の山の中で、一〇メートルほど向こうを横切ろうとしているアナグマを見た。だが前日の雨で増水した小川が私とアナグマとを隔てており、簡単に近づけそうになかった。アナグマはこちらに気が付いているようではあったが、私が川を越えられないと思ったのか、または越えるつもりがないと判断したのか、まったく物怖じする様子もなく悠然と通り過ぎていった。ヨーロッパのアナグマは危険なものとそうではないものを区別できるとのことだったが、日本のアナグマもだいぶ肝が据わっているようである。

イギリスだけでなく、ヨーロッパ全土のアナグマが長い受難の歴史を辿ってきたが、幸い日本のアナグマはそこまで酷いことをされてきた経緯はない（少なくとも、自分の知る限りでは）。だが人間には他の生き物を闘わせて喜ぶ性質があることを考えると、日本のアナグマも同じような目に遭う可能性もあったのだ。無縁だとは言い切れない。ウシ型結核菌蔓延のために何万頭もの牛が大量に処分されることは、日本において、鳥インフルエンザの流行防止のため、ウイルスの検出された養鶏場のニワトリが、健康なものもいっしょに何万羽も一度に殺処分されてしまう現実と重なる。鳥インフルエンザを持ち込むのは渡り鳥とされているが、もし日本に渡り鳥の保護に関する条約や協定がなければ、渡り鳥の運命もどうなっていたかわからない。

本書を読み解いていくにつれ、パトリック・バーカム氏の見識の深さと、豊かな感受性がひしひしと伝わってくるようだった。これほどの人物が日本でまだほとんど知られていなかったということが不思議に思えてならなかった。

バーカム氏の文章は難解なものも多く、未熟な私が本書を翻訳、上梓することが出来たのも、長きにわたって辛抱強く支えてくださった人びとの存在があったからこそである。特に、太田エマさんの助けは非常に大きい。彼女の助言があってこそ、成し遂げられた仕事であったと思う。

最後に翻訳の際、相談に乗ってくれた家族、本書に興味を寄せてくださった編集者の斎藤暁子さん、そして読者の皆様に、心からの感謝を捧げたい。

倉光星燈

解説

梨木香歩

「アナグマ国」とは何か

本書の著者パトリック・バーカムは、英国ガーディアン紙の記者である。イラク戦争から地球温暖化、(この本にも出てくるように)ウィリアム王子の結婚式当日の町の模様のレポートまで、自然環境のことにかかわらず幅広く社会に関わる記事を書いてきた。デビュー作の *The Butterfly Isles*(蝶々列島)では、ブリテン島で見ることが可能な蝶を追う旅のなかで、ビクトリア朝時代を彷彿とする、いかにも英国らしいマニアックな蝶の蒐集家たちも絡み、自然描写だけでなく深く人間をも描いてきた。丹念に取材を積み、レポートを重ねる姿勢が、この彼の二冊目の本、『アナグマ国へ』にも存分に生かされている。

ジャンル分けというものは窮屈で、ときにそれによって作品を偏見で見たり、矮小化することもあると常々思っているが、何か一つの旗印のようなものとして重宝することもある。自然観察とともに内省的に文章を綴っていくようなネイチャーライティングというジャンルの概念は、ソローの『森の生活』前後からアメリカで展開した(野田研一氏らの環境文学に関係する一連の書籍に詳しい)ものらしい。それ以前、文学的な素養を踏まえて自然観察を行うという形式の嚆矢とされるものは、十八世紀半ばに書かれた書簡を基にしてフランス革命の年に英国で出版された、ギルバート・ホワイトの『セルボーンの博物誌』だろう。いわゆる博物学と目されるようになったこの形式を使って生み出された文章は、ある種の英国人の琴線に触れたことは間違いがない。博物学は知識階級（勤勉な労働者階級を含む）の心を摑み、当時のあらゆる文献に、キノコの、鳥の、魚の、昆虫の、植物のマニアックな蒐集家の文章や「生態」が散見される。この流れでダーウィンの『種の起源』が執筆されたともいわれているし、日本に関係のあるところでいえば、そのダーウィンとも書簡のやり取りがあった、市井の博物学者、トーマス・W・ブラキストンが『蝦夷地の中の日本』を記した。ブラキストンは家の事情で軍人とならざるを得ず、後に商人となり、開国直後の日本、北海道に二十年ほど滞在した。『蝦夷地の中の日本』は、開拓以前の、クマザサと蔓植物に覆われた北海道の原野と動植物を克明に記録した、実に貴重な資料である。ブラキストン自身は人間としてかなりの「変わりもの」だったらしいが、それは博物学にのめり込む立派な素地を有していたということでもあると思う。その観察があって、のちにブラキストン・ラインと呼ばれる画期的な説にたどり着いたのだ。

あくまでも管見によれば、であるが、英国においても『セルボーンの博物誌』以来、一箇所定住型という観察者のあり方が通例であった。ケント州の、サリー州の、エセックス州の、○○村の、△△森の、というように、特定の場所と風景と観察と考察、というものがセットになった、深々として素朴な「自然観察者の手記」の類いが――特定の階級というだけでなく、日本の一連の「マタギもの」のように、先祖代々の家業を通じて受け継がれた自然に対する豊富な知識を持っている密猟者や、森番への聞き書きがブームになったこともあった。ともかくジャンルがなんであれ――楽しまれてきたのだった。しかしここ数年、少し様子が違ってきているように思う。自然観察に軸足が置かれ、現代文明を見据えている、単なるノンフィクションともいい難い、いよいよジャンル分けの困難な作品が増えてきたのだ。

新しいネイチャーライティングの潮流

本書、『アナグマ国へ』の著者、パトリック・バーカムは、デイブ・グールソンやロバート・マクファーレンらと共に、近年の英国の新しいネイチャーライティングの潮流を生んだ一人と見なされている。ロバート・マクファーレンは、世界各国、様々な土地の地下空間（核廃棄物の巨大な墓場やダークマター観測所、グリーンランドの氷穴等々）とそこに関わる人間群像を記した『アンダーランド』や、人びとが山へ抱く思いと挑戦の記録を描いた *Mountains of the Mind* の著者であり、デイブ・グールソンは、生物学者でマルハナバチの保護活動も行っているが、昆虫の大量絶滅について警鐘を鳴らしていることでも有名である。グローバリズム時代の、といういい方はしたくないが、明らかに「村を歩いて、森を見つめて、思ったこと」から、射程が広がっ（てしまっ）たのである。パトリック・バーカムを含め、彼らの作品では自然を見つめながら人間と、人間の到達した現代文明への懐疑が述べられているというパターンは共通しているが、このバーカムの『アナグマ国へ』で特筆すべきは、デビュー作 *The Butterfly Isles* にすでに萌芽のあった、その独特の「書きぶり」を、彼がいよいよ完全に確立したという点であろう。いかにも記者らしいルポルタージュの手法や、かと思えばそこから地続きで、詩情にあふれたうつくしい自然描写のなかに個人的なアナグマへの思い入れを滲ませ、読むものを引き込まずにはおかない、紀行文学的な味わいもある。単にアナグマの生態や歴史、人間との関わりを述べるに留まらず、「アナグマ論争」が政治に利用されてきた社会的な経緯を政治記者のような筆致で克明に記し、アナグマ駆除騒動に中立であろうと足繁く賛成派の農家に通い、また反対運動の只中に身を投じて現場の声を集めた。中立、という点を意識したあまりか、アナグマを愛し、餌をやる人びとや牧畜を営む家族たちと親しく付き合い、それぞれの個人史にアナグマが入り込んできた抜き差しならぬ事情まで活写し、果てはアナグマの死骸を食する人物の部屋にまで入り込んで共にそれを味わう——英国の哺乳動物でもっとも謎めいた（仲間の死を悼み、埋葬までするといわれている）存在をあらゆる角度から照射することで、一つひとつはややもすると新聞のコラム的に見えながら、通奏低音に流れる「アナグマ国の住人たち」への共感と哀感がひしひしと感じられる。人間そのものの底知れない闇の深さが、アナグマというキーワードで渦をなすように結びついていく。

　彼のいう「アナグマ国」とは何か。

アナグマと人間の歴史

　本書で明らかにされる、アナグマたちの背負って来た被虐の歴史の悲惨さには言葉もない。アナグマ掘りや、闘狢《とうがく》（これは本書の訳者による造語らしいが）は、一体いつ頃から始まったのか。ヨーロッパでは、ヒトはいつからアナグマに複雑な思いを抱くようになってしまったのか。著者バーカムは、ノルマン人がアナグマ掘り用の犬種をブリテン島にもたらしたというから、少なくとも十一世紀頃にはそれはあったのだろう。闘狢は、闘鶏や闘牛におけるニワトリやウシと同じように、アナグマを闘わせ、見世物にするのだが、（少なくとも日本の）闘牛や闘鶏が、基本的には互いにフェアな条件で闘わせて勝ち負けを競い、人間の娯楽とするのとは、事情が少し違うようだ。「小さくとも勇敢で忠誠心の篤い犬たちが、頑丈で獰猛で恐ろしいアナグマを追い詰め、完膚なきまでに（文字通りの意味で！）嚙み裂き、征服する」、という「胸のすくストーリー」が、最初から決まっているのだ。

小型犬が狩猟用に「開発」されてきたことは聞き及んでいたが、アースドッグと呼ばれるテリアなどのほとんどが、具体的に対アナグマ用に作り上げられてきたということを本書で初めて知った。「アナグマ掘り」に、そしてアナグマを掘り出した後に待っている「闘狢」に、そこまでの熱狂と執拗さを伴うほどの「需要」があったということだろう。自らの欲求のために、他の生物の体軀を作り替えるという、この創造主まがいの蛮行が疑問もなく続き、その「疑問のなさ」がやがて乳量の増産だけを目的に、ホルスタインの体軀を改造することにもつながっていったのだろう（それが結果的に乳牛たちの、簡単に感染する脆弱な体質を作り、ウシ型結核の感染拡大を招いた大きな要因となっている、と著者は見ている）。

アナグマ掘りと闘狢は、連続して行われることもあるが、厳密にいうと違いがあり、アナグマ掘りは上流階級も熱狂するが、彼らには別にキツネ狩りという娯楽もある。これは庶民には許されない。キツネは王侯貴族の狩りの対象なので大切に保護され、無残な扱いは罰せられる。しかし、アナグマはその対象とはならず、いくら残酷に殺されても、罪には問われなかった。アナグマは地下世界を行き来する得体の知れない不気味な生物と思われ、農作物に害を及ぼすというので、見つけ次第殺されるか、いくらでもサディスティックな扱いができる対象となった。そこに英国の階級制度を見る向きもある。闘狢は貴族や地主階級から徹底的に搾取された労働者階級の鬱憤ばらしであり、領主階級は、農奴の不満が暴力として爆発しないように、闘狢を黙認した、という。

やがてこの「見世物」にスポーツマンシップはない、と（そんなことは一目瞭然なのだが、「フェア」ということに重きを置く「層」が厳然として存在する国なのだ）アナグマ擁護に回る人びとも出てくる。

一八三五年に成立した野生動物愛護法により、闘牛及び闘狢は違法とされるが、規制は緩やかなものだったため、ほとんど効力はなかった。が、一九〇八年にケネス・グレアムの『たのしい川べ』が出版されてから、アナグマに対する人びとの印象に変化が現れる。作中に、好ましいキャラクターとしてのアナグマが登場したためだ。一九七三年に、ジェーン・ラトクリフらの長年の尽力により成立したアナグマ掘り禁止法では、英国史上初めて、特定の陸上生物が法で指定され、保護されることになった。しかしそのほぼ二年前、アナグマの死骸からウシ型結核菌が検出されたことにより、事態は大きく変わってしまっていた。アナグマは、政府プロジェクトの駆除の対象となり、反対派と駆除推進派の抗争といってもいいような果てしもない対立がスタートしていたのだ。

表徴としてのアナグマ

「なぜアナグマは共感され、崇拝され、徹底的に憎まれるのか」。

アナグマは、まるで度重なる他国からの迫害や蹂躙を生き延びた、忍耐強い非支配民族を思わせる。実際のところ、世界中の各地に、理不尽な、謂れのない暴力を受けても、抗議すら許されなかった民族がいるのだ。自身も最後には虐殺された革命家、ローザ・ルクセンブルクの手紙の一節を思い出す。ローザはある日町中で、監督人の逆鱗に触れ、分厚い皮が裂けて血が迸るまで鞭打たれている野牛を見た。

……獣（野牛）たちはそれから荷おろしのあいだじゅう、つかれきった様子でじっと立っていました。そして血の出た一頭はじっとまえのほうをみつめ、黒いかおと柔和な黒い眼に泣きはらしたこどものような表情をうかべていました。それは、ひどい折檻をうけたけれども、それが何のためなのか、なぜなのかがわからない、またどうしたらこの苦痛とこの野蛮な暴行からのがれることができるのかがわからない、そういうこどもそっくりの表情でした……わたしはそのまえに立ち、その獣（野牛）はわたしをながめ、わたしの眼からはなみだがながれおちました——それはその獣の涙だったのです。（中略）……ああ、わたしのかわいそうな野牛、わたしのかわいそうな愛する兄弟、わたしたちはふたりともここにこんなにも無力にぼんやりと立っている、そしてどちらもただかなしみにとざされ、なんの力もなく、ねがいだけははげしく心にみちて。

——『ローザ・ルクセンブルクの手紙』北郷隆五訳

野牛は民衆であり、ローザ自身だったのだろう。ひとはそのように溢れる思いを対象に投影する。このローザの野牛に対する思い入れは、アナグマ擁護派の心底に響き合うものだ。そして虐げられたアナグマもまたそのように、それを見つめるひと自身となるのだろう。虐げられたものが、自分の心の底に蹲っている虐げられたものと呼応して、まさに鏡になっているのだ。

著者は、「アナグマがイギリスの階級制度に基づいた狩りのシステムの被害者であるという説は興味深いが、我々の残虐性を説明する言葉は他にもありそうだ。それは、『無知』である」と記し、さらりと「残虐性」という言葉を出しているが、この言葉もまた、こういってしまえば何かわかったような気になる、取り扱い注意の「記号」として記憶しておこう。

驚くほど近くにアナグマが棲んでいることに、気づかない人びとも多い（日本でもそうであるらしい）。夜行性ということもあるだろう。何百年、何代もの間、地所を一つところにしながら、存在に気づかないこともありえた。まるでそこに次元の違う別世界が広がっているかのようである。そもそも、「その土地を所有する」という人間同士だけの取り決めなど、先祖代々その土地に棲んできた動物たちに如何なる意味を持つのか。

一九〇八年、ケネス・グレアム『たのしい川べ』に出てきたアナグマ像は、歴史上類を見ないほどそれまでのアナグマのイメージを一変させた。地下の屋敷にいかにも英国のコテージにありそうな暖かい台所を持つ、のっそりとした素朴なアナグマは、父性溢れ、頼りがいのある好ましいキャラクターとしてのモデルを定着させ、人びと、特に都会に住む人びとの心に、アナグマに対する論理を越えた愛着を芽生えさせた。アナグマは野生動物保護の象徴となった。

しかしそれとは正反対の概念をアナグマに持つ人びともいる。自分の意識の光が照らし出すことのできない地下世界が、制御不能、支配不可の場所だということに生理的に我慢ならず、地下に出入りするものを引きずり出して叩き殺さなければ気が済まない激しい衝動。

どちらも存在の奥底から突き上げるものに動かされるようにして、駆除に対し、反対を叫び、賛成を叫んでいる（もちろん、純粋にアナグマがウシ型結核の伝染にどれほど関わっているのか、科学的に解明しようとする立場の人びとや、アナグマの害に困り果て、致し方なく駆除するしかないという農家も多いが、ここでは理屈を越えた「表徴」としてのアナグマを語っている）。

アナグマに愛情を込めた晩餐を作り続けてきた老婦人、ジュディーとの会話のなかで、バーカムは「ウシ型結核がなかったとしても、アナグマはなんらかの方法で殺され続けていたのではないか」と考える。このジュディーを始めとした「アナグマに餌をやり続ける人びと」や研究者たちは、それぞれどこか「傷ついた心」を抱え持ち、一見偏屈で味わい深い風情があり、なんともいえず魅力的だ。

パトリック・バーカム個人のアナグマ

もともとバーカム個人にとって、アナグマは「特別な動物」だった。アナグマ掘り禁止法成立に奔走したジェーン・ラトクリフは彼の母方の祖母にあたる。ジェーンもまた、かなり偏屈な女性だったようだ。彼女の娘である、バーカムの母親は、自分たち子供のことなどほったらかしで、いつも傷ついた動物たちの世話に夢中になっていた母親について、複雑な思いを抱いていたらしいし、バーカム自身も、幼い頃に祖父母の家で見た、動物たち（当時は主に傷ついたフクロウだったらしいが）に食べさせる、フリーザーにぎっしり詰まったヒヨコの冷凍死骸に強烈な思い出を持っている。祖母ジェーンは、愛情があるのかないのかわからない（アナグマへのそれは疑いようもなかったが、母、つまり彼女の子供に対しても孫である自分たちに対しても）、非社交的でミステリアスな存在だった。ジェーンは七〇年代、彼女が間違いなく心から愛したアナグマ、ボジャーへの愛を綴った *Through the Badger Gate*（アナグマドアを抜けて）という哀切極まりない本を出版した。祖母の著作の出版記念パーティにも出た幼いバーカムにとって、祖母はアナグマと同義で謎に満ちていた。この作品（本書）は、バーカムの不可解だった祖母へのレクイエムでもあるのかもしれない。本書におけるアナグマ探索の旅は、自然とその謎を紐解いていく行程ともなり、すぐれて自伝的で、また自伝的であるということは、否応のない特殊な個人的熱狂に読者を巻き込んでいくことにもなる。登場人物それぞれが、現代の辺境に棲むアナグマたちなのだということがわかってくる。

しかし幼い頃からそのように、アナグマに特別な感慨を抱いていたにしても、いよいよ彼を、真剣にアナグマについて書かねばならないという気にさせたのは、二〇一三年に本格的に始動した政府主導のアナグマ駆除にまつわる、都市文化対田舎文化の全面戦争といった感のある、アナグマ論争であろう。繰り返してきたように、アナグマは、ウシ型結核感染拡大の鍵を握っているとされていた。その真偽も含め、著者はできるだけ公平に両方の言い分を聞こうと取材を続けたが、そのなかで、「土地に深く根ざして生きる」人びとやアナグマと、ほとんど根無し草のようにして都会に生きる自分との対比に考え込む記述が散見される。そもそも出だしから、自分の今の都市型生活スタイルに疑問を持ち、幼い頃から好きだった自然になじんだ暮らしへの慕わしさが語られていた。アナグマとアナグマに関係する人びとを追うなかで、「自分の居場所」を見出していく。そして仕事を優先するあまり、疎遠になったりしていたガールフレンドが妊娠したのを契機に、最後には、生まれ故郷に家を持つ。そしてそこに待っていたのは……これは最終章である。これ以上は書かないが、この本は、バーカム自身の、「帰還」の物語でもあるのだった。

アナグマ国へ

私が今住んでいる場所の最寄りの駅近くにも、アナグマ(ニホンアナグマ)が出没するらしい。現実と事実だけを追っていながら、いつのまにか時間も空間も超えて深い地下世界に誘われている。

本書は、人間側の利益だけを追ってきたこの経済システムが抜本的に変わる必要があること、地球は人間だけのものではないということを、切々と訴えている。アナグマ国へ向かう小径を、著者はあらゆる角度からつけた。「アナグマ国へ」向かうとはどういうことか。個々人の心の奥底に棲まうアナグマと、まずはどう付き合うか。引っ張り出して亡きものにするのか。餌をやって可愛がるのか、それとも。

どう考えても、めんどうなことになりそうだ。直接には関わらない、けれどそこにいることは知っている、それも熱烈に知っている。いないふりはできない。

どうすればいいのか、途方に暮れる、ふと目を上げる。そこに、アナグマ国への入り口はある。

BADGERLANDS
The Twilight World of Britain's Most Enigmatic Animal

Patrick Barkham

アナグマ国《こく》へ

著 者
パトリック・バーカム
訳 者
倉光《くらみつ》星燈《せいと》
発 行
2021年1月25日

発行者　佐藤隆信
発行所　株式会社新潮社
〒162-8711 東京都新宿区矢来町71
電話 編集部 03-3266-5411
読者係 03-3266-5111
https://www.shinchosha.co.jp

印刷所
株式会社精興社
製本所
加藤製本株式会社

乱丁・落丁本は、ご面倒ですが小社読者係宛お送り下さい。
送料小社負担にてお取替えいたします。
価格はカバーに表示してあります。

ISBN978-4-10-507221-6 C0098

オーバーストーリー
リチャード・パワーズ
木原善彦訳
アメリカに最後に残る原始林を守るため木に「召喚」された人々。生態系の破壊に抗する彼らの闘いを描く、アメリカ現代文学の旗手によるピュリッツァー賞受賞作。

都会と犬ども
マリオ・バルガス＝リョサ
杉山晃訳
腕力と狡猾がものを言う士官学校を舞台に、少年たちの抵抗と挫折を重層的に描き、残酷で偽善的な現代社会の堕落と腐敗を圧倒的な筆力で告発する。'63年発表の出世作。

サンセット・パーク
ポール・オースター
柴田元幸訳
大不況下のブルックリンで廃屋に不法居住する四人の男女。それぞれの苦悩を抱えつつ、不確かな未来へと歩み出す若者たちのリアルを描く、愛と葛藤と再生の群像劇。

神秘大通り（上・下）
ジョン・アーヴィング
小竹由美子訳
メキシコのゴミ捨て場育ちの作家が、古い約束を果たすため、NYからマニラへと旅に出る。道連れは、怪しく美しい謎の母娘。25年越しの大長篇、ついに完成！

冬の物語
イサク・ディネセン
横山貞子訳
デンマークがナチス占領下にあった冬の時代、大自然のなかに灯された人びとの命の輝きを描いて、作家自身がもっとも愛した短篇集。生誕一三〇年記念出版。

ガルシア＝マルケス「東欧」を行く
ガブリエル・ガルシア＝マルケス
木村榮一訳
一九五七年、三十歳だったガルシア＝マルケスが「民衆的民主主義」諸国をジャーナリスト魂で駆け巡った九十日。現在《いま》を考える暗示《ヒント》に満ちた十一篇のルポルタージュ。

☆新潮クレスト・ブックス☆
秋
アリ・スミス
木原善彦訳

ある療養施設で眠りつづける百歳を超えた謎の老人。その人生は、EU離脱に揺れるイギリスの現代史に重なり――奇想とユーモアに満ちたポスト・ブレグジット小説。

☆新潮クレスト・ブックス☆
わたしのいるところ
ジュンパ・ラヒリ
中嶋浩郎訳

通りで、本屋で、バールで、仕事場で……。ローマと思しき町に暮らす独身女性のなじみの場所にちりばめられた孤独、彼女の旅立ちの物語。ラヒリのイタリア語初長篇。

☆新潮クレスト・ブックス☆
ある一生
ローベルト・ゼーターラー
浅井晶子訳

吹雪の白い静寂のなかに消えていった、あの光景。20世紀の時代の荒波にもまれ、誰に知られるともなく生きたある男の生涯が、なぜこんなにも胸に迫るのだろう。

☆新潮クレスト・ブックス☆
波
ソナーリ・デラニヤガラ
佐藤澄子訳

2004年のクリスマス翌日、巨大津波が幸福な一家を襲った――。息子たち、夫、両親を一度に失い絶望の淵に落とされた経済学者の女性が綴る、絶望と回復の手記。

☆新潮クレスト・ブックス☆
西への出口
モーシン・ハミッド
藤井光訳

内戦の街で出会った若い男女。戦火から逃れるため二人は「扉」を目指す。それは自由への出口だったが――世界中の移民たちの風景を交えて描く、新しい同時代文学。

☆新潮クレスト・ブックス☆
帰れない山
パオロ・コニェッティ
関口英子訳

山がすべてを教えてくれた。北アルプス山麓を舞台に、本当の居場所を求めて彷徨う二人の男の葛藤と友情を描く。世界39言語に翻訳されている国際的ベストセラー。